月刊誌

数理科学

毎月 20 日発売
本体 954 円

予約購読のおすすめ

本誌の性格上、配本書店が限られます。**郵送料弊社負担**にて確実にお手元へ届くお得な予約購読をご利用下さい。

年間　**11000円**
　　　　（本誌**12冊**）

半年　　**5500円**
　　　　（本誌**6冊**）

予約購読料は**税込み価格**です。

なお、**SGC** ライブラリのご注文については、予約購読者の方には、商品到着後のお支払いにて承ります。

お申し込みはとじ込みの振替用紙をご利用下さい！

サイエンス社

「数理科学」のバックナンバーは下記の書店・生協の自然科学書売場で特別販売しております

紀伊國屋書店本店(新　　宿)
オリオン書房ノルテ店(立　　川)
くまざわ書店八王子店
くまざわ書店桜ヶ丘店(多　　摩)
書泉グランデ(神　　田)
三省堂本店(神　　田)
ジュンク堂池袋本店
MARUZEN & ジュンク堂渋谷店
八重洲ブックセンター(東京駅前)
丸善丸の内本店(東京駅前)
丸善日本橋店
MARUZEN 多摩センター店
ジュンク堂吉祥寺店
ブックファースト新宿店
ブックファースト中野店
ブックファースト青葉台店(横　　浜)
有隣堂伊勢佐木町本店(横　　浜)
有隣堂西口(横　　浜)
有隣堂アトレ川崎店
有隣堂厚木店
ジュンク堂盛岡店
丸善津田沼店
ジュンク堂新潟店

ジュンク堂甲府岡島店
ジュンク堂大阪本店
紀伊國屋書店梅田店(大　　阪)
MARUZEN & ジュンク堂梅田店
アバンティブックセンター(京　　都)
ジュンク堂三宮店
ジュンク堂三宮駅前店
ジュンク堂大分店
喜久屋書店倉敷店
MARUZEN 広島店
紀伊國屋書店福岡本店
ジュンク堂福岡店
丸善博多店
ジュンク堂鹿児島店
紀伊國屋書店新潟店
紀伊國屋書店札幌店
MARUZEN & ジュンク堂札幌店
金港堂(仙　　台)
金港堂パーク店(仙　　台)
ジュンク堂秋田店
ジュンク堂郡山店
鹿島ブックセンター(いわき)

────大学生協・売店────
東京大学　本郷・駒場
東京工業大学　大岡山・長津田
東京理科大学　新宿
早稲田大学　理工学部
慶応義塾大学　矢上台
福井大学
筑波大学　大学会館書籍部
埼玉大学
名古屋工業大学・愛知教育大学
大阪大学・神戸大学 フランス
京都大学・九州工業大学
東北大学　理薬・工学
室蘭工業大学
徳島大学　常三島
愛媛大学　城北
山形大学　小白川
島根大学
北海道大学　クラーク店
熊本大学
名古屋大学
広島大学　(北 1 店)
九州大学　(理系)

SGCライブラリ-181

重点解説
微分方程式と
モジュライ空間

廣惠 一希 著

サイエンス社

まえがき

ガウスの超幾何関数をはじめとする特殊関数たちは解析学，代数学，幾何学のみならず，整数論，確率統計分野，そして物理学など幅広い分野の研究で重要な役割を果たしている．本書では特殊関数の複素解析的な側面に主眼をおき，それらを理解するための手段として広く用いられているもののうちで，オイラー型積分表示式，モノドロミー表現，複素平面上の有理型線形常微分方程式，アクセサリーパラメーター，を取り上げ，その基礎理論の解説を行うことを目的とする．

大学で学ぶ複素解析の一つのハイライトともいえるコーシーの積分定理について，アールフォルス「複素解析」（現代数学社）や小平邦彦「複素解析」（岩波書店）のような定評のある教科書を見てみると，そこにはホモトピーやホモロジーといった位相幾何学を強く意識した証明が載っている．また，対数関数 $\log z$ や指数関数 z^α に代表される複素数平面上では通常の意味での正則関数として扱うことができない「多価正則関数」については，小平では 1 次元複素多様体であるリーマン面を，アールフォルスでは層の理論を用意して，その数学的な基礎付けを行っている．これにならって本書においても，有理型線形常微分方程式とその解空間の構造を理解するために，位相幾何学や複素多様体論，そして層の理論の基礎理論の解説に重点をおいた．

第 1 章では単位円盤上の正則関数であるガウスの超幾何関数をオイラー型積分表示

$$\int_C t^a (t-1)^b (z-t)^c \, dt$$

を経由して，多価正則関数として複素数平面に解析接続していく様子を解説する．そこではモノドロミー行列の具体的な計算方法や，またオイラー型の積分表示式によってガウスの超幾何関数の微分方程式が導出できることを解説する．一方でこの第 1 章に目を通していくと，オイラー型の積分は簡明な見た目に反して扱いはとてもデリケートであることが見えてくる．というのも被積分関数の冪関数 t^a, $(t-1)^b$, $(z-t)^c$ はどれも多価関数であり，3 つめの $(z-t)^c$ においては 2 変数多価関数となっている．また積分路 C もこれら多価関数が well-defined となる単連結領域内の曲線であるならばよいが，実際にはこの積分路 C も複雑に変形されていく．こうした多価関数の積分の詳細を追うには慎重な議論が必要となり，第 2 章以降ではガウスの超幾何関数の解析接続を調べる際に第 1 章で用いた手法を，より一般の設定で適用できるようにするために様々な道具を整備していくことになる．

第 2 章ではモノドロミーについて解説する．モノドロミーは特殊関数が代数方程式や線形微分方程式の解となっている場合に，その解析接続を考える際の強力な道具となる．この章ではモノドロミーが微分方程式論で果たす役割の一つを明らかにするために，微分方程式の解空間とモノドロミー表現の対応関係の解説をする．特に基本群，被覆空間論，前層と層の理論の基礎を復習して，モノドロミー表現，被覆空間，局所定数層，の 3 つの間の対応関係を概観し，そして微分方程式の

解空間によって局所定数層が構成できることを見る．

第3章では多価関数の積分に対する一つの基礎付けについて考え，局所係数ホモロジーによってオイラー型積分の類似物が構成できることを解説する．そのためにまず，局所係数ホモロジーの基礎理論，特に，ホモトピー不変性，マイヤー–ヴィートリス長完全列，相対ホモロジーについての解説をする．そして複素数平面上の局所定数層に対してオイラー変換とよばれる層の間の対応関係を，オイラー型積分の類似物として構成する．最後にミドルコンボリューションと呼ばれる，カッツによって定義されたオイラー変換の改良について紹介する．

第4章ではオイラー型積分と微分方程式の関係について考える．特にカッツのミドルコンボリューションによって引きおこされる微分方程式の間の対応関係を，デットヴァイラー–ライターによる方法に沿って解説する．

第5章では少し話の方向を変えてアクセサリーパラメーターについて考えていく．アクセサリーパラメーターという言葉は，球面上の点の配置のモジュライ空間，あるいはより一般に点付きコンパクトリーマン面のモジュライ空間に対して用いられることも多いが，ここで解説するのは微分方程式のアクセサリーパラメーターとよばれるものである．微分方程式のアクセサリーパラメーターとは岡本和夫「パンルヴェ方程式」（岩波書店）にあるようにモノドロミー保存変形の理論の発展に伴い現在でも活発に研究が行われている対象である．本書ではこのアクセサリーパラメーターの空間が箙の表現空間を通して実現できるというクローレー–ボーベイの定理について解説する．そして最後にこの箙の表現との対応を通して，微分方程式のミドルコンボリューションが，箙の表現に定義される鏡映関手によって復元されることを解説する．

本書に現れる数学的概念に対しては可能な限り解説や証明を付けるよう努力をしたが，その全てに完全な証明を付けることはできなかった．特に第5章のモジュライ空間の構成に必要な代数幾何学，不変式論に関する幾つかの事実に関しては証明が難しいものも含めて他書から証明なしで引用せざるを得なかった．各章の該当箇所で適宜参考書を挙げているので是非そちらも参照して欲しい．また本書に数多く残っているであろうタイポや数学的な誤りは全て著者の責任であり，サポートページに正誤表を載せるなどして対応をさせて頂く予定である．

謝辞

千葉大学大学院において本書の内容に関するセミナーを（2022年7月現在）行っている．参加してくれている伊東良純さん，中川彬雄さん，西田安寿菜さん，根上春さんにはセミナーを通して様々なご意見を頂いた．また岡田晴則さん，山下温さんには原稿におけるミスの指摘や貴重な助言を頂いた．そして梶浦宏成さんには原稿作成に関する様々な助言を頂いた．最後にサイエンス社の大溝良平さん，平勢耕介さんには原稿の執筆にあたり大変お世話になった．皆様にこの場を借りて感謝を申し上げたい．

2022年8月

廣惠 一希

目　次

第 1 章
ガウスの超幾何関数

原点を中心とする半径 1 の円盤内部で収束する無限級数によって定義されるガウスの超幾何関数が，複素数平面から 0 と 1 の 2 点を除いた空間に解析接続される様子について解説する．特にオイラー変換とよばれる積分変換を用いることで，ガウスの超幾何関数の解析接続の様子を，より簡明な性質を持つ $\phi(z) = (z-c)^\alpha$ のような冪関数に関連させることで解明していく．

この章の内容は主に福原 [17]，高野 [30] を参考にした．

1.1　ガウスの超幾何関数の積分表示式

まずガウスの超幾何級数の定義を紹介しよう．

定義 1.1. $\alpha, \beta \in \mathbb{C}, \gamma \in \mathbb{C} \backslash \mathbb{Z}_{\leq 0}$ に対し，冪級数

$$F(\alpha, \beta, \gamma; z) := \sum_{k=0}^{\infty} \frac{(\alpha)_k (\beta)_k}{(\gamma)_k k!} z^k$$

をガウス (**Gauss**) の超幾何級数とよぶ．ここで $c \in \mathbb{C}, k \in \mathbb{Z}_{>0}$ に対して

$$(c)_k := c(c+1) \cdots (c+(k-1)),$$

また $(c)_0 := 1$ とした．

距離空間 X において半径 $r > 0$ 中心 $x_0 \in X$ の開球を $D_r(x_0) := \{x \in X \mid d(x, x_0) < r\}$ と書くことにする．また $X \subset \mathbb{C}$ のときは開球 $D_r(x_0)$ を開円盤とよぶ．このとき次の補題によって，ガウスの超幾何級数が $D_1(0) = \{z \in \mathbb{C} \mid |z| < 1\}$ で定義された正則関数となることがわかる．この正則関数をガウスの超幾何関数とよぶ．

補題 1.2. $\alpha \in \mathbb{Z}_{\leq 0}$，あるいは $\beta \in \mathbb{Z}_{\leq 0}$ のときは $F(\alpha, \beta, \gamma; z)$ は z の多項式となり，それ以外の場合は収束半径は 1 となる．

証明. $\alpha \in \mathbb{Z}_{\leq 0}$, あるいは $\beta \in \mathbb{Z}_{\leq 0}$ であるとすると, 十分大きな k では $\dfrac{(\alpha)_k(\beta)_k}{(\gamma)_k k!} = 0$ となるから $F(\alpha, \beta, \gamma; z)$ は多項式. またそうでない場合は

$$\frac{(\alpha)_k(\beta)_k}{(\gamma)_k k!} \frac{(\gamma)_{k-1}(k-1)!}{(\alpha)_{k-1}(\beta)_{k-1}} = \frac{(\alpha+k-1)(\beta+k-1)}{(\gamma+k-1)k} \to 1 \quad (k \to \infty)$$

よりダランベール (d'Alembert) の収束判定法より収束半径は 1 である. $\square$

$D_1(0)$ 上の正則関数であるガウスの超幾何関数の定義域を解析接続によって拡げて行きたい. そのために大きな役割を果たすガウスの超幾何関数の積分表示式について紹介しよう. 有理関数 $(1-z)^{-1}$ の原点におけるテイラー (Taylor) 展開に現れる級数

$$(1-z)^{-1} = 1 + z + z^2 + z^3 + \cdots$$

はしばしば**幾何級数**ともよばれる. さらに $(1-z)^{-1}$ の指数を複素数 $-\beta$ に置き換えた $(1-z)^{-\beta}$ の展開級数は**2項級数**とよばれ次で与えられる.

補題 1.3. $\beta \in \mathbb{C}$ に対して以下の等式が $|z| < 1$, $-\pi/2 < \arg(1-z) < \pi/2$ で成立する.

$$(1-z)^{-\beta} = \sum_{k=0}^{\infty} \frac{(\beta)_k}{k!} z^k.$$

証明. まず偏角の条件から $(1-z)^{-\beta}|_{z=0} = 1$ となっていることに注意しておく. このとき $(1-z)^{-\beta}$ は $z=0$ の近傍で正則で, そのテイラー展開は $(1-z)^{-\beta} = \sum_{k=0}^{\infty} \binom{-\beta}{k} (-z)^k$ である. ここで $\binom{-\beta}{k} := \dfrac{-\beta(-\beta-1)\cdots(-\beta-(k-1))}{k!}$ は2項係数. また右辺は補題 1.2 と同様にして, $\beta \notin \mathbb{Z}_{\leq 0}$ ならば収束半径は 1 で, $\beta \in \mathbb{Z}_{\leq 0}$ のときは多項式. 最後に以下の等式に注意すればよい.

$$\binom{-\beta}{k} = \frac{-\beta(-\beta-1)\cdots(-\beta-(k-1))}{k!} = (-1)^k \frac{(\beta)_k}{k!}. \qquad \square$$

2項級数の一般項 $\dfrac{(\beta)_k}{k!} z^k$ とガウスの超幾何級数の一般項 $\dfrac{(\alpha)_k(\beta)_k}{(\gamma)_k k!} z^k$ を比較してみると $\dfrac{(\alpha)_k}{(\gamma)_k}$ だけズレているのがわかる. この一般項のズレは, ガンマ関数

$$\Gamma(x) = \int_0^{\infty} e^{-x} x^{s-1} \, dx \quad (\mathrm{Re}\, x > 0),$$

ベータ関数

$$B(x, y) = \int_0^1 t^{x-1}(1-t)^{y-1} \, dt \quad (\mathrm{Re}\, x > 0,\ \mathrm{Re}\, y > 0)$$

を用いて以下のように表すことができる.

補題 **1.4.** $\gamma \in \mathbb{C}\backslash\mathbb{Z}_{\leq 0}$, $\operatorname{Re}\alpha > 0$, $\operatorname{Re}(\gamma - \alpha) > 0$ とすると,

$$\frac{(\alpha)_k}{(\gamma)_k} = \frac{\Gamma(\gamma)}{\Gamma(\alpha)\Gamma(\gamma - \alpha)} B(\alpha + k, \gamma - \alpha)$$

が成り立つ.

証明. ガンマ関数の差分関係式 $\Gamma(x+1) = x\Gamma(x)$ によって $(x)_k = \dfrac{\Gamma(x+k)}{\Gamma(x)}$ が成り立つことに注意しておく. ここで仮定の条件から $\operatorname{Re}\gamma > 0$ も従うことに注意すると,$\dfrac{(\alpha)_k}{(\gamma)_k} = \dfrac{\Gamma(\alpha + k)}{\Gamma(\alpha)}\dfrac{\Gamma(\gamma)}{\Gamma(\gamma + k)}$ がわかる. ここにベータ関数とガンマ関数の関係式 $B(x,y) = \dfrac{\Gamma(x)\Gamma(y)}{\Gamma(x+y)}$ を適用すれば求める式が得られる. $\square$

このことから補題の仮定の元でガウスの超幾何関数は

$$\begin{aligned}
F(\alpha, \beta, \gamma; z) &= \sum_{k=0}^{\infty} \frac{(\alpha)_k(\beta)_k}{(\gamma)_k k!} z^k \\
&= \frac{\Gamma(\gamma)}{\Gamma(\alpha)\Gamma(\gamma - \alpha)} \sum_{k=0}^{\infty} B(\alpha + k, \gamma - \alpha)\frac{(\beta)_k}{k!} z^k
\end{aligned}$$

と書くことができる. さらにベータ関数の積分表示を思い出すと

$$\begin{aligned}
\sum_{k=0}^{\infty} B(\alpha + k, \gamma - \alpha)\frac{(\beta)_k}{k!} z^k &= \sum_{k=0}^{\infty} \frac{(\beta)_k}{k!} z^k \int_0^1 t^{\alpha + k - 1}(1 - t)^{\alpha - \gamma - 1}\, dt \\
&= \sum_{k=0}^{\infty} \frac{(\beta)_k}{k!} \int_0^1 (tz)^k t^{\alpha - 1}(1 - t)^{\alpha - \gamma - 1}\, dt.
\end{aligned}$$

ここで級数 $\displaystyle\sum_{k=0}^{\infty} \frac{(\beta)_k}{k!} x^k$ は $|x| < 1$ で広義一様収束するので,いま $|z| < 1$ であることに注意すると積分と無限和の交換ができて,

$$\begin{aligned}
\sum_{k=0}^{\infty} \frac{(\beta)_k}{k!} &\int_0^1 (tz)^k t^{\alpha - 1}(1 - t)^{\alpha - \gamma - 1}\, dt \\
&= \int_0^1 \sum_{k=0}^{\infty} \frac{(\beta)_k}{k!} (tz)^k t^{\alpha - 1}(1 - t)^{\alpha - \gamma - 1}\, dt \\
&= \int_0^1 (1 - zt)^{-\beta} t^{\alpha - 1}(1 - t)^{\alpha - \gamma - 1}\, dt
\end{aligned}$$

が得られる. よって以下のガウスの超幾何関数の積分表示式を得ることができた.

定理 1.5. $\operatorname{Re}\alpha > 0$, $\operatorname{Re}(\gamma - \alpha) > 0$ とする. このとき次の等式が $|z| < 1$ で成り立つ.

$$F(\alpha, \beta, \gamma; z) = \frac{\Gamma(\gamma)}{\Gamma(\alpha)\Gamma(\gamma - \alpha)} \int_0^1 t^{\alpha - 1}(1 - t)^{\gamma - \alpha - 1}(1 - zt)^{-\beta}\, dt$$

ここで右辺の積分路は 0 と 1 を結ぶ実軸上の線分で，積分路の上では $\arg t = \arg(1-t) = 0$, $-\frac{\pi}{2} < \arg(1-zt) < \frac{\pi}{2}$ となるように冪関数たちの偏角を定める．

この公式は**オイラー (Euler) の積分表示式**とよばれ以下の節で見るようにガウスの超幾何関数の性質を調べる鍵となる．ここで以後のために上の積分を $s = 1/t$ と変数変換して

$$F(\alpha,\beta,\gamma;z) = \frac{e^{i\pi\beta}\,\Gamma(\gamma)}{\Gamma(\alpha)\Gamma(\gamma-\alpha)} \int_1^\infty s^{\beta-\gamma}(s-1)^{\gamma-\alpha-1}(z-s)^{-\beta}\,ds \quad (1.1)$$

と書き直しておく．積分路は 1 を始点として実軸上を正の方向に ∞ に向かう半直線で，積分路の上で $\arg s = \arg(s-1) = 0$, $\frac{\pi}{2} < \arg(z-s) < \frac{3}{2}\pi$ となるように冪関数たちの偏角を決める．すると右辺の積分は関数

$$\varphi_0(\beta-\gamma, \gamma-\alpha-1; z) := z^{\beta-\gamma}(z-1)^{\gamma-\alpha-1}$$

と冪関数 $z^{-\beta}$ との積分区間 $[1,\infty)$ における畳み込み積分

$$\varphi_0(\beta-\gamma, \gamma-\alpha-1; z) * z^{-\beta} = \int_1^\infty s^{\beta-\gamma}(s-1)^{\gamma-\alpha-1}(z-s)^{-\beta}\,ds$$

であることがわかる．一般に関数 $f(z)$ と冪関数 z^λ $(\lambda \in \mathbb{C})$ の積分路 C における畳み込み積分

$$\int_C f(t)(z-t)^\lambda\,dt$$

を $f(z)$ の**オイラー変換**とよぶ．この章の残りの部分では，ガウスの超幾何関数 $F(\alpha,\beta,\gamma;z)$ を上のように関数 $\varphi_0(\beta-\gamma,\gamma-\alpha-1;z) = z^{\beta-\gamma}(z-1)^{\gamma-\alpha-1}$ のオイラー変換とみなすことで，ガウスの超幾何関数の様々な性質が $\varphi_0(\beta-\gamma,\gamma-\alpha-1;z)$ をもとにして得られることを見ていく．

1.2　複素射影直線

前節で見た $F(\alpha,\beta,\gamma;z)$ の積分表示式 (1.1) の被積分関数は $s = 0, 1, z$ に特異点を持つが，$s \to \infty$ の極限でも特異性を持つと考えることができる．こうした $s \to \infty$ での特異性も同等に扱うために，複素数平面 $\mathbb{C}$ に無限遠点 ∞ を付け加えてできる複素射影直線を導入しよう．

定義 1.6 (複素射影直線)． $\mathbb{C}^2 \setminus \{0\}$ に 2 項関係 $(a_1, a_2) \sim (b_1, b_2)$ を，ある $\lambda \in \mathbb{C}^\times := \mathbb{C} \setminus \{0\}$ があって $(b_1, b_2) = \lambda(a_1, a_2)$ とできること，と定めると同値関係になる．この同値関係による商空間を $\mathbb{P}^1(\mathbb{C}) := (\mathbb{C}^2 \setminus \{0\})\,/\sim$ と書いて**複素射影直線**とよぶ．

$\mathbb{P}^1(\mathbb{C})$ は $\mathbb{C}^2 \setminus \{0\}$ の商位相によって位相空間となる．一般に商位相はハウス

ドルフ (Hausdorff) 性を保存しないが $\mathbb{P}^1(\mathbb{C})$ はハウスドルフ空間となることを確かめておく．まず $\mathbb{C}^2$ のノルムを $|(a_1, a_2)| := \sqrt{a_1\overline{a_1} + a_2\overline{a_2}}$ と書いて，$\mathbb{C}^2$ 内の単超球面 $S_1(\mathbb{C}) := \{(a_1, a_2) \in \mathbb{C}^2 \mid |(a_1, a_2)| = 1\}$ を考えると合成写像

$$\Phi: S_1(\mathbb{C}) \overset{\iota}{\hookrightarrow} \mathbb{C}^2\backslash\{0\} \overset{\pi}{\to} \mathbb{P}^1(\mathbb{C})$$

は連続な全射を与えるので，$\mathbb{P}^1(\mathbb{C})$ は $S_1(\mathbb{C})$ の写像 Φ による商空間とも思える．ここで ι は包含写像，π は商写像である．また $\xi, \eta \in S_1(\mathbb{C})$ に対し

$$\Phi(\xi) = \Phi(\eta) \iff$$
$$\text{ある } \lambda \in \mathbb{C}^1 := \{z \in \mathbb{C} \mid |z| = 1\} \text{ があって } \xi = \lambda \cdot \eta$$

が成立することに注意しておく．

命題 1.7. $\mathbb{P}^1(\mathbb{C})$ はコンパクトなハウスドルフ空間である．

証明. $S_1(\mathbb{C})$ はユークリッド (Euclid) 空間 $\mathbb{C}^2 \cong \mathbb{R}^4$ の有界閉集合なのでコンパクト．よって $\mathbb{P}^1(\mathbb{C})$ はコンパクト空間 $S_1(\mathbb{C})$ の連続写像 Φ による像となるのでコンパクトである．

次にハウスドルフ性を示す．$\xi_1, \xi_2 \in S_1(\mathbb{C})$ に対し $\Phi(\xi_1), \Phi(\xi_2)$ が分離できないと仮定する．このとき $n \in \mathbb{Z}_{>0}$ に対し $B_n(\xi_i) := \{\xi \in S_1(\mathbb{C}) \mid |\xi - \xi_i| < 1/n\}$, $i = 1, 2$, と定めると，

$$\Phi^{-1}(\Phi(B_n(\xi_i))) = \bigcup_{\lambda \in \mathbb{C}^1} \lambda \cdot B_n(\xi_i), \quad i = 1, 2$$

が成り立ち，右辺は $S_1(\mathbb{C})$ の開集合である．よって $\Phi(B_n(\xi_i))$ は $\mathbb{P}^1(\mathbb{C})$ の開集合となるので仮定より $\Phi(B_n(\xi_1)) \cap \Phi(B_n(\xi_2)) \neq \emptyset$ が従うので，$\xi_2^{(n)} = \lambda_n \cdot \xi_1^{(n)}$ を満たす $\xi_i^{(n)} \in B_n(\xi_i)$, $\lambda_n \in \mathbb{C}^1$ が存在する．このとき $\mathbb{C}^1$ の点列コンパクト性から点列 $\{\lambda_n\}_n$ は収束する部分列 $\{\lambda_{n_k}\}_k$ を持ち，その収束先を $\lambda \in \mathbb{C}^1$ とおく．ここで $\xi_2^{(n_k)} = \lambda_{n_k} \cdot \xi_1^{(n_k)}$ の両辺の $k \to \infty$ の極限をとれば $\xi_2 = \lambda \cdot \xi_1$, すなわち $\Phi(\xi_1) = \Phi(\xi_2)$ を得る．これよりハウスドルフ性が示せた． $\square$

さらに $\mathbb{P}^1(\mathbb{C})$ は以下のように 1 次元複素多様体としての構造を持つ．$(a_1, a_2) \in \mathbb{C}^2\backslash\{0\}$ の同値類を $[(a_1, a_2)] \in \mathbb{P}^1(\mathbb{C})$ と書く．また $\mathbb{C}^2\backslash\{0\}$ の開被覆 U_1, U_2 を

$$U_i := \{(a_1, a_2) \in \mathbb{C}^2\backslash\{0\} \mid a_i \neq 0\}, \quad i = 1, 2$$

と定めると $U_i = \pi^{-1}(\pi(U_i))$ であることから $\pi(U_i)$ は開集合であることがわかり $\pi(U_1), \pi(U_2)$ は $\mathbb{P}^1(\mathbb{C})$ の開被覆となる．写像

$$\begin{array}{ccccc}
\phi_1: & \mathbb{C} & \longrightarrow & \mathbb{C}^2\backslash\{0\} & \overset{\pi}{\longrightarrow} & \mathbb{P}^1(\mathbb{C}) \\
& z & \longmapsto & (1, z) & \longmapsto & [(1, z)]
\end{array}$$

は $\pi(U_i)$ への連続写像であり，写像

$$
\begin{array}{cccc}
\psi_1\colon & U_1 & \longrightarrow & \mathbb{C} \\
& (a_1, a_2) & \longmapsto & \dfrac{a_2}{a_1}
\end{array}
$$

は任意の $\lambda \in \mathbb{C}^\times$ に対して $\psi_1(\lambda a_1, \lambda a_2) = (\lambda a_2)/(\lambda a_1) = a_2/a_1 = \psi_1(a_1, a_2)$ を満たすので，商空間の普遍性から

$$
\begin{array}{ccc}
U_1 & \xrightarrow{\psi_1} & \mathbb{C} \\
{\scriptstyle\pi}\downarrow & \nearrow{\scriptstyle\tilde{\psi}_1} & \\
\pi(U_1) & &
\end{array}
$$

を可換にする連続写像 $\tilde{\psi}_1\colon \pi(U_1) \to \mathbb{C}$ が存在する．これは具体的には

$$
\begin{array}{cccc}
\tilde{\psi}_1\colon & \pi(U_1) & \longrightarrow & \mathbb{C} \\
& [(a_1, a_2)] & \longmapsto & \dfrac{a_2}{a_1}
\end{array}
$$

によって与えられ，ϕ_1 と $\tilde{\psi}_1$ は互いに逆写像となるので $\tilde{\psi}_1$ によって $\pi(U_1)$ は $\mathbb{C}$ と同相となる．同様にして

$$
\begin{array}{cccc}
\tilde{\psi}_2\colon & \pi(U_2) & \longrightarrow & \mathbb{C} \\
& [(a_1, a_2)] & \longmapsto & \dfrac{a_1}{a_2}
\end{array}
$$

も同相写像になることがわかる．さらに $\pi(U_1) \cap \pi(U_2) \overset{\tilde{\psi}_i}{\cong} \mathbb{C}\backslash\{0\}$ では合成写像

$$
\mathbb{C}\backslash\{0\} \xrightarrow{\phi_i} \pi(U_1) \cap \pi(U_2) \xrightarrow{\tilde{\psi}_j} \mathbb{C}\backslash\{0\}, \quad i, j \in \{1, 2\}, \ i \neq j
$$

は $\tilde{\psi}_j \circ \phi_i(z) = \dfrac{1}{z}$ となり正則写像である．従って $(\pi(U_i), \tilde{\psi}_i)_{i=1,2}$ によって $\mathbb{P}^1(\mathbb{C})$ は正則構造を持つ多様体，すなわち複素多様体となることがわかる．複素多様体に関しては後の章で正確な定義や性質などを紹介していく．

　上で述べたことから $\mathbb{P}^1(\mathbb{C})$ とは 2 枚の複素数平面を貼り合わせてできる空間と思うことができる．すなわち $\zeta := \tilde{\psi}_1, \eta := \tilde{\psi}_2$ とおくと $\zeta\colon \pi(U_1) \overset{\sim}{\to} \mathbb{C}$ によって $a \in \pi(U_1)$ は複素数平面上の点 $\zeta(a) \in \mathbb{C}$ と同一視できる．$\pi(U_2)$ に関しても同様で，

$$
\mathbb{C}_\zeta := \pi(U_1), \quad \mathbb{C}_\eta := \pi(U_2)
$$

と書いて ζ, η によって $\pi(U_i)$ を複素数平面と同一視すると，$\mathbb{P}^1(\mathbb{C})$ は 2 枚の複素数平面 $\mathbb{C}_\zeta, \mathbb{C}_\eta$ が関係式

$$
\zeta(a) = \frac{1}{\eta(a)} \quad (a \in \mathbb{C}_\zeta^\times = \mathbb{C}_\eta^\times)
$$

によって貼り合わされたと思える．また $\infty \in \mathbb{C}_\eta$ を $\eta(\infty) = 0$ を満たす元とすると，集合としては

$$\mathbb{P}^1(\mathbb{C}) = \mathbb{C}_\zeta \cup \{\infty\}$$

となり $\mathbb{C}_\zeta \cong \mathbb{C}$ の一点コンパクト化を与える. 以下では局所座標 $\zeta \colon \mathbb{C}_\zeta \overset{\sim}{\to} \mathbb{C}$ によって $\mathbb{C}_\zeta$ を複素数平面と同一視し $\mathbb{P}^1(\mathbb{C}) = \mathbb{C} \cup \{\infty\}$ とみなす.

1.3 ガウスの超幾何関数とオイラー変換

ガウスの超幾何関数は関数 $\varphi_0(\beta - \gamma, \gamma - \alpha - 1; z)$ の積分区間 $[1, \infty)$ におけるオイラー変換で与えられた. この節ではこのオイラー変換の積分路を取り替えることで様々な形のガウスの超幾何関数たちが得られることを見る.

1.3.1 リーマン–リュービル変換
まずオイラー変換の一種であるリーマン–リュービル変換を導入する.

定義 1.8. $\mathbb{P}^1(\mathbb{C})$ の領域 D 上で定義された複素数値関数 $f(z)$ と $\lambda \in \mathbb{C}$, $c \in \overline{D}$ に対して定まる積分

$$I_c^\lambda f(z) := \frac{1}{\Gamma(\lambda)} \int_c^z f(\zeta)(z - \zeta)^{\lambda - 1}\, d\zeta \quad (z \in D)$$

をリーマン (Riemann)–リュービル (Liouville) 積分とよぶ. また積分 $I_c^\lambda f(z)$ が z の関数を定めるならば, 関数 $f(z)$ から関数 $I_c^\lambda f(z)$ を与える対応をリーマン–リュービル変換とよぶ.

補題 1.9. 1. $c, \alpha, \lambda \in \mathbb{C}$ は $\mathrm{Re}\,\lambda > 0$, $\mathrm{Re}\,\alpha + 1 > 0$ を満たすとする. このとき $\mathbb{P}^1(\mathbb{C}) \backslash \{c, \infty\}$ 内の開円盤 D において

$$I_c^\lambda (z - c)^\alpha = \frac{\Gamma(\alpha + 1)}{\Gamma(\lambda + \alpha + 1)}(z - c)^{\alpha + \lambda} \quad (z \in D)$$

が成立する. ただし積分

$$I_c^\lambda (z - c)^\alpha = \frac{1}{\Gamma(\lambda)} \int_c^z (\zeta - c)^\alpha (z - \zeta)^{\lambda - 1}\, d\zeta$$

において積分路は c と z を結ぶ複素数平面上の線分で, 積分路の上では $\arg(\zeta - c) = \arg(z - c)$, $\arg(z - \zeta) = \arg(z - c)$ であるとする.

2. $\lambda, \alpha \in \mathbb{C}$ は $\mathrm{Re}\,\lambda > 0$, $\mathrm{Re}(\lambda - \alpha) < 0$ を満たすとする. このとき $\mathbb{P}^1(\mathbb{C}) \backslash \{0, \infty\}$ 内の開円盤 D において

$$I_\infty^\lambda z^{-\alpha} = e^{i\pi(\lambda - 1)} \frac{\Gamma(\alpha - \lambda)}{\Gamma(\alpha)} z^{\lambda - \alpha} \quad (z \in D)$$

が成立する. ただし積分

$$I_\infty^\lambda z^{-\alpha} = \frac{1}{\Gamma(\lambda)} \int_\infty^z \zeta^{-\alpha} (z - \zeta)^{\lambda - 1}\, d\zeta$$

において積分路は z と ∞ を結ぶ偏角 $\arg z$ の半直線, すなわち

$z + te^{i\arg z}$ $(t \in [0, \infty))$ で，積分路の上では $\arg\zeta = \arg z$, $\arg(z - \zeta) = \arg z + \pi$ であるとする．

証明. 1.

$$(z - \zeta)^{\lambda-1}(\zeta - c)^{\alpha} = (z - c)^{\lambda-1}\left(1 - \frac{\zeta - c}{z - c}\right)^{\lambda-1}(\zeta - c)^{\alpha}$$

より $s = \frac{\zeta - c}{z - c}$ とおくと

$$\begin{aligned}
I_c^{\lambda}(z - c)^{\alpha} &= \frac{1}{\Gamma(\lambda)}(z - c)^{\alpha+\lambda}\int_0^1 (1 - s)^{\lambda-1}s^{\alpha}\,ds \\
&= (z - c)^{\alpha+\lambda}\frac{B(\lambda, \alpha + 1)}{\Gamma(\lambda)} \\
&= (z - c)^{\alpha+\lambda}\frac{\Gamma(\lambda)\Gamma(\alpha + 1)}{\Gamma(\lambda)\Gamma(\lambda + \alpha + 1)}
\end{aligned}$$

となって求める式を得る．

2. $s = z/\zeta$ とおくと

$$I_{\infty}^{\lambda}z^{-\alpha} = \frac{1}{\Gamma(\lambda)}\int_0^1 (s - 1)^{\lambda-1}(z/s)^{\lambda-\alpha-1}(-z/s^2)\,ds$$

となる．ここで積分路の上では $\arg s = 0$, $\arg(s - 1) = \pi$ となっている．従って $s - 1 = e^{i\pi}(1 - s)$ とすれば $\arg(1 - s) = 0$ とできる．これより

$$\begin{aligned}
I_{\infty}^{\lambda}z^{-\alpha} &= e^{i\pi(\lambda-1)}z^{\lambda-\alpha}\frac{1}{\Gamma(\lambda)}\int_0^1 (1 - s)^{\lambda-1}s^{\alpha-\lambda-1}\,ds \\
&= e^{i\pi(\lambda-1)}z^{\lambda-\alpha}\frac{\Gamma(\lambda)\Gamma(\alpha - \lambda)}{\Gamma(\lambda)\Gamma(\alpha)}
\end{aligned}$$

となり求める式を得る． $\square$

1.3.2 ガウスの超幾何関数とオイラー変換

では $\varphi_0(\beta - \gamma, \gamma - \alpha - 1; z)$ のオイラー変換を様々な積分路に対して計算していくことにする．

$\mathbb{C} = \mathbb{C}_{\zeta} \subset \mathbb{P}^1(\mathbb{C})$ 内の中心 c 半径 r の開円盤と，中心の点 c を除いた穴あき開円盤を，それぞれ $D_r(c)_{\zeta} := \{\zeta \in \mathbb{C}_{\zeta} \mid |\zeta - c| < r\}$, $D_r^*(c)_{\zeta} := \{\zeta \in \mathbb{C} \mid 0 < |\zeta - c| < r\}$ と書く．混乱の恐れがない場合は単に $D_r(c) = D_r(c)_{\zeta}$, $D_r^*(c) = D_r^*(c)_{\zeta}$ と ζ を省略して書く．また $\mathbb{C}_{\eta} \subset \mathbb{P}^1(\mathbb{C})$ 内の開円盤と穴あき開円盤も同様に $D_r(c)_{\eta}$, $D_r^*(c)_{\eta}$ と書く．

定理 1.10. $\varphi_0(\beta - \gamma, \gamma - \alpha - 1; z) = z^{\beta-\gamma}(z - 1)^{\gamma-\alpha-1}$ のリーマン–リュービル変換に対して次が成立する．

1. $\mathrm{Re}(\beta - \gamma + 1) > 0$, $\mathrm{Re}(1 - \beta) > 0$ とする．このとき以下の等式が $D_1^*(0)$ 内の開円盤で成立する．

$$I_0^{1-\beta}\varphi_0(\beta - \gamma, \gamma - \alpha - 1; z) = e^{i\pi(\gamma - \alpha - 1)}\frac{\Gamma(\beta - \gamma + 1)}{\Gamma(2 - \gamma)}$$
$$\times z^{1-\gamma}F(\alpha - \gamma + 1, \beta - \gamma + 1, 2 - \gamma; z).$$

すなわち

$$z^{1-\gamma}F(\alpha - \gamma + 1, \beta - \gamma + 1, 2 - \gamma; z) =$$
$$e^{i\pi(1+\alpha-\gamma)}\frac{\Gamma(2 - \gamma)}{\Gamma(1 - \beta)\Gamma(\beta - \gamma + 1)}\int_0^z \zeta^{\beta-\gamma}(\zeta - 1)^{\gamma-\alpha-1}(z - \zeta)^{-\beta}\,d\zeta$$

が成立. ここで右辺の積分は積分路は 0 と z を結ぶ線分として, 積分路の上では $\arg\zeta = \arg(z - \zeta) = \arg z,\ \pi/2 < \arg(\zeta - 1) < 3\pi/2$ となるように冪関数の偏角を定める.

2. $\mathrm{Re}(\gamma - \alpha) > 0,\ \mathrm{Re}(1 - \beta) > 0$ とする. このとき以下の等式が $D_1^*(1)$ 内の開円盤で成立する.

$$I_1^{1-\beta}\varphi_0(\beta - \gamma, \gamma - \alpha - 1; z) = \frac{\Gamma(\gamma - \alpha)}{\Gamma(\gamma - \alpha - \beta + 1)}$$
$$\times (z - 1)^{\gamma-\alpha-\beta}F(\gamma - \alpha, \gamma - \beta, \gamma - \alpha - \beta + 1; 1 - z).$$

すなわち

$$(z - 1)^{\gamma-\alpha-\beta}F(\gamma - \alpha, \gamma - \beta, \gamma - \alpha - \beta + 1; 1 - z) =$$
$$\frac{\Gamma(\gamma - \alpha - \beta)}{\Gamma(\gamma - \alpha)\Gamma(1 - \beta)}\int_1^z \zeta^{\beta-\gamma}(\zeta - 1)^{\gamma-\alpha-1}(z - \zeta)^{-\beta}\,d\zeta$$

が成立する. ここで右辺の積分は積分路は 1 と z を結ぶ線分として, この積分路の上では $\arg(\zeta - 1) = \arg(z - \zeta) = \arg(z - 1),\ -\pi/2 < \arg\zeta < \pi/2$ となるように冪関数の偏角を定める.

3. $\mathrm{Re}(1 - \beta) > 0,\ \mathrm{Re}\,\alpha > 0$ とする. このとき以下の等式が $D_1^*(\infty) := \{z \in \mathbb{C} \mid 1 < |z|\} = D_1^*(0)_\eta$ 内の開円盤で成立する.

$$I_\infty^{1-\beta}\varphi_0(\beta - \gamma, \gamma - \alpha - 1; z) = e^{-i\pi\beta}\frac{\Gamma(\alpha)}{\Gamma(\alpha - \beta + 1)}$$
$$\times z^{-\alpha}F(\alpha, \alpha - \gamma + 1, \alpha - \beta + 1; 1/z).$$

すなわち

$$z^{-\alpha}F(\alpha, \alpha - \gamma + 1, \alpha - \beta + 1; 1/z) = e^{i\pi\beta}\frac{\Gamma(\alpha - \beta + 1)}{\Gamma(1 - \beta)\Gamma(\alpha)}$$
$$\times \int_\infty^z \zeta^{\beta-\gamma}(\zeta - 1)^{\gamma-\alpha-1}(z - \zeta)^{-\beta}\,d\zeta$$

が成立. ここで右辺の積分は, 積分路は z と ∞ を結ぶ偏角 $\arg z$ の半直線として, この積分路の上では $\arg\zeta = \arg z,\ \arg(z - \zeta) = \arg z + \pi,\ -\pi/2 < \arg(1 - 1/s) < \pi/2$ となるように冪関数の偏角を定める.

証明. 1 のみ証明を与える．簡単のため $\varphi_0(\beta - \gamma, \gamma - \alpha - 1; z) = \varphi_0(z)$ とおく．このとき

$$I_0^{1-\beta} \varphi_0(z) = \frac{1}{\Gamma(1-\beta)} \int_0^z \zeta^{\beta-\gamma} (\zeta - 1)^{\gamma-\alpha-1} (z - \zeta)^{-\beta} \, d\zeta$$

$$= \frac{1}{\Gamma(1-\beta)} \int_0^z \zeta^{\beta-\gamma} ((e^{i\pi})(1 - \zeta))^{\gamma-\alpha-1} (z - \zeta)^{-\beta} \, d\zeta$$

と変形すると積分内では $-\pi/2 < \arg(1 - \zeta) < \pi/2$ となるので補題 1.3 が適用できて，

$$= \frac{e^{i\pi(\gamma-\alpha-1)}}{\Gamma(1-\beta)} \sum_{k=0}^{\infty} \frac{(\alpha - \gamma + 1)_k}{k!} \int_0^z \zeta^{\beta-\gamma+k} (z - \zeta)^{-\beta} \, d\zeta.$$

ここに補題 1.9 を適用すると

$$= \frac{e^{i\pi(\gamma-\alpha-1)}}{\Gamma(1-\beta)} \sum_{k=0}^{\infty} \frac{(\alpha - \gamma + 1)_k}{k!} \frac{\Gamma(\beta - \gamma + 1 + k)}{\Gamma(2 - \gamma + k)} z^{1-\gamma+k}$$

$$= e^{i\pi(\gamma-\alpha-1)} \frac{\Gamma(\beta - \gamma + 1)}{\Gamma(2 - \gamma)} z^{1-\gamma} \sum_{k=0}^{\infty} \frac{(\alpha - \gamma + 1)_k (\beta - \gamma + 1)_k}{(2 - \gamma)_k k!} z^k$$

となり求める等式を得る． □

1.3.3 冪関数のモノドロミー定数

これまでの積分の計算では冪関数の偏角に関するデリケートな仮定をおいていた．それは関数

$$(z - c)^\delta = e^{\delta \log(z-c)} = e^{\log|z-c|\delta} e^{i\delta \arg(z-c)} \quad (c, \delta \in \mathbb{C})$$

が偏角の変動域を $a < \arg(z - c) \leq a + 2\pi$ $(a \in \mathbb{R})$ と 2π 未満に制限しなければ穴あき開円盤 $D_r^*(c)$ の上 well-defined な関数にならないことに起因する．従って単に $(z - c)^\delta$ と書いたが，本来は

$$(z - c)_{(a)}^\delta := e^{\log|z-c|\delta} e^{i\delta \arg(z-c)} \quad (a < \arg(z - c) \leq a + 2\pi)$$

と偏角の変動域を指定した「分枝」をとる必要があるところを，しばしば省略している．というのも分枝を一つ指定してしまえば，別の偏角の変動域での値もこの分枝から次のように容易に得ることができるからである．例えば c を中心として正方向にもう一周してできる $a + 2\pi < \arg(z - c) \leq a + 4\pi$ という偏角の変動域を考える．このとき $z \in \{\zeta \in D_r^*(c) \mid a + 2\pi < \arg(\zeta - c) \leq a + 4\pi\}$ に対して $z - c = e^{2\pi i}(z' - c)$ とおくと $z' \in \{\zeta \in D_r^*(c) \mid a < \arg(\zeta - c) \leq a + 2\pi\}$ とできるので，

$$e^{\delta \log(z-c)} = e^{\log|z'-c|\delta} e^{i\delta(\arg(z'-c)+2\pi)} = e^{\delta 2\pi i} e^{\log|z'-c|\delta} e^{i\delta \arg(z'-c)}$$

$$= e^{2\pi i \delta} (z' - c)^{\delta}_{(a)}$$

と z での値が分枝 $(z' - c)^{\delta}_{(a)}$ で記述される．この手順を繰り返せば分枝 $(z - c)^{\delta}_{(a)}$ と定数 $e^{2\pi i \delta}$ の累乗によって $\{ z = |z| e^{i \arg z} \mid 0 < |z| < r, \arg z \in \mathbb{R} \}$ の全ての点での値が記述できることになる．この定数 $e^{2\pi i \delta}$ を冪関数 $(z - c)^{\delta}$ のモノドロミー定数という．

これは冪関数のいくつかの積で与えられる関数でも同様である．例えば $\varphi_0(\beta - \gamma, \gamma - \alpha - 1; z) = z^{\beta - \gamma}(z - 1)^{\gamma - \alpha - 1}$ は $z = 0, 1$ のまわりでそれぞれ偏角の変動域を指定する必要がある．例えば

$$\varphi_0(\beta - \gamma, \gamma - \alpha - 1; z)_{(a_0, a_1)} := z^{\beta - \gamma}_{(a_0)} (z - 1)^{\gamma - \alpha - 1}_{(a_1)}$$

$$(a_0 < \arg z \le a_0 + 2\pi,\ a_1 < \arg(z - 1) \le a_1 + 2\pi)$$

という分枝を一つ指定すれば，$z = 0$ を中心として正方向にもう一周した $a_0 + 2\pi < \arg z \le a_0 + 4\pi$ では $e^{2\pi i (\beta - \gamma)} \varphi_0(\beta - \gamma, \gamma - \alpha - 1; z')_{(a_0, a_1)}$ によって，また $z = 1$ を中心として正方向にもう一周した $a_1 + 2\pi < \arg(z - 1) \le a_1 + 4\pi$ では $e^{2\pi i (\gamma - \alpha - 1)} \varphi_0(\beta - \gamma, \gamma - \alpha - 1; z'')_{(a_0, a_1)}$ によってそれぞれの値を表すことができる．このとき $e^{2\pi i (\beta - \gamma)}$ を $\varphi_0(\beta - \gamma, \gamma - \alpha - 1; z)$ の $z = 0$ でのモノドロミー定数，$e^{2\pi i (\gamma - \alpha - 1)}$ を $z = 1$ でのモノドロミー定数という．

1.3.4 ガウスの超幾何関数の接続公式

定理 1.10 により $\varphi_0(\beta - \gamma, \gamma - \alpha - 1; \zeta) = \zeta^{\beta - \gamma}(\zeta - 1)^{\gamma - \alpha - 1}$ の特異点 $\zeta = 0, 1, \infty$ を始点とするリーマン–リュービル変換によって様々な形のガウスの超幾何関数が得られることがわかった．次にこうして得られたガウスの超幾何関数たちの間の様々な関係式を，積分路の端点 $\zeta = 0, 1, z, \infty$ を結んでできる $\mathbb{P}^1(\mathbb{C})$ の三角形たちを考えることで導いてみよう．

複素上半平面 $\mathfrak{H} := \{ \zeta \in \mathbb{C} \mid \mathrm{Im}\,\zeta > 0 \}$ 上の点 z に対して以下のような $\mathbb{P}^1(\mathbb{C})$ 内の領域を考える．l_0 を実軸の負の方向に進んで 0 と ∞ を結ぶ曲線[*1]，l_1 を実軸を正の方向に進んで 1 と ∞ を結ぶ曲線[*2]，l_z を半直線 $tz,\ (t \in [1, \infty))$ に沿って z と ∞ を結ぶ曲線[*3] として，$\mathbb{P}^1(\mathbb{C})$ から l_0, l_1, l_z を除いてできる領域を D_z とおく．

そして D_z 上で定義された正則な微分形式

$$\Phi(\zeta, z) := \zeta^{\beta - \gamma}(\zeta - 1)^{\gamma - \alpha - 1}(z - \zeta)^{-\beta}\,d\zeta$$

[*1] すなわち $\mathbb{C}_\zeta$ 内の半直線 $\zeta = t,\ (t \in (-\infty, 0])$ と $\mathbb{C}_\eta$ 内の半直線 $\eta = -s,\ (s \in [0, \infty))$ を貼り合わせた曲線．

[*2] すなわち $\mathbb{C}_\zeta$ 内の半直線 $\zeta = 1 + t,\ (t \in [0, \infty))$ と $\mathbb{C}_\eta$ 内の線分 $\eta = -s,\ (s \in [-1, 0])$ を貼り合わせた曲線．

[*3] すなわち $\mathbb{C}_\zeta$ 内の半直線 $\zeta = tz,\ (t \in [1, \infty))$ と $\mathbb{C}_\eta$ 内の線分 $-s/z,\ (s \in [-1, 0])$ を貼り合わせた曲線．

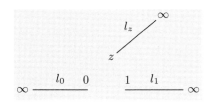

図 1.1

を考える[*4]．ここで $0 < \arg z < \pi$ と定め，$\Phi(\zeta, z)$ の係数の冪関数の分枝は

$$-\pi < \arg \zeta < \pi,\ 0 < \arg(\zeta - 1) < 2\pi,\ \arg z - \pi < \arg(z - \zeta) < \arg z + \pi$$

において定めておく．

次に点 a, b を結ぶ $\mathbb{C}$ 内の線分を $\overline{ab}$ と書いて，線分 $\overline{1z}$, l_1, l_z で囲まれる領域を D_{1z}，線分 $\overline{01}$, l_1, l_0 で囲まれる領域を D_{01}，線分 $\overline{0z}$, l_0, l_z で囲まれる領域を D_{0z}，線分 $\overline{01}$, $\overline{1z}$, $\overline{0z}$ で囲まれる領域を D_0 とおいて D_z の分割を与える．

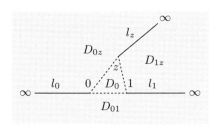

図 1.2

このとき条件

$$\mathrm{Re}(\beta - \gamma) > 0,\ \mathrm{Re}(\gamma - \alpha - 1) > 0,\ \mathrm{Re}(-\beta) > 0,\ \mathrm{Re}(\alpha - 1) > 0 \quad (1.2)$$

の元では微分形式 $\Phi(\zeta, z)$ は領域 D_* ($* \in \{0, 01, 0z, 1z\}$) の境界 ∂D_* 上で連続なのでコーシー (Cauchy) の積分定理から

$$\int_{\partial D_*} \Phi(\zeta, z) = 0, \quad * \in \{0, 01, 0z, 1z\} \tag{1.3}$$

が得られる．ここで上の積分の $\Phi(\zeta, z)$ は境界 ∂D_* に D_* の内部から近づけたものとする．

以下混乱を避けるために上で定めた分枝 $\Phi(\zeta, z)$ を D_z から

$$\widetilde{D_z} := \left\{ \zeta \in \mathbb{C} \backslash \{0, 1, z\} \ \middle| \ \begin{array}{l} -\pi < \arg \zeta \leq \pi,\ 0 \leq \arg(\zeta - 1) < 2\pi, \\ \arg z - \pi < \arg(z - \zeta) \leq \arg z + \pi \end{array} \right\}$$

へ拡張したものを改めて $\Phi(\zeta, z)$ で表すことにする．その上で式 (1.3) を見る

[*4]　微分形式の定義は後の章で与える．ここでは，領域 $D \subset \mathbb{C} \subset \mathbb{P}^1(\mathbb{C})$ 上の正則な微分形式 $f(\zeta)\, d\zeta$ とは D 上の正則関数 $f(\zeta)$ と記号 $d\zeta$ の対であって，$D \subset \mathbb{C}_\eta \subset \mathbb{P}^1(\mathbb{C})$ と見たときは，変数変換 $\eta = 1/\zeta$ によって $f(1/\eta)(-1/\eta^2)\, d\eta$ と変換されるものとする．

と，例えば ∂D_{1z} での積分 $\displaystyle\int_{\partial D_{1z}} \Phi(\zeta, z) = 0$ は関係式

$$\int_\infty^z \Phi(\zeta, z) - \int_1^z \Phi(\zeta, z) + \int_1^\infty \Phi(\zeta, z) = 0 \tag{1.4}$$

を与える．これは式 (1.1) と定理 1.10 より $z \in \mathfrak{H}$, $0 < \arg z < \pi$ における関係式

$$F(\alpha, \beta, \gamma; z) =$$
$$\frac{e^{i\pi\beta}\,\Gamma(1-\beta)\Gamma(\gamma)}{\Gamma(\alpha)\Gamma(\gamma-\alpha-\beta+1)}(z-1)^{\gamma-\alpha-\beta}F(\gamma-\alpha, \gamma-\beta, \gamma-\alpha-\beta+1; 1-z)$$
$$+ \frac{\Gamma(1-\beta)\Gamma(\gamma)}{\Gamma(\alpha-\beta+1)\Gamma(\gamma-\alpha)}z^{-\alpha}F(\alpha, \alpha-\gamma+1, \alpha-\beta+1; 1/z) \tag{1.5}$$

を導く．ただしここで $F(\alpha, \beta, \gamma; z)$ などの超幾何関数は積分表示を使って解析接続したものも同じ記号で表している．

　同様にして定理 1.10 に現れた積分の間の関係式が得られる．

命題 1.11. 条件 (1.2) の下で以下が成立する．

$$(e^{2i\pi(\alpha-\beta+1)} - e^{2i\pi(\alpha-\gamma+1)})\int_0^z \Phi(\zeta, z) - (1 - e^{2i\pi(\alpha-\gamma+1)})\int_1^z \Phi(\zeta, z)$$
$$+ (1 - e^{2i\pi(\alpha+1)})\int_\infty^z \Phi(\zeta, z) = 0.$$

証明. 関係式 (1.3) より

$$0 = \int_0^1 \Phi(\zeta, z) + \int_1^z \Phi(\zeta, z) - \int_0^z \Phi(\zeta, z),$$
$$0 = -\int_0^\infty \Phi(\zeta, z) + \int_0^z \Phi(\zeta, z) - \int_\infty^z e^{2i\pi\beta}\Phi(\zeta, z),$$
$$0 = -\int_1^\infty e^{2i\pi(\gamma-\alpha-1)}\Phi(\zeta, z) - \int_0^1 \Phi(\zeta, z) + \int_0^\infty e^{-2i\pi(\beta-\gamma)}\Phi(\zeta, z),$$
$$0 = \int_\infty^z \Phi(\zeta, z) - \int_1^z \Phi(\zeta, z) + \int_1^\infty \Phi(\zeta, z)$$
$$\tag{1.6}$$

が得られ，ここから $\int_0^1 \Phi(\zeta, z)$, $\int_0^\infty \Phi(\zeta, z)$, $\int_1^\infty \Phi(\zeta, z)$ を消去すればよい．　□

1.4　ガウスの超幾何関数のモノドロミー行列

　式 (1.1), (1.4) と命題 1.11 によって，ガウスの超幾何関数 $F(\alpha, \beta, \gamma; z)$ は条件 (1.2) と非整数条件

$$\beta - \gamma \notin \mathbb{Z},\ \gamma - \alpha \notin \mathbb{Z},\ \alpha \notin \mathbb{Z},\ \beta \notin \mathbb{Z} \tag{1.7}$$

の下で積分 $\int_0^z \Phi(\zeta, z)$ と $\int_1^z \Phi(\zeta, z)$ の線形結合で書けることがわかった．こ

れを用いて単位円盤 $D_1(0)$ で定義されていた $F(\alpha, \beta, \gamma; z)$ の複素数平面内での振る舞いを調べてみよう。この節では積分の収束条件 (1.2) に加えて非整数条件 (1.7) も仮定する。

1.4.1 関数空間 $\mathcal{F}(D)$

$z \in \mathfrak{H}$, $0 < \arg z < \pi$ に対し

$$F_c(z) := \int_c^z \Phi(\zeta, z), \quad c \in \{0, 1, \infty\},$$

$$F_{(a,b)}(z) := \int_a^b \Phi(\zeta, z), \quad a, b \in \{0, 1, \infty\},\ a \neq b$$

と定義する。ここで $\Phi(\zeta, z)$ の係数の ζ の関数としての分枝は前節と同様に定めておく。

補題 1.12. $F_c(z)$, $c \in \{0, 1, \infty\}$, $F_{(a,b)}(z)$, $(a, b) \in \{(0, 1), (1, \infty), (0, \infty)\}$ は $\mathfrak{H}$ 上の正則関数を定める。

証明. $z_0 \in \mathfrak{H}$ に対し $r > 0$ を十分小さくとって $D_r(z_0) \subset \mathfrak{H}$ となるようにしておく。このとき

$$\begin{aligned}
\frac{F_c(z_0) - F_c(z)}{z_0 - z} &= \frac{1}{z_0 - z}\left(\int_c^{z_0} \Phi(\zeta, z_0) - \int_c^z \Phi(\zeta, z)\right)\\
&= \frac{1}{z_0 - z}\left(\int_c^{z_0} \Phi(\zeta, z_0) - \int_c^{z_0} \Phi(\zeta, z) - \int_{z_0}^z \Phi(\zeta, z)\right)\\
&= \int_c^{z_0} \frac{\Phi(\zeta, z_0) - \Phi_c(\zeta, z)}{z_0 - z} - \int_{z_0}^z \frac{\Phi(\zeta, z)}{z_0 - z}
\end{aligned}$$

とできる。右辺の第 1 項の被積分関数の極限 $\displaystyle\lim_{z \to z_0} \frac{\Phi(\zeta, z_0) - \Phi(\zeta, z)}{z_0 - z}$ は $\zeta \in [c, z_0]$ で一様に収束するので,

$$\begin{aligned}
\lim_{z \to z_0} \int_c^{z_0} \frac{\Phi(\zeta, z_0) - \Phi(\zeta, z)}{z_0 - z} &= \int_c^{z_0} \lim_{z \to z_0} \frac{\Phi(\zeta, z_0) - \Phi(\zeta, z)}{z_0 - z}\\
&= \int_c^{z_0} \frac{\partial}{\partial z}\Phi(\zeta, z_0)
\end{aligned}$$

とできる。また第 2 項は $\zeta(t) := z_0 + t(z - z_0)$ とおくと,上と同様にして

$$\lim_{z \to z_0} \int_{z_0}^z \frac{\Phi(\zeta, z)}{z_0 - z} = \lim_{z \to z_0} \int_0^1 \Phi(\zeta(t), z) \frac{dt}{d\zeta} = \int_0^1 \lim_{z \to z_0} \Phi(\zeta(t), z) \frac{dt}{d\zeta}$$

となるが,$\lim_{z \to z_0} \Phi(\zeta(t), z) = \Phi(z_0, z_0) = 0$ よりこの極限は 0 である。以上より $F_c(z)$ は z_0 で微分可能であり

$$\frac{d}{dz} F_c(z) = \int_c^z \frac{\partial}{\partial z}\Phi(\zeta, z) \tag{1.8}$$

が成り立つことがわかる。$F_{(a,b)}(z)$ の微分可能性も同様にして確かめられる。 $\square$

$F_c(z)$, $c \in \{0, 1, \infty\}$, $F_{(a,b)}(z)$, $(a, b) \in \{(0, 1), (1, \infty), (0, \infty)\}$ が生成する $\mathfrak{H}$ 上の正則関数のなす $\mathbb{C}$ 上のベクトル空間を $\mathcal{F}(\mathfrak{H})$ とおく.

補題 1.13. ベクトル空間 $\mathcal{F}(\mathfrak{H})$ は $F_0(z)$, $F_1(z)$ によって生成される.

証明. 1.3.4 節の記号を用いると $F_c(z) = \int_c^z \Phi(\zeta, z)$, $F_{(a,b)}(z) = \int_a^b \Phi(\zeta, z)$ と書けるので式 (1.6) より $F_{(a,b)}(z)$ は $F_c(z)$ の線形結合となることがわかる. さらに非整数条件 (1.7) と命題 1.11 より $F_\infty(z)$ は $F_0(z)$ と $F_1(z)$ の線形結合である. □

さて $\mathbb{P}^1(\mathbb{C})$ から曲線 l_0, l_1 を除いてできる単連結領域を D とおくと, $F_0(z)$ と $F_1(z)$ は D でも well-defined で補題 1.12 と同様にして正則であることがわかる. よってこの $F_0(z)$ と $F_1(z)$ の生成する $\mathbb{C}$-ベクトル空間を $\mathcal{F}(D)$ と書く. また, 補題 1.13 より $\mathcal{F}(\mathfrak{H})$ の関数は $F_0(z)$ と $F_1(z)$ の $\mathbb{C}$ 上の線形結合で書けるので, それによって D 上の正則関数に延長することで $\mathcal{F}(D)$ の元とみなすことができる.

1.4.2 折れ線に沿っての解析接続

$\mathcal{F}(D)$ の生成元である $F_c(z)$, $c = 0, 1$ はそれぞれ c と z を結ぶ直線上の積分として定義されていた. この節ではこれらの積分路を変形した際の $F_c(z)$ の様子について調べる. また以下では位相空間 X の部分集合 A に対し, その境界を ∂A と書くことにする.

命題 1.14. $c \in \{0, 1\}$ とし, $z_0 \in D$ に対し $r > 0$ を $D_r(z_0) \subset D$ となるようにとる. 線分 $\overline{cz_0}$ と $\partial D_r(z_0)$ との交点を a とおく. c を始点として線分 $\overline{ca}$ に沿って a に向い, a から $\partial D_r(z_0)$ を正の向き[*5)]に回り a に戻り, 最後に線分 $\overline{ac}$ に沿って c に戻る閉曲線を $L_{c,z_0,r}$ とおく. このとき

$$F_c(z) = \frac{1}{1 - e^{-2i\pi\beta}} \int_{L_{c,z_0,r}} \Phi(\zeta, z), \quad (z \in D_r(z_0))$$

が成立する.

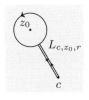

図 1.3

証明. $z \in D_r(z_0)$ を一点固定する. a から $\partial D_r(z_0)$ を正の向きに回り a に戻る閉曲線を C_r とおくと, ζ がこの曲線上を動くと z を正の向きに一周するので

$\Phi(\zeta, z)$ の係数の分枝 $(z - \zeta)^{-\beta}$ は $e^{2i\pi(-\beta)}(z - \zeta)^{-\beta}$ となる. 従って $L_{c,z_0,r}$ での積分は以下のように分解される.

$$\int_{L_{c,z_0,r}} \Phi(\zeta, z) = \int_c^a \Phi(\zeta, z) + \int_{C_r} \Phi(\zeta, z) - \int_c^a e^{-2i\pi\beta}\Phi(\zeta, z).$$

両辺は $r > 0$ の連続関数だがコーシーの積分定理から左辺は r の定数関数. よって右辺の $r \to 0$ の極限をとれば $\lim_{r \to 0} \int_{C_r} \Phi(\zeta, z) = 0$ であるから

$$\int_{L_{c,z_0,r}} \Phi(\zeta, z) = (1 - e^{-2i\pi\beta})F_c(z)$$

を得る. □

$\mathbb{C}$ 内の曲線 γ と $a \in \mathbb{C}$ の距離を $d(a, \gamma) := \inf_{b \in \gamma}\{|a - b|\}$ で定め, $\epsilon > 0$ に対し γ の ϵ 近傍を

$$U_\epsilon(\gamma) := \{z \in \mathbb{C} \mid d(z, \gamma) < \epsilon\}$$

と定める.

命題 1.15 (線分に沿っての解析接続). $z_0 \in D$ に対し $z_1 \in \mathbb{C}\backslash\{0, 1\}$ と $\epsilon > 0$ を線分 $\overline{z_0 z_1}$ の ϵ 近傍 $U_\epsilon(\overline{z_0 z_1})$ が $\mathbb{C}\backslash\{0, 1\}$ に含まれるようにとる. $\overline{cz_0}$ と $\partial U_\epsilon(\overline{z_0 z_1})$ の交点を a とする. c を始点として $\overline{ca}$ に沿って a まで進み, 次に a を始点として $\partial U_\epsilon(\overline{z_0 z_1})$ を正の向きに一周して a に戻り, 最後に a から $\overline{ac}$ に沿って c に戻る閉曲線を $L_{c,\overline{z_0 z_1},\epsilon}$ とおく.

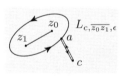

図 1.4

このとき

$$\widetilde{F}_{c,\overline{z_0 z_1}}(z) := \frac{1}{1 - e^{-2i\pi\beta}} \int_{L_{c,\overline{z_0 z_1},\epsilon}} \widetilde{\Phi}(\zeta, z)$$

は $U_\epsilon(\overline{z_0 z_1})$ 上の正則関数を定める. ここで右辺の $\widetilde{\Phi}(\zeta, z)$ は $\Phi(\zeta, z_0)$ を ζ に関しては曲線 $L_{c,\overline{z_0 z_1},\epsilon}$ に沿って, z に関しては線分 $\overline{z_0 z}$ に沿って解析接続[*6] して得られる微分形式である. このとき

$$\tilde{F}_{c,\overline{z_0 z_1}}(z_1) = \frac{1}{1 - e^{-2i\pi\beta}} \int_{\overline{cz_0 z_1}} \widetilde{\Phi}(\zeta, z_1) \tag{1.9}$$

が線分 $\overline{cz_0}$ と $\overline{z_0 z_1}$ をつないで得られる折れ線 $\overline{cz_0 z_1}$ に対して成り立つ. さら

[*6]　曲線に沿っての解析接続の厳密な定義は例えばフォースター (Forster)[10] の 1.7 節を参照のこと. ここでは曲線に沿って ζ, z を動かしたとき, 冪関数の分枝を定める偏角の変動域を越えた場合にモノドロミー定数を掛けて別の分枝に移るという意味とする.

に $0 < \rho$ を十分小さくとって $D_\rho(z_0) \subset U_\epsilon(\overline{z_0 z_1})$ となるようにすると,

$$\widetilde{F}_{c,\overline{z_0 z_1}}(z) = F_c(z), \quad (z \in D_\rho(z_0))$$

が成り立つ.

証明. $\widetilde{F}_{c,\overline{z_0 z_1}}(z)$ の正則性は補題 1.12 と同様にして確かめられる. また式 (1.9) は命題 1.14 と同様にして確かめられる.

$\widetilde{\Phi}(\zeta, z)$ は $U_\epsilon(\overline{z_0 z_1})$ 内に $\zeta = z$ のみを特異点に持つので, $z \in D_\rho(z_0)$ とするとコーシーの積分定理より積分路 $L_{c,\overline{z_0 z_1},\epsilon}$ は $L_{c,z_0,\epsilon}$ に変形できる. よって命題 1.14 より

$$\widetilde{F}_{c,\overline{z_0 z_1}}(z) = \frac{1}{1 - e^{-2i\pi\beta}} \int_{L_{c,z_0,\epsilon}} \Phi(\zeta, z) = F_c(z), \quad (z \in D_\rho(z_0))$$

が得られる. $\hfill\square$

この命題を繰り返し用いることで以下の定理を得る.

定理 1.16 (折れ線に沿っての解析接続). $z_0 \in D$ に対して, $z_1, z_2, \ldots, z_n \in \mathbb{C} \setminus \{0, 1\}$ と $\epsilon > 0$ を以下を満たすようにとる.

1. 折れ線 $\overline{cz_0 z_1 \cdots z_n}$ は自分自身と交点を持たず, $z = 0, 1$ を通らない.

2. $\gamma_0 := \overline{cz_0}$, $\gamma_1 := \overline{z_0 z_1}, \ldots, \gamma_n := \overline{z_{n-1} z_n}$ とおき, 2 つの線分 γ_i, γ_j の距離を $d(\gamma_i, \gamma_j) := \min\{|x - y| \mid x \in \gamma_i, y \in \gamma_j\}$ と定める. このとき

$$0 < \epsilon_0 := \min\{d(\gamma_i, \gamma_j) \mid |i - j| \geq 2\}$$

に対し $0 < \epsilon < \epsilon_0/2$ を $\gamma := \overline{z_0 z_1 \cdots z_n}$ の ϵ 近傍 $U_\epsilon(\gamma)$ が $\mathbb{C} \setminus \{0, 1\}$ に含まれるようにとる.

$\overline{cz_0}$ と $\partial U_\epsilon(\gamma)$ の交点を a としたとき, c を始点として $\overline{ca}$ に沿って a まで進み, 次に a を始点として $\partial U_\epsilon(\gamma)$ を正の向きに一周して a に戻り, 最後に a から $\overline{ac}$ に沿って c に戻る閉曲線を $L_{c,\gamma,\epsilon}$ とおく. このとき

$$\gamma_*(F_c)(z) := \frac{1}{1 - e^{-2i\pi\beta}} \int_{L_{c,\gamma,\epsilon}} \gamma_*(\Phi)(\zeta, z)$$

は $U_\epsilon(\gamma)$ 上の正則関数を定める. ここで右辺の $\gamma_*(\Phi)(\zeta, z)$ は $\Phi(\zeta, z_0)$ を ζ に関しては曲線 $L_{c,\gamma,\epsilon}$ に沿って, z に関しては z_0 と z を結ぶ $U_\epsilon(\gamma)$ 内の曲線に沿って解析接続して得られる微分形式である. さらに

$$\gamma_*(F_c)(z_n) = \int_{\overline{cz_0 z_1 \cdots z_n}} \gamma_*(\Phi)(\zeta, z_n)$$

が成り立ち, $D_\rho(z_0) \subset U_\epsilon(\gamma)$ となるような $0 < \rho$ をとると,

$$\gamma_*(F_c)(z) = F_c(z), \quad (z \in D_\rho(z_0))$$

が成り立つ.

定義 1.17 ($F_c(z)$ の折れ線に沿っての解析接続). $z_0 \in D$ に対して

$z_1, z_2, \ldots, z_n \in \mathbb{C}\backslash\{0,1\}$ と $\epsilon > 0$ を定理 1.16 のようにとる．このとき定理で得られた $U_\epsilon(\gamma)$ 上の正則関数 $\gamma_*(F_c)(z)$ を z_0 の近傍で定義された関数 $F_c(z)$ の折れ線 γ に沿っての**解析接続**とよぶ．

1.4.3　ガウスの超幾何関数のモノドロミー行列

以上の準備のもとで $\mathcal{F}(D)$ 内の関数の定義域をさらに拡げることを考える．特に $z = 0, 1$ の周りを正方向に一周した際にどうなるかを見てみよう．冪関数の場合は各点でのモノドロミー定数がかかって別の分枝に移ったが，ガウスの超幾何関数を含む空間 $\mathcal{F}(D)$ では状況が少し複雑になる．

$c \in \{0,1\}$ に対して，$z_0 \in D$ を始点として $\zeta = c$ を反時計回りにまわり z_0 に戻る下図のような $\mathbb{C}\backslash\{0,1\}$ 閉曲線 $\tilde{\gamma}_c$ を考える．

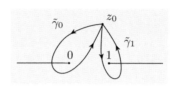

図 1.5

これらの閉曲線 $\tilde{\gamma}_c$, $c = 0, 1$ を以下のような折れ線で近似する．z_0 の十分小さな D 内の近傍 U_0 から一点 z^o をとる．また必要ならば $\tilde{\gamma}_c$ を少し変形して $\tilde{\gamma}_c$ 上の点 $z_1, z_2, \ldots, z_n$ と $\epsilon > 0$ を以下を満たすようにとる．

1. 閉じた折れ線 $\overline{z_0 z_1 \cdots z_n z^o z_0}$ の ϵ 近傍は $\tilde{\gamma}_c$ を含む．
2. 折れ線 $\overline{c z_0 z_1 \cdots z_n z^o}$ が定理 1.16 の条件 1, 2 を満たす．

このとき折れ線 $\gamma_c := \overline{z_0 z_1 \cdots z_n z^o}$, $c = 0, 1$ に沿っての $F_c(z)$ の解析接続を考える．

γ_0 に沿っての解析接続

まず $\gamma_{0*}(F_0)(z)$ の $z = z^o$ での値 $\gamma_{0*}(F_0)(z^o)$ を求める．$\Phi(\zeta, z)$ において ζ を 0 の近くで止めて z を γ_0 に沿って解析接続すると係数の $(z - \zeta)^{-\beta}$ が $e^{2i\pi(-\beta)}(z - \zeta)^{-\beta}$ となるので，$\zeta = 0$ の近くでは

$$\gamma_{0*}(\Phi)(\zeta, z^o) = e^{2i\pi(-\beta)}\Phi(\zeta, z^o)$$

となっている．また積分路は線分 $\overline{0 z_0}$ に γ_0 をつなげたもので，コーシーの積分定理より積分路を変形して図 1.6 のようにできる．

1 つ目と 2 つ目の線分は互いに逆向きで積分は打消し合い，その後 $\zeta = 0$ の周りを回る際に l_0 を正の向きに通過するので $\zeta^{\beta-\gamma}$ が $e^{2i\pi(\beta-\gamma)}\zeta^{\beta-\gamma}$ となる．従って 3 つ目の線分上では

$$\gamma_{0*}(\Phi)(\zeta, z^o) = e^{2i\pi(\beta-\gamma)}e^{2i\pi(-\beta)}\Phi(\zeta, z^o) = e^{-2i\pi\gamma}\Phi(\zeta, z^o)$$

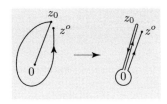

図 1.6

となり，結局

$$\gamma_{0*}(F_0)(z^o) = \int_0^{z^o} e^{-2i\pi\gamma}\Phi(\zeta, z^o) = e^{-2i\pi\gamma}F_0(z^o) \tag{1.10}$$

が得られる．

次に $\gamma_{0*}(F_1)(z^o)$ を考える．$\gamma_{0*}(\Phi)(\zeta, z^o)$ は $\zeta = 1$ の近くでは $\Phi(\zeta, z^o)$ と一致している．また積分路は $\overline{1z_0}$ に γ_0 をつなげたもので，コーシーの積分定理より下図のように変形できる．

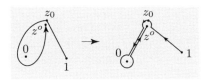

図 1.7

$\gamma_{0*}(\Phi)(\zeta, z^o)$ は 1 つ目の線分 $\overline{1z_0}$ の上では既に見たように $\Phi(\zeta, z^o)$ に一致し，その後 $\zeta = z^o$ を回る際に l_{z^o} を正の向きに通過するので 2 つ目の線分の上では

$$\gamma_{0*}(\Phi)(\zeta, z^o) = e^{2i\pi(-\beta)}\Phi(\zeta, z^o)$$

となる．そして $\zeta = 0$ を回る際に l_0 を正の向きに通過して 3 つ目の線分上では

$$\gamma_{0*}(\Phi)(\zeta, z^o) = e^{2i\pi(\beta-\gamma)}e^{2i\pi(-\beta)}\Phi(\zeta, z^o) = e^{-2i\pi\gamma}\Phi(\zeta, z^o)$$

となる．従って

$$\gamma_{0*}(F_1)(z^o) = \int_1^{z^o}\Phi(\zeta, z^o) - \int_0^{z^o}e^{-2i\pi\beta}\Phi(\zeta, z^o) + \int_0^{z^o}e^{-2i\pi\gamma}\Phi(\zeta, z^o)$$
$$= (e^{-2i\pi\gamma} - e^{-2i\pi\beta})F_0(z^o) + F_1(z^o) \tag{1.11}$$

が得られる[*7]．

[*7] 上の式の 1 つ目の等号の右辺第 1 項と第 2 項は，本来は 1 から z^o の近くまで直線で近づき，次に z^o の周りを小さな半径 ϵ で正方向に回って，最後に 0 へ直線で向かう積分だが，この値は $\epsilon > 0$ によらないので $\epsilon \to 0$ の極限をとっている．上の式 (1.10) でも同様の極限をとっている．

<u>γ_1 に沿った解析接続</u>

$\gamma_{1*}(F_1)(z^o)$ は $\gamma_{0*}(F_0)(z^o)$ の場合と同様にして

$$\gamma_{1*}(F_1)(z^o) = e^{2i\pi(\gamma-\alpha-\beta)}F_1(z^o) \tag{1.12}$$

であることがわかる．また $\gamma_{1*}(F_0)(z^o)$ では積分路は下図のようになる．

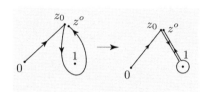

図 **1.8**

1つ目の線分上では $\gamma_{1*}(\Phi)(\zeta, z^o)$ は $\Phi(\zeta, z^o)$ と一致しており，2つ目の線分でも同様である．その後 $\zeta = 1$ を回る際に l_1 を正の向きに通過するので3つ目の線分上では

$$\gamma_{1*}(\Phi)(\zeta, z^o) = e^{2i\pi(\gamma-\alpha-1)}\Phi(\zeta, z^o)$$

となる．従って

$$\begin{aligned}
\gamma_{1*}(F_0)(z^o) &= \int_0^{z_0}\Phi(\zeta, z^o) + \int_{z_0}^1\Phi(\zeta, z^o) + \int_1^{z^o}e^{2i\pi(\gamma-\alpha-1)}\Phi(\zeta, z^o)\\
&= \int_0^1\Phi(\zeta, z^o) + \int_1^{z^o}e^{2i\pi(\gamma-\alpha-1)}\Phi(\zeta, z^o)\\
&= \int_0^{z^o}\Phi(\zeta, z^o) + \int_{z^o}^1\Phi(\zeta, z^o) + \int_1^{z^o}e^{2i\pi(\gamma-\alpha-1)}\Phi(\zeta, z^o)\\
&= F_0(z^o) + (e^{2i\pi(\gamma-\alpha-1)} - 1)F_1(z^o) \tag{1.13}
\end{aligned}$$

となる．3つ目の等号では式 (1.6) を用いた．

以上より γ_0, γ_1 に沿っての解析接続によって，$\mathcal{F}(D)$ 上にベクトル空間としての自己同型

$$\begin{aligned}
\Xi_{\gamma_0}: \qquad \mathcal{F}(D) &\longrightarrow \mathcal{F}(D)\\
aF_0(z) + bF_1(z) &\longmapsto \begin{aligned}&(ae^{-2i\pi\gamma} + b(e^{-2i\pi\gamma} - e^{-2i\pi\beta}))F_0(z)\\ &+ bF_1(z)\end{aligned}
\end{aligned} \qquad ,$$

$$\begin{aligned}
\Xi_{\gamma_1}: \qquad \mathcal{F}(D) &\longrightarrow \mathcal{F}(D)\\
aF_0(z) + bF_1(z) &\longmapsto \begin{aligned}&aF_0(z) + (a(e^{-2i\pi(\gamma-\alpha-1)} - 1)\\ &+ be^{2i\pi(\gamma-\alpha-\beta-1)})F_1(z)\end{aligned}
\end{aligned}$$

が得られた．これらの表現行列

$$M_{\gamma_0} := \begin{pmatrix} e^{-2i\pi\gamma} & e^{-2i\pi\gamma} - e^{-2i\pi\beta} \\ & 1 \end{pmatrix},$$

$$M_{\gamma_1} := \begin{pmatrix} 1 & \\ e^{2i\pi(\gamma-\alpha-1)} & e^{2i\pi(\gamma-\alpha-\beta-1)} \end{pmatrix}$$

をそれぞれ γ_0, γ_1 の（基底 F_0, F_1 に関する）**モノドロミー行列**とよぶ．また これにより非整数条件 (1.7) の下では $F_0(z)$ と $F_1(z)$ が線形独立であることも わかる．

1.5　ガウスの超幾何関数の微分方程式

単位円盤上の正則関数 $F(\alpha,\beta,\gamma;z)$ を冪関数 $\varphi_0(\beta-\gamma,\gamma-\alpha-1;z)$ のオイ ラー変換と見ることによって，複素数平面での $F(\alpha,\beta,\gamma;z)$ の振る舞いについ て調べてきた．さらにこの節では $F(\alpha,\beta,\gamma;z)$ の満たす微分方程式が冪関数 $\varphi_0(\beta-\gamma,\gamma-\alpha-1;z)$ の微分方程式から導出されることを見る．また，この 節でも積分の収束条件 (1.2) と非整数条件 (1.7) を仮定する．

命題 1.18.　変数 s に関する微分作用素を $\partial_s := \frac{d}{ds}$, $\vartheta_s := s\frac{d}{ds}$ とおく．この とき $c \in \{0, 1, \infty\}$ に対して以下の等式が成立する．

$$\partial_z F_c(z) = \int_c^z \partial_\zeta(\varphi_0(\beta-\gamma,\gamma-\alpha-1;\zeta))(z-\zeta)^{-\beta}\,d\zeta, \tag{1.14}$$

$$(\vartheta_z + (\beta-1))F_c(z) = \int_c^z \vartheta_\zeta(\varphi_0(\beta-\gamma,\gamma-\alpha-1;\zeta))(z-\zeta)^{-\beta}\,d\zeta. \tag{1.15}$$

証明. 補題 1.12 の証明中の式 (1.8) より

$$\partial_z F_c(z) = \int_c^z \zeta^{\beta-\alpha}(\zeta-1)^{\gamma-\alpha-1}\frac{\partial}{\partial z}(z-\zeta)^{-\beta}\,d\zeta.$$

ここで $\dfrac{\partial}{\partial z}(z-\zeta)^{-\beta} = -\beta(z-\zeta)^{-\beta-1} = -\dfrac{\partial}{\partial\zeta}(z-\zeta)^{-\beta}$ に注意すると部分積 分法より，

$$\begin{aligned}
\partial_z F_c(z) &= -\int_c^z \zeta^{\beta-\alpha}(\zeta-1)^{\gamma-\alpha-1}\frac{\partial}{\partial\zeta}(z-\zeta)^{-\beta}\,d\zeta \\
&= [\zeta^{\beta-\alpha}(\zeta-1)^{\gamma-\alpha-1}(z-\zeta)^{-\beta}]_{\zeta=c}^{\zeta=z} \\
&\quad + \int_c^z \partial_\zeta\{\zeta^{\beta-\alpha}(\zeta-1)^{\gamma-\alpha-1}\}(z-\zeta)^{-\beta}\,d\zeta \\
&= \int_c^z \partial_\zeta\{\zeta^{\beta-\alpha}(\zeta-1)^{\gamma-\alpha-1}\}(z-\zeta)^{-\beta}\,d\zeta.
\end{aligned}$$

よって (1.14) を得る．さらに (1.14) より

$$\vartheta_z F_c(z) = z\partial_z F_c(z)$$

$$= z \int_c^z \partial_\zeta \{\zeta^{\beta-\alpha}(\zeta-1)^{\gamma-\alpha-1}\}(z-\zeta)^{-\beta}\,d\zeta$$

$$= \int_c^z ((z-\zeta)+\zeta)\partial_\zeta \{\zeta^{\beta-\alpha}(\zeta-1)^{\gamma-\alpha-1}\}(z-\zeta)^{-\beta}\,d\zeta$$

$$= \int_c^z \zeta\partial_\zeta \{\zeta^{\beta-\alpha}(\zeta-1)^{\gamma-\alpha-1}\}(z-\zeta)^{-\beta}\,d\zeta$$

$$\quad + \int_c^z \partial_\zeta \{\zeta^{\beta-\alpha}(\zeta-1)^{\gamma-\alpha-1}\}(z-\zeta)^{-\beta+1}\,d\zeta.$$

最後の式の第 2 項に部分積分法を適用すると,

$$= \int_c^z \zeta\partial_\zeta \{\zeta^{\beta-\alpha}(\zeta-1)^{\gamma-\alpha-1}\}(z-\zeta)^{-\beta}\,d\zeta$$

$$\quad + [\zeta^{\beta-\alpha}(\zeta-1)^{\gamma-\alpha-1}(z-\zeta)^{-\beta+1}]_{\zeta=c}^{\zeta=z}$$

$$\quad - \int_c^z \zeta^{\beta-\alpha}(\zeta-1)^{\gamma-\alpha-1}\frac{\partial}{\partial\zeta}(z-\zeta)^{-\beta+1}\,d\zeta,$$

$$= \int_c^z \zeta\partial_\zeta \{\zeta^{\beta-\alpha}(\zeta-1)^{\gamma-\alpha-1}\}(z-\zeta)^{-\beta}\,d\zeta$$

$$\quad - (\beta-1)\int_c^z \zeta^{\beta-\alpha}(\zeta-1)^{\gamma-\alpha-1}(z-\zeta)^{-\beta}\,d\zeta.$$

よって (1.15) を得る. $\qquad\qquad\qquad\qquad\qquad\qquad\qquad\square$

　このことからオイラー変換を通して $F_c(z)$ への微分作用素と $\varphi_0(\beta-\gamma,\gamma-\alpha-1;\zeta)$ への微分作用素とが

$$\partial_z \longleftrightarrow \partial_\zeta$$
$$\vartheta_z + (\beta-1) \longleftrightarrow \vartheta_\zeta \qquad\qquad (1.16)$$

という関係で移り合うことがわかる. この対応を用いることで $F_c(z)$ の微分方程式を $\varphi_0(\beta-\gamma,\gamma-\alpha-1;z)$ の微分方程式から次のように作ることができる. まず

$$\partial_\zeta\varphi_0(\beta-\gamma,\gamma-\alpha-1;\zeta)$$

$$= (\beta-\gamma)\zeta^{\beta-\gamma-1}(\zeta-1)^{\gamma-\alpha-1} + (\gamma-\alpha-1)\zeta^{\beta-\gamma}(\zeta-1)^{\gamma-\alpha-1}$$

$$= \left(\frac{\beta-\gamma}{\zeta} + \frac{\gamma-\alpha-1}{\zeta-1}\right)\varphi_0(\beta-\gamma,\gamma-\alpha-1;\zeta)$$

より $\varphi_0(\beta-\gamma,\gamma-\alpha-1;\zeta)$ は次の 1 階の線形微分方程式

$$\left[\partial_\zeta - \left(\frac{\beta-\gamma}{\zeta} + \frac{\gamma-\alpha-1}{\zeta-1}\right)\right]\phi(\zeta) = 0 \qquad\qquad (1.17)$$

の解空間の基底となる. 次に変換 (1.8) を適用するために, この微分方程式を ∂_ζ と ϑ_ζ の定数係数方程式に変形する. (1.17) の両辺に $\zeta(\zeta-1)$ をかけて

$$[\zeta(\zeta-1)\partial_\zeta - (\zeta-1)(\beta-\gamma) - \zeta(\gamma-\alpha-1)]\phi(\zeta) = 0$$

として, さらに整理すると

$$[\zeta(\vartheta_\zeta - (\beta - \alpha - 1)) - (\vartheta_\zeta - (\beta - \gamma))]\phi(\zeta) = 0.$$

ここで残った ζ を消去するために両辺に ∂_ζ をかけると, 関係式 $\partial_\zeta\zeta = \vartheta_\zeta + 1$ より左辺は

$$[\partial_\zeta\zeta(\vartheta_\zeta - (\beta - \alpha - 1)) - \partial_\zeta(\vartheta_\zeta - (\beta - \gamma))]\phi(\zeta)$$
$$= [(\vartheta_\zeta + 1)(\vartheta_\zeta - (\beta - \alpha - 1)) - \partial_\zeta(\vartheta_\zeta - (\beta - \gamma))]\phi(\zeta)$$

となる. 従って $\varphi_0(\beta - \gamma, \gamma - \alpha - 1; \zeta)$ は微分方程式

$$[(\vartheta_\zeta + 1)(\vartheta_\zeta - (\beta - \alpha - 1)) - \partial_\zeta(\vartheta_\zeta - (\beta - \gamma))]\phi(\zeta) = 0 \qquad (1.18)$$

を満たす. この左辺の微分作用素を $P(\partial_\zeta, \vartheta_\zeta)$ とおくと変換 (1.8) より

$$\int_c^z (P(\partial_\zeta, \vartheta_\zeta)\varphi_0(\beta - \gamma, \gamma - \alpha - 1; \zeta))(z - \zeta)^{-\beta} \, d\zeta$$
$$= P(\partial_z, \vartheta_z + (\beta - 1))F_c(z).$$

ここで $P(\partial_\zeta, \vartheta_\zeta)\varphi_0(\beta - \gamma, \gamma - \alpha - 1; \zeta) = 0$ であったことから左辺は 0 となり, $P(\partial_z, \vartheta_z + (\beta - 1))F_c(z) = 0$ が従う.

定理 1.19. 条件 (1.2), (1.7) のもとで D 上の正則関数の空間 $\mathcal{F}(D)$ は微分方程式

$$[(\vartheta_z + \beta)(\vartheta_z + \alpha) - \partial_z(\vartheta_z + \gamma - 1)]\phi(z) = 0 \qquad (1.19)$$

の D 上の解空間と一致する.

証明. 既に見たように $F_0(z)$, $F_1(z)$ がこの微分方程式の解であり, また補題 1.13 と 1.4 節の最後の注意よりこれらは $\mathcal{F}(D)$ の $\mathbb{C}$ 上の基底である. よって 2 階の微分方程式 (1.19) の D 上の解のなす 2 次元のベクトル空間は $\mathcal{F}(D)$ と一致する. $\qquad \square$

注意 1.20. 定理 1.19 では条件 (1.2), (1.7) を仮定したが, ガウスの超幾何関数 $F(\alpha, \beta, \gamma; z)$ がこの微分方程式を満たすことはこれらの条件とは無関係に直接確かめることができる.

定理 1.19 の微分方程式は ∂_z と z の式になおすと

$$[z(z - 1)\partial_z^2 + ((\alpha + \beta + 1)z - \gamma)\partial_z + \alpha\beta]\phi(z) = 0 \qquad (1.20)$$

というよく知られた微分方程式に変形される. これを**ガウスの超幾何微分方程式**とよぶ.

1.6 パラメーターに関する解析接続

これまでにガウスの超幾何関数の積分表示を用いて様々な性質を調べてきた

が，パラメーター α, β, γ に対しては積分の収束のための条件 (1.2) や非整数条件 (1.7) を課していた．このうち条件 (1.2) に関しては以下で説明するように積分路を取り直すことで取り除くことができる．

$c \in \{0, 1\}$, $z \in D$ として線分 $\overline{cz}$ の近くに点 x_0 をとり，これを基点として z, c を正の方向に回る下図のような閉曲線を γ_z, γ_c とおく．

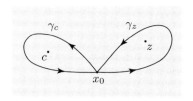

図 1.9

そして x_0 を始点としてまず γ_z に沿って x_0 に戻り，次に γ_c に沿って再び x_0 に戻り，さらに γ_z を負の向きに回って x_0 に戻り，最後に γ_c を負の向きに回って x_0 に戻る閉曲線を考え，それを $[\gamma_z, \gamma_c]$ や $(\gamma_z, \gamma_c, \gamma_z^{-1}, \gamma_c^{-1})$ などと書いてポッホハンマー (**Pochhammer**) の路とよぶ．

定理 1.21. 上で定めたポッホハンマーの路を用いて

$$\widetilde{F}_c(z) := \int_{[\gamma_z, \gamma_c]} \Phi(\zeta, z)$$

と定義する．このとき仮定 $\mathrm{Re}(\beta - \gamma + 1) > 0$, $\mathrm{Re}(\gamma - \alpha) > 0$, $\mathrm{Re}(1 - \beta) > 0$ のもとで

$$\widetilde{F}_0(z) = (e^{2i\pi(\beta - \gamma)} - 1)(e^{2i\pi\beta} - 1)F_0(z),$$
$$\widetilde{F}_1(z) = (e^{2i\pi(\gamma - \alpha - 1)} - 1)(e^{-2i\pi\beta} - 1)F_1(z)$$

が成立する．

証明. ポッホハンマーの路の定義より

$$\widetilde{F}_c(z) = \int_{[\gamma_z, \gamma_c]} \Phi(\zeta, z)$$
$$= \int_{\gamma_z} \Phi(\zeta, z) + \int_{\gamma_c} \Phi^{(1)}(\zeta, z) - \int_{\gamma_z} \Phi^{(2)}(\zeta, z) - \int_{\gamma_c} \Phi^{(3)}(\zeta, z)$$

と分解できる．ここで $\Phi^{(1)}(\zeta, z)$ は $\Phi(\zeta, z)$ の ζ を γ_z に沿って解析接続したもの．$\Phi^{(2)}$ は $\Phi^{(1)}$ の ζ を γ_c に沿って，$\Phi^{(3)}$ は $\Phi^{(2)}$ の ζ を γ_z の負の向きに沿って，$\Phi^{(4)}$ は $\Phi^{(3)}$ の ζ を γ_c の負の向きに沿ってそれぞれ解析接続したものである．従って $c = 0$ の場合を見ると，

$$\widetilde{F}_0(z) = \int_{\gamma_z} \Phi(\zeta, z) + \int_{\gamma_0} \Phi^{(1)}(\zeta, z) - \int_{\gamma_z} \Phi^{(2)} - \int_{\gamma_0} \Phi^{(3)}(\zeta, z)$$

$$= \int_{x_0}^z \Phi(\zeta, z) - \int_{x_0}^z e^{2i\pi(-\beta)} \Phi(\zeta, z)$$

$$+ \int_{x_0}^0 e^{2i\pi(-\beta)} \Phi(\zeta, z) - \int_{x_0}^0 e^{2i\pi(\beta-\gamma)} e^{2i\pi(-\beta)} \Phi(\zeta, z)$$

$$+ \int_{x_0}^z e^{2i\pi(\beta-\gamma)} e^{2i\pi(-\beta)} \Phi(\zeta, z)$$

$$- \int_{x_0}^z e^{-2i\pi(-\beta)} e^{2i\pi(\beta-\gamma)} e^{2i\pi(-\beta)} \Phi(\zeta, z)$$

$$+ \int_{x_0}^0 e^{-2i\pi(-\beta)} e^{2i\pi(\beta-\gamma)} e^{2i\pi(-\beta)} \Phi(\zeta, z)$$

$$- \int_{x_0}^0 e^{-2i\pi(\beta-\gamma)} e^{-2i\pi(-\beta)} e^{2i\pi(\beta-\gamma)} e^{2i\pi(-\beta)} \Phi(\zeta, z)$$

$$= (1 - e^{-2i\pi\beta} - e^{2i\pi(\beta-\gamma)} + e^{-2i\pi\gamma})$$

$$\times \left(\int_0^{x_0} \Phi(\zeta, z) + \int_{x_0}^z \Phi(\zeta, z) \right)$$

$$= (e^{2i\pi(\beta-\gamma)} - 1)(e^{2i\pi\beta} - 1) F_0(z)$$

を得る. $c = 1$ の場合も同様.   □

第 2 章
複素領域の微分方程式とモノドロミー

前の章では単位円盤上の正則関数であるガウスの超幾何関数を，オイラー変換を用いて複素数平面上の「多価」関数として延長し，その多価性のひとつの表れであるモノドロミー行列を決定した．この章ではこのガウスの超幾何関数の多価性とは何か，またモノドロミー行列とは何かを位相空間の基本群，被覆空間，局所定数層を用いて定式化する．

この章の内容は主にフォースター [10], ハッチャー (Hatcher) [16] を参考にした．

2.1 ホモトピー，基本群

この節では位相空間の基本群に関する基礎事項を復習する．

定義 2.1 (ホモトピー)．数直線 $\mathbb{R}$ の閉区間 $[0,1]$ を I とおいて，f_0, f_1 を位相空間 X から Y への連続写像とする．このとき条件

- 任意の $x \in X$ に対して $F(x,0) = f_0(x)$, $F(x,1) = f_1(x)$

を満たす連続写像 $F\colon X \times I \to Y$ を f_0 と f_1 の間の**ホモトピー**という．このようなホモトピー F が存在するとき f_0 と f_1 は**ホモトピック**であるといい，$f_0 \sim f_1$ と表す．また $f_t(x) := F(x,t)\,(x \in X)$ と書いて F を写像族 $(f_t)_{t \in I}$ として表す場合もある．

定義 2.2 (相対ホモトピー)．X の部分空間 A に対して f_0 と f_1 の間のホモトピー $F(x,t) = (f_t(x))_{t \in I}$ の A への制限が $t \in I$ に依存しない，すなわち任意の $t \in I$ に対して $f_t|_A = f_0|_A$ が成り立つとき，ホモトピー F を A についての**相対ホモトピー**という．またこのような F が存在するとき f_0 と f_1 は A について相対的に**ホモトピック**であるといい，$f_0 \sim_A f_1$ と表す．

定義 2.3 (ホモトピー同値)．連続写像 $f\colon X \to Y$ が**ホモトピー同値写像**であ

るとは，連続写像 $g\colon Y \to X$ が存在して合成写像 $g \circ f$ が id_X と，$f \circ g$ が id_Y とそれぞれホモトピックになるときにいう．このとき X と Y は**ホモトピー同値**であるといい，g を f の**ホモトピー逆写像**という．

ホモトピー同値の特別な場合として次は重要である．

定義 2.4 (変位レトラクト)．　X の部分空間 A に対し包含写像を $i\colon A \hookrightarrow X$ とおく．このとき連続写像 $r\colon X \to A$ は $i \circ r\colon X \to X$ が id_X と A について相対的にホモトピックであるとき X から A への**変位レトラクト**といわれる．すなわち r は A に制限すると A の恒等写像 id_A であり，ホモトピーによって X の恒等写像 id_X に変形される．また r は包含写像 i をホモトピー逆写像とするホモトピー同値写像である．

次に位相空間の道のホモトピーを定義する．位相空間 X の**道**とは連続写像 $\alpha\colon I = [0,1] \to X$ のことをいい，$\alpha(0)$ と $\alpha(1)$ をそれぞれ道 α の**始点**と**終点**という．α が $x_0 \in X$ への定値写像であるとき $\alpha = 0_{x_0}$ と表し**定値の道**という．また α の**逆の道** α^{-1} を $\alpha^{-1}(s) := \alpha(1-s)$ $(s \in I)$ で定める．X の 2 つの道 α, β が $\alpha(1) = \beta(0)$ を満たすとき，これらを**つないだ道** $\alpha \cdot \beta$ を

$$\alpha \cdot \beta(s) := \begin{cases} \alpha(2s) & (s \in [0, 1/2]) \\ \beta(2s-1) & (s \in [1/2, 1]) \end{cases}$$

で定める．始点と終点が同じ点 $x_0 \in X$ である道を x_0 を基点とする**閉じた道**あるいは**ループ**という．

X の 2 つの道 α, β が**ホモトピック**であるとは $\alpha \sim_{\partial I} \beta$ となることをいう．すなわち連続写像 $F\colon I \times I \to X$ が存在して

1. $F(s,0) = \alpha(s),\ F(s,1) = \beta(s)$ $(s \in I)$,
2. $F(0,t) = \alpha(0) = \beta(0),\ F(1,t) = \alpha(1) = \beta(1)$ $(t \in I)$

が成り立つ．このようなホモトピー F を特に**道のホモトピー**とよぶことにする．誤解の恐れがない場合は $\alpha \sim_{\partial I} \beta$ を単に $\alpha \sim \beta$ とも書く．

命題 2.5.　位相空間 X の道に対して次が成り立つ．ここでは道のホモトピーを $\alpha \sim \beta$ で表す．

1. 道 $\alpha_i, \beta_i,\ i = 1,2$ が $\alpha_i \sim \beta_i$ を満たし，かつ $\alpha_1(1) = \alpha_2(0)$ ならば，$\beta_1(1) = \beta_2(0)$ であって

$$\alpha_1 \cdot \alpha_2 \sim \beta_1 \cdot \beta_2$$

が成り立つ．

2. 道 α, β に対し，

$$\alpha \sim \beta \implies \alpha^{-1} \sim \beta^{-1}$$

が成り立つ．

3. 道 α の始点と終点をそれぞれ x_0, x_1 とおく. このとき

$$0_{x_0} \cdot \alpha \sim \alpha \sim \alpha \cdot 0_{x_1},$$

$$\alpha \cdot \alpha^{-1} \sim 0_{x_0}, \quad \alpha^{-1} \cdot \alpha \sim 0_{x_1}$$

が成り立つ.

4. 道 α, β, γ が $\alpha(1) = \beta(0)$, $\beta(1) = \gamma(0)$ を満たすとき,

$$(\alpha \cdot \beta) \cdot \gamma \sim \alpha \cdot (\beta \cdot \gamma)$$

が成り立つ.

5. 道 α, β に対し, $\alpha \sim \beta$ であるためには, $\alpha \cdot \beta^{-1}$ が定義されて $\alpha \cdot \beta^{-1} \sim 0_{x_0}$ となることが必要十分である. ここで $x_0 = \alpha(0)$ とした.

証明. 1, 2 を示す. $F_i \colon I \times I \to X$ を $\alpha_i \sim \beta_i$, $i = 1, 2$ を与える道のホモトピーとすると, $F_{12} \colon I \times I \to X$ を $t \in I$ に対して

$$F_{12}(s, t) := \begin{cases} F_1(2s, t) & (s \in [0, 1/2]) \\ F_2(2s - 1, t) & (s \in [1/2, 1]) \end{cases}$$

と定めると, $\alpha_1 \cdot \alpha_2$ と $\beta_1 \cdot \beta_2$ の間の道のホモトピーとなる. また $F_i^{-1}(s, t) := F_i(1 - s, t)$, $(s, t) \in I \times I$ と定めると α_i^{-1} から β_i^{-1} の間の道のホモトピーとなる.

3 を示す.

$$F(s, t) := \begin{cases} \alpha(0) & (s \in [0, t/2]) \\ \alpha((2s - t)/(2 - t)) & (s \in [t/2, 1]) \end{cases},$$

$$F'(s, t) := \begin{cases} \alpha(2s(1 - t)) & (s \in [0, 1/2]) \\ \alpha(2(1 - s)(1 - t)) & (s \in [1/2, 1]) \end{cases}$$

とおくと, F, F' はそれぞれ道のホモトピー $0_{x_0} \cdot \alpha \sim \alpha$, $\alpha \cdot \alpha^{-1} \sim 0_{x_0}$ を与える. 残りの道のホモトピーも同様に構成できる.

4 を示す.

$$F(s, t) := \begin{cases} \alpha(4s/(1 + t)) & (s \in [0, (1 + t)/4]) \\ \beta(4s - 1 - t) & (s \in [(1 + t)/4, (2 + t)/4]) \\ \gamma(1 - (4(1 - s)/(2 - t))) & (s \in [(2 + s)/4, 1]) \end{cases}$$

が求める道のホモトピーである.

5 を示す. $\alpha \sim \beta$ とすると 2 より $\alpha^{-1} \sim \beta^{-1}$ であり, 1 と 3 から $0_{x_0} \sim \alpha \cdot \alpha^{-1} \sim \alpha \cdot \beta^{-1}$ となる. 逆に $0_{x_0} \sim \alpha \cdot \beta^{-1}$ であったなら 1 より $0_{x_0} \cdot \beta \sim (\alpha \cdot \beta) \cdot \beta^{-1}$ とできるので 3 と 4 より $\beta \sim \alpha$ がわかる. $\qquad\square$

この命題より次の定義が意味を持つことになる.

定義 2.6 (基本群). 位相空間 X の点 x_0 を基点とするループ全体の集合を $\Omega(X, x_0)$ と書いて, その道のホモトピー同値による商空間

$$\pi_1(X, x_0) := \Omega(X, x_0)/\sim_{\partial I}$$

は道をつなぐ演算 · によって群をなす. この群を X の x_0 を基点とする**基本群**という.

基本群が X のホモトピー不変量であることを見ておく. まず連続写像 $\phi: X \to Y$ によってループの空間の間の写像を

$$\begin{array}{ccc} \phi_*: & \Omega(X, x_0) & \longrightarrow & \Omega(Y, \phi(x_0)) \\ & \alpha: I \to X & \longmapsto & \phi \circ \alpha: I \to Y \end{array}$$

と定める. このとき X の道のホモトピー $F: I \times I \to X$ は ϕ によって Y の道のホモトピー $\phi_*(F) := \phi \circ F: I \times I \to Y$ を定めるので, 上の ϕ_* は $\Omega(X, x_0)$ の道のホモトピー同値類を $\Omega(Y, \phi(x_0))$ の同値類に移すことがわかる. よって商空間の間の写像

$$\begin{array}{ccc} \pi_1(\phi): & \pi_1(X, x_0) & \longrightarrow & \pi_1(Y, \phi(x_0)) \\ & [\alpha] & \longmapsto & [\phi_*(\alpha)] \end{array}$$

は well-defined であり, さらに $\alpha, \beta \in \Omega(X, x_0)$ に対し

$$\phi_*(\alpha \cdot \beta)(s) = \begin{cases} \phi_*(\alpha)(2s) & (s \in [0, 1/2]) \\ \phi_*(\beta)(2s - 1) & (s \in [1/2, 1]) \end{cases}$$
$$= \phi_*(\alpha) \cdot \phi_*(\beta)$$

が成り立つので $\pi_1(\phi)$ は群準同型となる. また $\pi_1(\phi)$ は共変関手的である. すなわち, 恒等写像 $\mathrm{id}_X: X \to X$ に対しては $\pi_1(\mathrm{id}_X) = \mathrm{id}_{\pi_1(X, x_0)}$ となって基本群の間の恒等写像が対応し, 合成写像 $X \xrightarrow{f} Y \xrightarrow{g} Z$ に対しては $\pi_1(g \circ f) = \pi_1(g) \circ \pi_1(f)$ が成立する.

定理 2.7. 写像 $\phi: X \to Y$ がホモトピー同値写像ならば $\pi_1(\phi): \pi_1(X, x_0) \to \pi_1(Y, \phi(x_0))$ は同型写像である.

証明. ψ を ϕ のホモトピー逆写像として $\psi \circ \phi \sim \mathrm{id}_X$ を与えるホモトピーを $F: X \times I \to X$, $F(x, 0) = \psi \circ \phi(x)$, $F(x, 1) = \mathrm{id}_X(x)$, $(x \in X)$ とおく. また $\alpha \in \Omega(X, x_0)$ に対し写像 $\alpha \times \mathrm{id}_I: I \times I \ni (s, t) \mapsto (\alpha(s), t) \in X \times I$ との合成写像を $F_\alpha := F \circ (\alpha \times \mathrm{id}_I): I \times I \to X$ とおく. このとき各 $t \in I$ に対し $\alpha_t(s) := F_\alpha(s, t), (s \in I)$ は基点を $x_t := F(x_0, t)$ とする X のループ α_t を定め, $(\alpha_t)_{t \in I}$ は $\alpha_0 = (\psi \circ \phi)_*(\alpha)$, $\alpha_1 = \alpha$ を満たすループ

の族で $t \in I$ に関して連続である. さらに $\psi \circ \phi(x_0)$ と x_t を結ぶ道 β_t を $\beta_t(s) := F(x_0, st), \, (s \in I)$ と定めると $(\beta_t \cdot \alpha_t \cdot \beta_t^{-1})_{t \in I}$ は基点を $\psi \circ \phi(x_0)$ とする X のループの連続な族, すなわち $\beta_0 \cdot \alpha_0 \cdot \beta_0^{-1} = \alpha_0 = (\psi \circ \phi)_*(\alpha)$ と $\beta_1 \cdot \alpha_1 \cdot \beta_1^{-1} = \beta_1 \cdot \alpha \cdot \beta_1^{-1}$ の間の道のホモトピーを与える. 従って $\psi \circ \phi$ が引き起こす群準同型 $\pi_1(\psi \circ \phi) \colon \pi_1(X, x_0) \to \pi_1(X, \psi \circ \phi(x_0))$ は同型写像

$$
\begin{array}{ccc}
\pi_1(X, x_0) & \longrightarrow & \pi_1(X, \psi \circ \phi(x_0)) \\
{[\alpha]} & \longmapsto & [\beta_1 \cdot \alpha \cdot \beta_1^{-1}]
\end{array}
$$

と等しいことがわかる. これより $\pi_1(\psi \circ \phi) = \pi_1(\psi) \circ \pi_1(\phi)$ に注意すると $\pi_1(\phi)$ が単射であることがわかる. また $\phi \circ \psi \sim \mathrm{id}_Y$ であることから同様に $\pi_1(\phi) \circ \pi_1(\psi)$ が同型であることが従うので, $\pi_1(\phi)$ は全射である. $\qquad\square$

注意 2.8. X が弧状連結ならば $x_1, x_2 \in X$ を基点とする基本群 $\pi_1(X, x_1)$, $\pi_1(X, x_2)$ は群として同型となる. 実際 γ を x_1 を始点, x_2 を終点とする X の道とすると, 上の証明の中でも用いたが

$$
\Phi_\gamma \colon \pi_1(X, x_1) \ni [\alpha] \mapsto [\gamma^{-1} \cdot \alpha \cdot \gamma] \in \pi_1(X, x_2)
$$

は群準同型であり, $\Phi_{\gamma^{-1}} = \Phi_\gamma^{-1}$ となるので全単射. 誤解がない場合はこの同型によって X の基本群たちを同一視して $\pi_1(X)$ と基点を省略して書くこともある.

定義 2.9 (単連結空間). 位相空間 X が弧状連結で $\pi_1(X)$ が自明な群となるとき X は**単連結**であるといわれる.

2.1.1 複素数平面から n 点除いた空間の基本群

前の章でガウスの超幾何関数は $\mathbb{P}^1(\mathbb{C})$ から 3 点 $z = 0, 1, \infty$ を除いた空間 $\mathbb{C} \backslash \{0, 1\}$ 上の「多価」正則関数 $F_0(z), F_1(z)$ の線形結合で書けることを見た. そして $F_0(z), F_1(z)$ の $c = 0, 1$ の周りをまわる閉曲線に沿っての解析接続を考えた. これらの閉曲線が $\mathbb{C} \backslash \{0, 1\}$ の基本群の生成元であることを見ていこう.

まず次の 2 つの事実を述べておく. 証明は標準的だがここでは省略する.

事実 2.10. [*1)] 単位円周 $S^1 := \{(x, y) \in \mathbb{R}^2 \mid x^2 + y^2 = 1\}$ 上の点 $s_0 = (1, 0)$ を基点とする基本群 $\pi_1(S^1, s_0)$ はループ

$$
\omega(s) := (\cos 2\pi s, \sin 2\pi s), \quad (s \in [0, 1])
$$

によって生成される無限巡回群である.

群 G_1, G_2 の集合としての直和 $G_1 \sqcup G_2$ 内の有限点列 (g_n) 全体の集合を W

---

*1) 証明は例えばハッチャー [16] の Theorem 1.7 を参照のこと.

とおいて，$(g_n) \in W$ に対して

1. (g_n) から G_1, G_2 の単位元を取り除く，あるいはどこかに付け加える．

2. (g_n) 内の連続する 2 点 g_k, g_{k+1} が同じ G_i $(i \in \{1,2\})$ に含まれるとき，このペア g_k, g_{k+1} を G_i 内の積 $g_k \cdot g_{k+1}$ で得られる 1 点に置き換える．

という操作を施して得られる点列 $(\tilde{g}_n)$ をもとの (g_n) と同一視することによって得られる同値関係 $\sim$ による商集合を

$$G_1 * G_2 := W/\sim$$

と書いて G_1 と G_2 の**自由積**という．$G_1 * G_2$ には積を

$$[(g_1, g_2, \ldots, g_n)] \cdot [(f_1, f_2, \ldots, f_m)] := [(g_1, g_2, \ldots, g_n, f_1, f_2, \ldots, f_m)]$$

によって定めることができ，これによって群となることが確かめられる．

事実 2.11 (ファン カンペン (van Kampen) の定理)．[*2)] 位相空間 X の弧状連結な開集合 U_1, U_2 があって $X = U_1 \cup U_2$ とでき，また $U_1 \cap U_2$ は空でない弧状連結空間であるとする．ここで $\iota_i : U_i \hookrightarrow X$, $\eta_i : U_1 \cap U_2 \hookrightarrow U_i$, $i = 1, 2$ をそれぞれ包含写像とする．このとき $x_0 \in U_1 \cap U_2$ に対し写像

$$\Phi: \quad \pi_1(U_1, x_0) * \pi_1(U_2, x_0) \quad \longrightarrow \quad \pi_1(X, x_0)$$
$$[(g_1, \ldots, g_n)] \quad \longmapsto \quad \pi_1(\iota_{i_1})(g_1) \cdot \cdots \cdot \pi_1(\iota_{i_n})(g_n)$$

を $i_k := \begin{cases} 1 & (g_k \in \pi_1(U_1, x_0)) \\ 2 & (g_k \in \pi_1(U_2, x_0)) \end{cases}$ とおくことで定めると，これは全射準同型であってその核は

$$\{\pi_1(\eta_1)(w) \cdot \pi_1(\eta_2)(w)^{-1} \mid w \in \pi_1(U_1 \cap U_2, x_0)\}$$

によって生成される正規部分群と一致する．

これらの事実を用いて複素数平面から n 個の点を除いた空間の基本群を見てみよう．互いに異なる点 $a_1, a_2, \ldots, a_n \in \mathbb{C}$ に対して $\mathbb{C} \backslash \{a_1, a_2, \ldots, a_n\}$ は $\mathbb{C} \backslash \{1, 2, \ldots, n\}$ と同相なので $a_i = i$, $i = 1, 2, \ldots, n$ としておく．

補題 2.12. 半径 $r > 0$, 中心 $c \in \mathbb{C}$ の閉円盤を $\overline{D}_r(c) := \{z \in \mathbb{C} \mid |z - c| \leq r\}$ と書くことにする．また $U \subset \mathbb{C}$ を $\overline{D}_r(c)$ を含む部分凸空間とする．このとき以下が成り立つ．

1. U は $\overline{D}_r(c)$ とホモトピー同値である．

2. $U \backslash \{c\}$ は円周 $S_r(c) := \{z \in \mathbb{C} \mid |z - c| = r\}$ とホモトピー同値である．

証明. 平行移動 $z \mapsto z - c$ は複素数平面の自己同相写像なので $c = 0$ として

---

*2) 証明は例えばハッチャー [16] の 1.2 節を参照のこと．

よい．さらに自己同相写像 $z \mapsto z/r$ によって $r = 1$ としておく．このとき $t \in [0, 1]$ に対して写像 $\phi_t \colon U \to \mathbb{C}$ を $z = |z|e^{i \arg z}$ に対して

$$\phi_t(z) := \begin{cases} (1 + t(|z| - 1))e^{i \arg z} & (|z| \geq 1) \\ z & (|z| < 1) \end{cases}$$

と定めると $\phi_1 = \mathrm{id}_U$ なので $\phi_0 \colon U \to \overline{D}_1(0)$ は変位レトラクトである．同様に

$$\psi_t(z) := \begin{cases} (1 + t(|z| - 1))e^{i \arg z} & (|z| \geq 1) \\ (1 + t(1 - |z|))e^{i \arg z} & (0 < |z| < 1) \end{cases}$$

も変位レトラクト $\psi_0 \colon U \backslash \{0\} \to S_1(0)$ を与える．$\qquad \square$

$c_0 := (a_1 + a_n)/2$, $r_0 := \frac{n}{2}$ とおくと，$a_i \in D_0 := D_{r_0}(c_0)$, $i = 1, 2, \ldots, n$ であって上の補題から $\mathbb{C} \backslash \{a_1, a_2, \ldots, a_n\}$ は $D_0 \backslash \{a_1, a_2, \ldots, a_n\}$ とホモトピー同値である．これより $x_0 := c_0 - ir_0$ に対して $\pi_1(D_0 \backslash \{a_1, a_2, \ldots, a_n\}, x_0)$ を考えれば，これは $\pi_1(\mathbb{C} \backslash \{a_1, a_2, \ldots, a_n\}, x_0)$ と同型である．次に下図のような開被覆 $D_0 \backslash \{a_1, a_2, \ldots, a_n\} = \bigcup_{i=1}^{n} U_i$ を考える．ここで開集合 U_i は次のように定めておく．$i = 1, 2, \ldots, n-1$ に対して $a_{i,i+1}^- := (2a_i + a_{i+1})/3$, $a_{i,i+1}^+ := (a_i + 2a_{i+1})/3$ とおいて，x_0 と $a_{i,i+1}^{\pm}$ を結んでできる D_0 内の直線を $l_i^{\pm}$ とおく．V_1 を D_0 の境界と l_1^+ で囲まれる部分で a_1 を含むもの，V_n を D_0 の境界と l_{n-1}^- で囲まれる部分で a_n を含むものとする．また $1 < i < n$ に対して V_i を l_{i-1}^-, l_i^+ と D_0 の境界によって囲まれる部分とする．そして U_i を $V_i \backslash \{a_i\}$ の $D_0 \backslash \{a_1, a_2, \ldots, a_n\}$ における内部とする．

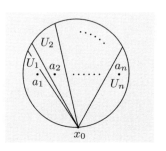

図 **2.1**

各 U_i に対して a_i を中心とした円 C_i を U_i の中にとり，x_0 と a_i を結ぶ線分と C_i の交点を b_i とおく．そして x_0 を始点として線分 $\overline{x_0 b_i}$ に沿って b_i まで行き，次に C_i を正方向に一周して再び b_i に戻り，そして線分 $\overline{b_i x_0}$ に沿って x_0 に戻る x_0 を基点とする U_i のループを γ_i とおく．このとき補題 2.12 から V_i は円周 C_i への変位レトラクトを持つので，事実 2.10 により，$\pi_1(V_i, x_0)$ は $[\gamma_i]$ によって生成される巡回群であることがわかる．また隣り合う U_i と U_{i+1} の共通部分が可縮であることと事実 2.11 より以下が従う．

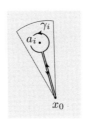

図 2.2

定理 2.13. 基本群 $\pi_i(D_0 \setminus \{a_1, a_2, \ldots, a_n\}, x_0)$ はループ γ_i, $i = 1, 2, \ldots, n$ の同値類によって生成される階数 n の自由群である.

2.2 被覆空間

ここでは位相空間の被覆空間の基本事項を確認して, 特に基本群の表現と被覆空間の対応について解説する.

2.2.1 被覆空間と道の持ち上げ

位相空間 X, Y の連続写像 $p \colon Y \to X$ に対して, X の開集合 U が以下の条件を満たすとき, U は p によって**均等に被覆されている** (evenly covered) という.

(EC) $p^{-1}(U)$ は $p^{-1}(U) = \bigsqcup_{i \in I} \widetilde{U}_i$ と Y の開集合の直和に分解され, 各 $\widetilde{U}_i$ は p によって U に同相に移される.

ただしここで $\bigsqcup$ で集合としての直和, すなわち非交和を表すこととする.

定義 2.14 (被覆空間). $p \colon Y \to X$ を位相空間 Y から X への連続写像. 任意の $x \in X$ が p によって均等に被覆される開近傍を持つとき, Y を X の**被覆空間**, p を**被覆写像**という. そして被覆空間と被覆写像の組 (Y, p) を X の**被覆**といい, X をこの被覆の**底空間**という. 以後単に $p \colon Y \to X$ を X の被覆ということもある.

被覆写像は以下のように開写像であることがわかる.

命題 2.15. 被覆写像 $p \colon Y \to X$ は開写像である.

証明. $V \subset Y$ を開集合とし, $x \in p(V)$ をとってくる. このとき x の開近傍 U で p によって均等に被覆されるものがある. また $p^{-1}(U) = \bigsqcup_{i \in I} \widetilde{U}_i$ を条件 (EC) を満たす直和分解とする. このとき各 $i \in I$ に対して $V \cap \widetilde{U}_i$ と $p(V) \cap U$ は同相なので, $p(V) \cap U$ は U の開集合, すなわち X の開集合. 従って x の開近傍 $p(V) \cap U$ によって $x \in p(V) \cap U \subset p(V)$ とできるので, $p(V)$ は開集合. $\square$

定義 2.16 (被覆空間の射). 2 つの被覆写像 $p_i\colon Y_i \to X$, $i = 1, 2$, に対して図式

$$
\begin{array}{ccc}
Y_1 & \xrightarrow{\ f\ } & Y_2 \\
& {\scriptstyle p_1}\searrow & \downarrow{\scriptstyle p_2} \\
& & X
\end{array}
$$

を可換にする連続写像 $f\colon Y_1 \to Y_2$ を被覆 (Y_1, p_1) から (Y_2, p_2) への**射**といい，これらのなす集合を $\mathrm{Hom}_X(Y_1, Y_2)$ と書く．特に同相写像 $f \in \mathrm{Hom}_X(Y_1, Y_2)$ を被覆の同型射といい，同型射が存在するとき (Y_1, p_1) と (Y_2, p_2) は同型な被覆といわれる．

定義 2.17 (写像の被覆空間への持ち上げ). $p\colon Y \to X$ を被覆写像，$f\colon Z \to X$ を連続写像とする．このとき図式

$$
\begin{array}{ccc}
& & Y \\
{\scriptstyle \tilde{f}}\nearrow & & \downarrow{\scriptstyle p} \\
Z & \xrightarrow{\ f\ } & X
\end{array}
$$

を可換にする連続写像 $\tilde{f}\colon Z \to Y$ を f の p に沿っての**持ち上げ**という．

定理 2.18 (持ち上げの一意性). 2 つの写像 $\tilde{f}_i\colon Z \to Y$, $i = 1, 2$ を連続写像 $f\colon Z \to X$ の被覆写像 $p\colon Y \to X$ に沿っての持ち上げとする．このとき Z が連結で，かつ $\tilde{f}_1(z_0) = \tilde{f}_2(z_0)$ となる $z_0 \in Z$ が存在するならば，$\tilde{f}_1 = \tilde{f}_2$ となる．

証明. まず $Y \times Y$ の部分空間 $Y \times_X Y := \{(y_1, y_2) \in Y \times Y \mid p(y_1) = p(y_2)\}$ の中で対角線集合 $\Delta_Y := \{(y_1, y_2) \in Y \times Y \mid y_1 = y_2\}$ が開集合かつ閉集合となることを示す．$\Delta_Y = Y \times_X Y$ のときは明らかなので $\Delta_Y \subsetneq (Y \times_X Y)$ と仮定する．$(y_1, y_2) \in Y \times_X Y \backslash \Delta_Y$ に対して，$p(y_1) = p(y_2)$ の開近傍 U として p によって均等に被覆されるものをとっておく．条件 (EC) を満たす直和分解を $p^{-1}(U) = \bigsqcup_{i \in I} \widetilde{U}_i$ とおくと，$y_j \in \widetilde{U}_{i_j}$，$j = 1, 2$ となる $i_j \in I$ があるが，$y_1 \neq y_2$ より $i_1 \neq i_2$ である．従って $(y_1, y_2) \in (U_{i_1} \times U_{i_2}) \cap (Y \times_X Y) \subset (Y \times_X Y) \backslash \Delta_Y$ となり，Δ_Y は $Y \times_X Y$ の閉集合であることがわかる．一方で $y \in Y$ に対し $p(y)$ の開近傍 U を p によって均等に被覆されるようにとり，条件 (EC) を満たす直和分解を $p^{-1}(U) = \bigsqcup_{i \in I} \widetilde{U}_i$ とおく．このとき $y \in \widetilde{U}_{i_0}$ なる $i_0 \in I$ に対して

$$
(y, y) \in (\widetilde{U}_{i_0} \times \widetilde{U}_{i_0}) \cap (Y \times_X Y) \subset \Delta_Y
$$

となるので Δ_Y は $Y \times_X Y$ の開集合であることがわかる．

次に $\tilde{f}\colon Z \to Y \times_X Y$ を $\tilde{f}(z) := (\tilde{f}_1(z), \tilde{f}_2(z))$ によって定めると $\tilde{f}_i$ が f の p に沿っての持ち上げであることからこれは well-defined な連続写像であり，さらに上の議論より $\tilde{f}^{-1}(\Delta_Y)$ は Z の開かつ閉集合となる．仮定より

$z_0 \in \tilde{f}^{-1}(\Delta_Y)$ であるから $\tilde{f}^{-1}(\Delta_Y)$ は連結空間 Z の空でない開かつ閉集合となって $Z = \tilde{f}^{-1}(\Delta_Y)$ を得るが,これは $\tilde{f}_1 = \tilde{f}_2$ を意味する. $\square$

以下に見るように,一度 $f\colon Z \to X$ の持ち上げが得られると,そのホモトピーも一意的に持ち上がることがわかる.

定理 2.19. $p\colon Y \to X$ を被覆写像,$I = [0,1] \subset \mathbb{R}$,そして $F\colon Z \times I \to X$ をホモトピーとする.また $f\colon Z \ni z \mapsto F(z,0) \in X$ の p に沿っての持ち上げ $\tilde{f}\colon Z \to Y$ が与えられているとする.このとき $\tilde{f}(z) = \tilde{F}(z,0)$ を満たす F の持ち上げ $\tilde{F}\colon Z \times I \to Y$ が一意的に存在する.

証明. X の開被覆 $(U_\alpha)_{\alpha \in A}$ を各 U_α が p によって均等に被覆されるようにとっておく.そして $(z,t) \in Z \times I$ の開近傍 $W'_z \times (a_t, b_t)$ をある $\alpha \in A$ があって $F(W'_z \times (a_t, b_t)) \subset U_\alpha$ となるようにとる.ここで I のコンパクト性から分割 $0 = t_0 < t_1 < \cdots < t_r = 1$ と z の開近傍 W_z を選んで,各 $i = 1,2,\ldots,r$ に対して $\alpha_i \in A$ があって $F(W_z \times [t_{i-1}, t_i]) \subset U_{\alpha_i}$ となるようにできる.

まず $i = 1$ の場合を考える.このとき $F(W_z \times [t_0, t_1]) \subset U_{\alpha_1}$ であり,条件 (EC) の分解 $p^{-1}(U_{\alpha_1}) = \bigsqcup_{j \in J_{\alpha_1}} \widetilde{U}_j^{\alpha_1}$ に対し,$\tilde{f}(z) \in \widetilde{U}_{j_0}^{\alpha_1}$ となる $j_0 \in J_{\alpha_1}$ を選んでおく.また必要ならば W_z をさらに小さくとって $\tilde{f}(W_z) \subset \widetilde{U}_{j_0}^{\alpha_1}$ となるようにしておく.そして同相写像 $p|_{U_{j_0}^{\alpha_1}}\colon U_{j_0}^{\alpha_1} \to U_{\alpha_1}$ によって $H_1 := p|_{U_{j_0}^{\alpha_1}}^{-1} \circ F\colon W_z \times [t_0, t_1] \to Y$ を定める.すると $H_1(\zeta, 0) = \tilde{f}(\zeta)$ $(\zeta \in W_z)$ となるので,H_1 は F の $W_z \times [0, t_1]$ において定理の条件を満たす持ち上げとなっている.

次に $i = 2$ の場合を考える.条件 (EC) の分解 $p^{-1}(U_{\alpha_2}) = \bigsqcup_{j \in J_{\alpha_2}} \widetilde{U}_j^{\alpha_2}$ のうちで $H_1(z, t_1) \in \widetilde{U}_{j_0}^{\alpha_2}$ なるものを選んで,同相写像 $p|_{U_{j_0}^{\alpha_2}}\colon U_{j_0}^{\alpha_2} \to U_{\alpha_2}$ によって

$$H_2(\zeta, t) := \begin{cases} H_1(\zeta, t) & ((\zeta, t) \in W_z \times [t_0, t_1]) \\ p|_{U_{j_0}^{\alpha_2}}^{-1} \circ F(\zeta, t) & ((\zeta, t) \in W_z \times [t_1, t_2]) \end{cases}$$

と定める.以下同様にして H_k, $k = 0, 1, 2, \ldots, r$ を構成して $\tilde{F}_z := H_r$ とおくと構成法より $p \circ \tilde{F}_z = F|_{W_z \times I}$ となる.

以上より任意の $z \in Z$ に対してその開近傍 $z \in W_z$ があって $F|_{W_z \times I}$ の持ち上げ $\tilde{F}_z$ が存在することがわかった.ここで $W_{z_1} \cap W_{z_2} \neq \emptyset$ ならば $z \in W_{z_1} \cap W_{z_2}$ に対して $\{z\} \times I$ は連結かつ $\tilde{F}_{z_1}(z,0) = \tilde{f}(z) = \tilde{F}_{z_2}(z,0)$ なので定理 2.18 から $\tilde{F}_{z_1}|_{\{z\} \times I} = \tilde{F}_{z_2}|_{\{z\} \times I}$.いま $z \in W_{z_1} \cap W_{z_2}$ は任意だったので結局 $\tilde{F}_{z_1}$ と $\tilde{F}_{z_2}$ は $W_{z_1} \cap W_{z_2} \times I$ で一致する.よってこれらを貼り合わせることで well-defined な $\tilde{F}\colon Z \times I \to Y$ が得られる.また任意の $z \in Z$ に対して再び定理 2.18 によって $\{z\} \times I$ における F の持ち上げは一意に定まるので結局 $\tilde{F}$ は $Z \times I$ 全体で一意的となる. $\square$

このことを用いると $Z = [0,1]$ の場合，すなわち X の道 $f: [0,1] \to X$ は常に持ち上げを持つことを示すことができる．

系 2.20. $p: Y \to X$ を被覆写像，$\alpha: I \to X$ を X の道とする．

1. $x_0 \in p^{-1}(\alpha(0))$ を一つ決めると，x_0 を始点とする Y の道 $\tilde{\alpha}$ で α の持ち上げとなるものがただ一つ存在する．

2. $\tilde{\alpha}$ を α の持ち上げ，また $F: I \times I \to X$ を $F(s,0) = \alpha(s)$ $(s \in I)$ を満たす X の道のホモトピーとする．このとき F の持ち上げ $\tilde{F}$ で $\tilde{F}(s,0) = \tilde{\alpha}(s)$ $(s \in I)$ なるものが一意的に存在して道のホモトピーを与える．

証明. まず 1 を示す．定理 2.19 で Z を一点集合 $\{*\}$ として $f: \{*\} \to X$ を $f(*) := \alpha(0)$ によって定義すれば，f の持ち上げは $x_0 \in p^{-1}(\alpha(0))$ を一つ選ぶと $\tilde{f}: \{*\} \ni * \mapsto x_0 \in p^{-1}(\alpha(0)) \subset Y$ によって定まる．このとき $\{*\} \times I$ を I と同一視することで $\alpha: I \to X$ は f のホモトピーとみなせるので定理 2.19 から $\tilde{\alpha}(0) = x_0$ を満たす α の持ち上げがただ一つ存在することがわかる．

2 を示す．定理 2.19 で $Z = I$ とすれば $\tilde{F}$ が一意的に存在することがわかるが，これが道のホモトピーであることを確かめよう．$\tilde{F}$ を $\{0\} \times I$ に制限するとこれは $F|_{\{0\} \times I}$ の持ち上げである．しかし F は道のホモトピーであったので $F|_{\{0\} \times I}$ は $\alpha(0)$ への定値写像である．ここで定値写像 $\{0\} \times I \to \{\tilde{\alpha}(0)\} \subset X$ は $F|_{\{0\} \times I}$ の持ち上げで $\tilde{F}|_{\{0\} \times I}$ と $(0,0) \in \{0\} \times I$ での値を共有する．よって定理 2.18 よりこれらは一致する．同様に $F|_{\{1\} \times I}$ も $\tilde{\alpha}(1)$ を値に持つ定値写像であることが示せるので $\tilde{F}$ は道のホモトピーであることがわかる． $\square$

定義 2.21. $p: Y \to X$ を被覆写像，X の道 α の始点と終点をそれぞれ x_0，x_1 とする．このとき上の系より $y_0 \in p^{-1}(x_0)$ を始点とする α の持ち上げ $\tilde{\alpha}_{y_0}$ が一意的に存在して，その終点は $p^{-1}(x_1)$ の点を与える．これによって写像

$$L_\alpha^Y: p^{-1}(x_0) \ni y_0 \mapsto \tilde{\alpha}_{y_0}(1) \in p^{-1}(x_1)$$

を定義する．上の系の 2 により α, α' が X のホモトピックな道ならば $L_\alpha^Y = L_{\alpha'}^Y$ となるのでホモトピー同値類 $[\alpha]$ によって $L_{[\alpha]}^Y := L_\alpha^Y$ と書くこともある．$L_{\alpha^{-1}}^Y = (L_\alpha^Y)^{-1}$ より L_α^Y は全単射である．またこの対応は道の結合と写像の合成の順序を反転させる．すなわち α, β をつないだ道 $\alpha \cdot \beta$ に対して $L_{\alpha \cdot \beta}^Y = L_\beta^Y \circ L_\alpha^Y$ が成り立つ．

命題 2.22. 弧状連結な X に対し被覆写像 $p: Y \to X$ のファイバー $p^{-1}(x)$ $(x \in X)$ はすべて濃度が等しい．

証明. X が弧状連結なので任意のペア $x_1, x_2 \in X$ を結ぶ X の道 γ が存在し，L_γ^Y は $p^{-1}(x_1)$ と $p^{-1}(x_2)$ の間の全単射を与える． $\square$

一般の連続写像 $f\colon Z \to X$ は持ち上げを持つとは限らないが，上の系によって Z が局所弧状連結な単連結空間の場合は連続写像 f は必ず持ち上げを持つことが次のようにわかる．

命題 2.23. $p\colon Y \to X$ を被覆写像，$f\colon Z \to X$ を局所弧状連結な単連結空間 Z から X への連続写像とする．$x_0 \in f(Z) \subset X$ に対し，$y_0 \in p^{-1}(x_0), z_0 \in f^{-1}(x_0)$ を一つずつ選んでおく．このとき f の持ち上げ $\tilde{f}_{(x_0,y_0,z_0)}\colon Z \to Y$ で $\tilde{f}_{(x_0,y_0,z_0)}(z_0) = y_0$ を満たすものがただ一つ存在する．

証明. z_0 を始点 $z \in Z$ を終点とする Z の道を α_z とおくと，Z は単連結なので α_z の道のホモトピー同値類は $z \in Z$ に対して一意的に決まる．これを f と合成して得られる X の道 $f \circ \alpha_z\colon I \to X$ を考えると系 2.20 により Z への持ち上げで y_0 を始点とする道 $\widetilde{\alpha}_z$ が一意的に定まる．ここで $\tilde{f}(z) := \widetilde{\alpha}_z(1)$ とおけば well-defined な写像 $\tilde{f}\colon Z \to Y$ が定まる．

後は $\tilde{f}$ の連続性を確かめればよい．$z \in Z$ に対し開集合 $f(z) \in U$ を p によって均等に被覆されるようにして，f の連続性と Z の局所弧状連結性から弧状連結な開集合 $z \in V$ を $f(V) \subset U$ となるようにとっておく．また $\widetilde{U} \subset Y$ を p によって U と同相に移される開集合のうちで $\tilde{f}(z)$ を含むものとする．$v \in V$ に対して z から v への V 内での道をとり γ_v とおくと，$\tilde{f}(v) = \widetilde{\alpha_z \cdot \gamma_v}(1)$ である．一方 $\widetilde{\alpha_z \cdot \gamma_v}(1)$ は $\widetilde{\alpha}_z(1) = \tilde{f}(z_0) \in \widetilde{U}$ を始点とする $f \circ \gamma_v$ の持ち上げ $(p|_{\widetilde{U}})^{-1} \circ f \circ \gamma_v$ の終点なので $\widetilde{U}$ に含まれる．従って $\tilde{f}(V) \subset \widetilde{U}$ であり，これより $\tilde{f}|_V = (p|_{\widetilde{U}})^{-1} \circ f|_V$ と書けるので $\tilde{f}$ は連続である． $\square$

最後に底空間のハウスドルフ性が被覆空間のハウスドルフ性を導くことを見ておく．

命題 2.24. $p\colon Y \to X$ を被覆写像とする．このとき X がハウスドルフ空間ならば Y もハウスドルフ空間となる．

証明. $y_1, y_2 \in Y$ が $y_1 \neq y_2$ を満たすとする．$p(y_1) \neq p(y_2)$ であったなら X のハウスドルフ性より $p(y_i) \in U_i, U_1 \cap U_2 = \emptyset$ となる X の開集合 $U_i, i = 1,2$ がある．このとき p の連続性から $p^{-1}(U_i)$ は y_i の開近傍となり，また $p^{-1}(U_1) \cap p^{-1}(U_2) = \emptyset$ である．

一方 $p(y_1) = p(y_2) = x_0$ であったなら x_0 の開近傍 U を p で均等に被覆されるようにとり，(EC) の分解を $p^{-1}(U) = \bigsqcup_{i \in I} \widetilde{U}_i$ とおく．このとき $y_1 \in \widetilde{U}_{i_1}, y_2 \in \widetilde{U}_{i_2}$ なる $i_1, i_2 \in I$ があるが，p が各 $\widetilde{U}_i$ で単射であることから $y_1 \neq y_2$ は $i_1 \neq i_2$ を導く．すなわち $\widetilde{U}_{i_1} \cap \widetilde{U}_{i_2} = \emptyset$． $\square$

2.2.2 道のホモトピー類の空間

X を連結な位相多様体[*3)] とする．このとき $x_0 \in X$ を始点とする X の道の
ホモトピー類の空間を

$$\widetilde{X}_{x_0} := \{x_0 \text{ を始点とする } X \text{ の道}\} / \sim_{\partial I}$$

とおく．また x_0 を始点とする道 γ の $\widetilde{X}_{x_0}$ における像を $[\gamma]$ と書くが，混乱の
恐れのないときは同値類 $[\gamma]$ も単に γ と書くことがある．さて $\widetilde{X}_{x_0}$ に次のよう
に位相構造を入れる．$\mathcal{U}$ を X の単連結な開集合全体のなす族とする．今 X は
位相多様体であるから $\mathcal{U}$ は X の開集合の基底となる．$\gamma \in \widetilde{X}_{x_0}$ と $\gamma(1) \in U$
なる $U \in \mathcal{U}$ に対して，

$$U_\gamma := \{\gamma \cdot \eta \in \widetilde{X}_{x_0} \mid \eta \text{ は } \gamma(1) \text{ を始点とする } U \text{ の道}\}$$

と定め，このような U_γ たちのなす $\widetilde{X}_{x_0}$ の部分集合族を $\mathcal{B}$ とおく．

命題 2.25. $\mathcal{B}$ が生成する位相によって $\widetilde{X}_{x_0}$ を位相空間とすると，$\mathcal{B}$ は開集
合の基底となる．

証明. $\gamma \in \widetilde{X}_{x_0}$ に対して $\gamma(1) \in U$ なる $U \in \mathcal{U}$ をとれば $U_\gamma \in \mathcal{B}$ に対し $\gamma \in U_\gamma$
となるので，$\mathcal{B}$ は $\widetilde{X}_{x_0}$ を覆っている．また $U_\gamma, V_\delta \in \mathcal{B}$ に対し $\alpha \in U_\gamma \cap V_\delta$ なる
ものがあるとすると $\alpha(1) \in U \cap V$ であるので，$\alpha(1) \in W \subset U \cap V$ なる $W \in \mathcal{U}$
をとることができる．$\alpha \in U_\gamma$ より U の道 η があって $\alpha = \gamma \cdot \eta$ と書ける．従っ
て $\xi \in W_\alpha$ を W の道 ζ によって $\xi = \alpha \cdot \zeta$ と表すと $\xi = \alpha \cdot \zeta = \gamma \cdot \eta \cdot \zeta \in U_\gamma$ と
なるので $W_\alpha \subset U_\gamma$．同様にして $W_\alpha \subset V_\delta$ も示すことができるので，$W_\alpha \in \mathcal{B}$
は $\alpha \in W_\alpha \subset U_\gamma \cap V_\delta$ を満たす． $\square$

$\widetilde{X}_{x_0}$ の位相空間としての基本的な性質をいくつか見てみよう．

補題 2.26. $\widetilde{X}_{x_0}$ は弧状連結．

証明. $\alpha \in \widetilde{X}_{x_0}$, $t \in I = [0,1]$ に対して X の道を $\alpha_t(s) := \alpha(ts)$ $(s \in I)$ と定
め，$\bar{\alpha}: I \to \widetilde{X}_{x_0}$ を $\bar{\alpha}(t) := \alpha_t$ と定めると，これは以下で見るように連続であ
る．従って $\bar{\alpha}$ は 0_{x_0} と α を結ぶ $\widetilde{X}_{x_0}$ の連続な道となるので $\widetilde{X}_{x_0}$ が弧状連結
であることがわかる．

では $\bar{\alpha}$ の連続性を確かめる．$U_\gamma \in \mathcal{B}$ に対して $\bar{\alpha}^{-1}(U_\gamma) \neq \emptyset$ であるとして，
$t_0 \in \bar{\alpha}^{-1}(U_\gamma)$ をとってくる．すると $\bar{\alpha}(t_0) = \alpha_{t_0} \in U_\gamma$ より，$\gamma(1)$ を始点と
する U の道 η が存在して $\alpha_{t_0} = \gamma \cdot \eta$ とできるから，$\eta = \gamma^{-1} \cdot \alpha_{t_0}$，すなわち
$\gamma^{-1} \cdot \alpha_{t_0}$ は U の道とホモトピックである．U は開集合だったので $\delta > 0$ を十
分小さくとれば $|t - t_0| < \delta$ なる任意の $t \in I$ に対して $\gamma^{-1} \cdot \alpha_t$ は U の道とホ

---

*3) ここでは位相多様体とは連続な局所座標系を持つハウスドルフ空間とし，特に第2可
算公理などは課さないものとする．また単に位相多様体といった場合は境界付き位相多
様体も含むこととする．

モトピック．すなわち $\bar{\alpha}(t) = \alpha_t \in U_\gamma$ となる．よって $\bar{\alpha} \colon I \to \widetilde{X}_{x_0}$ が連続であることがわかった． □

定理 2.27. 写像 $\pi_X \colon \widetilde{X}_{x_0} \to X$ を $\pi_X(\gamma) := \gamma(1) \in X$ と定めるとこれは被覆写像である．

証明. $\mathcal{U}, \mathcal{B}$ はそれぞれ X と $\widetilde{X}_{x_0}$ の開集合の基底となっていたことに注意しておく．$U \in \mathcal{U}$ に対して $\pi_X^{-1}(U) = \bigcup_{\gamma \in \{\alpha \in \widetilde{X}_{x_0} | \alpha(1) \in U\}} U_\gamma$ が成り立つことから π_X は連続である．さらに $u_0 \in X$ の近傍 $u_0 \in U \in \mathcal{U}$ に対して

$$\pi_X^{-1}(U) = \bigsqcup_{\gamma \in \{\alpha \in \widetilde{X}_{x_0} | \alpha(1) = u_0\}} U_\gamma \tag{2.1}$$

と書ける．実際，$\gamma \in \widetilde{X}_{x_0}$ が $\gamma(1) \in U$ を満たすとすると，U が単連結であることから $\gamma(1)$ を始点として u_0 を終点とする U の道 ξ_γ が道のホモトピーを除いて一意に定まる．このとき $\gamma \cdot \xi_\gamma(1) = u_0$ であって $U_\gamma = U_{\gamma \cdot \xi_\gamma}$ が成り立つ．よって $\pi_X^{-1}(U) = \bigcup_{\gamma \in \{\alpha \in \widetilde{X}_{x_0} | \alpha(1) = u_0\}} U_\gamma$ がわかる．さらに右辺が非交和であることは次のようにわかる．というのも，$\gamma_1, \gamma_2 \in \widetilde{X}_{x_0}$ が $\gamma_1(1) = \gamma_2(1)$ を満たすならば，$\gamma_1 \neq \gamma_2 \Leftrightarrow U_{\gamma_1} \cap U_{\gamma_2} = \emptyset$ が成立するからである．実際 $U_{\gamma_1} \cap U_{\gamma_2} \neq \emptyset$ ならば，$\gamma_1 \cdot \eta_1 = \gamma_2 \cdot \eta_2$ なる U の道 η_1, η_2 が存在する．このとき $\gamma_1^{-1} \cdot \gamma_2 = \eta_1 \cdot \eta_2^{-1}$ となるが，$\eta_1 \cdot \eta_2^{-1}$ は単連結空間 U のループであるから，$\eta_1 \cdot \eta_2^{-1} = 0_{\gamma_1(1)}$ となって，$\gamma_1 = \gamma_2$ が従う．

　最後に $\pi_X|_{U_\gamma} \colon U_{[\gamma]} \to U$ が同相写像であることを示す．上で見た通り $\pi_X|_{U_\gamma}$ は全射な連続開写像なので，単射を示せばよい．$\alpha, \beta \in U_\gamma$ が $\pi_X(\alpha) = \pi_X(\beta) = x_1$ を満たすとする．U の道 η_α, η_β によって $\alpha = \gamma \cdot \eta_\alpha$，$\beta = \gamma \cdot \eta_\beta$ と表しておくと，$\alpha^{-1} \cdot \beta = \eta_\alpha^{-1} \cdot \gamma^{-1} \cdot \gamma \cdot \eta_\beta = \eta_\alpha^{-1} \cdot \eta_\beta = 0_{x_1}$ となる．最後の等式は U が単連結であることから従う．よって $\alpha = \beta$ となるので $\pi_X|_{U_\gamma}$ は単射である． □

　次は $\widetilde{X}_{x_0}$ の持つ著しい性質である．

定理 2.28. $\widetilde{X}_{x_0}$ は単連結．

証明. $\tilde{\gamma} \colon I \to \widetilde{X}_{x_0}$ を 0_{x_0} を基点とするループとすると，$\gamma := \pi_X \circ \tilde{\gamma}$ は x_0 を基点とする X のループである．ここで $t \in I$ に対し $\gamma_t(s) := \gamma(ts)$ $(s \in I)$ によって X の道を定め，$\bar{\gamma} \colon I \to \widetilde{X}_{x_0}$ を $\bar{\gamma}(t) := \gamma_t$ によって定めると，これは補題 2.26 と同様にして γ の $\widetilde{X}_{x_0}$ への持ち上げであることがわかる．ここで $\bar{\gamma}(0) = 0_{x_0} = \tilde{\gamma}(0)$ と持ち上げの一意性（系 2.20）より $\bar{\gamma} = \tilde{\gamma}$．従って $\gamma = \bar{\gamma}(1) = \tilde{\gamma}(1) = 0_{x_0}$ となって γ は 0_{x_0} に X の道としてホモトピックとなる．従って再び系 2.20 より $\tilde{\gamma}$ も $0_{0_{x_0}}$ に $\widetilde{X}_{x_0}$ の道としてホモトピックである． □

以上の $\widetilde{X}$ の性質をまとめておく.

定理 2.29. 連結な位相多様体 X の $x_0 \in X$ を始点とする道のホモトピー類の空間 $\widetilde{X}_{x_0}$ は X のハウスドルフで単連結な被覆空間である.

この被覆 $\pi_X \colon \widetilde{X}_{x_0} \to X$ は次の意味での普遍性を満たすため X の**普遍被覆**とよばれる. すなわち X の任意の被覆 $p \colon Y \to X$ に対して $p \circ f = \pi_X$ を満たす $f \in \mathrm{Hom}_X(\widetilde{X}_{x_0}, Y)$ が存在する. この f は一意ではないが以下が成立する.

定理 2.30. X を連結な位相多様体, $p \colon Y \to X$ を X の被覆とする. また $x_0 \in X$ を固定する. このとき $\widetilde{X}_{x_0}$ は単連結なので命題 2.23 より, $y \in p^{-1}(x_0)$ に対して連続写像 $\pi_X \colon \widetilde{X}_{x_0} \to X$ の $p \colon Y \to X$ に沿っての持ち上げ $(\widetilde{\pi_X})_{(x_0, y, 0_{x_0})} \colon \widetilde{X}_{x_0} \to Y$ で $(\widetilde{\pi_X})_{(x_0, y, 0_{x_0})}(0_{x_0}) = y$ を満たすものがただ一つ存在することを思い出しておく. このとき以下が成立する.

1. 定義 2.18 の記号を用いると, $\alpha \in \widetilde{X}_{x_0}$ に対して

$$(\widetilde{\pi_X})_{(x_0, y, 0_{x_0})}(\alpha) = L_\alpha^Y(y)$$

が成り立つ.

2. 写像

$$
\begin{array}{cccc}
\mathcal{L}_{Y, 0_{x_0}} \colon & p^{-1}(x_0) & \longrightarrow & \mathrm{Hom}_X(\widetilde{X}_{x_0}, Y) \\
& y & \longmapsto & (\widetilde{\pi_X})_{(x_0, y, 0_{x_0})}
\end{array}
$$

は全単射である. また任意の $f \in \mathrm{Hom}_X(\widetilde{X}_{x_0}, Y)$ は開写像である.

特に Y も単連結である場合は任意の $f \in \mathrm{Hom}_X(\widetilde{X}_{x_0}, Y)$ は同型となる. すなわち任意の単連結な被覆空間 $p \colon Y \to X$ は普遍被覆と同型である.

証明. 1. $\alpha \in \widetilde{X}_{x_0}$ に対して $\alpha_t(s) := \alpha(st)$, $s, t \in [0, 1]$ と定めると, $\tilde{\alpha} \colon [0, 1] \in t \mapsto \alpha_t \in \widetilde{X}_{x_0}$ は 0_{x_0} を始点, α を終点とする $\widetilde{X}_{x_0}$ の道であって, $\pi_X \circ \tilde{\alpha} = \alpha$ を満たす. 従って命題 2.23 より, $(\widetilde{\pi_X})_{(x_0, y, 0_{x_0})}(\alpha) = L_\alpha^Y(y)$ がわかる.

2. 写像 $\mathrm{Hom}_X(\widetilde{X}_{x_0}, Y) \ni f \mapsto f(0_{x_0}) \in p^{-1}(x_0)$ が逆写像となるので $\mathcal{L}_{Y, 0_{x_0}}$ は全単射である.

次に $f \in \mathrm{Hom}_X(\widetilde{X}_{x_0}, Y)$ が開写像であることを示す. U を p_Y によって均等に被覆される開集合, $p_Y^{-1}(U) = \bigsqcup_{i \in I} V_i$ を条件 (EC) を満たす直和分解とする. また $U = \bigcup_{a \in A} U^{(a)}$ を $U^{(a)} \in \mathcal{U}$ による U の開被覆とする. x_0 を始点とし $U^{(a)}$ の点を終点とする X の道 α に対して $f(\alpha) \in V_{i_0}$ なる $i_0 \in I$ を選んでおく. このとき $f|_{U_\alpha^{(a)}}$ は $\pi_X|_{U_\alpha^{(a)}}$ の持ち上げであるから, $U_\alpha^{(a)}$ の連結性から定理 2.18 より持ち上げは一意なので

$$f|_{U_\alpha^{(a)}} = (p_Y|_{V_{i_0}})^{-1} \circ \pi_X|_{U_\alpha^{(a)}} \tag{2.2}$$

が成立する. 従って $p_Y|_{V_{i_0}}$ が同相写像, $\pi_X|_{U_\alpha^{(a)}}$ が連続な開写像であることから $f|_{U_\alpha^{(a)}}$ も連続な開写像であることがわかる. $\widetilde{X}$ はこのような $U_\alpha^{(a)}$ によって被覆されるので f は連続な開写像である.

最後に Y が単連結のときを考える. $y_0 \in p^{-1}(x_0)$ を任意に一つ固定して $(\widetilde{\pi_X})_{(x_0, y, 0_{x_0})} \colon \widetilde{X}_{x_0} \to Y$ が全単射であることを見ればよい. $\widetilde{X}_{x_0} \ni \alpha \mapsto L_\alpha^Y(y_0) \in Y$ が全単射であることを見ればよい. 任意の $y \in Y$ に対して y_0 を始点, y を終点とする Y の道のホモトピー類 $\tilde{\alpha}_y$ が唯一つ決まり, これによって x_0 を始点とする X の道 $\alpha_y := p \circ \tilde{\alpha}_y \in \widetilde{X}_{x_0}$ が得られる. この対応が $\widetilde{X}_{x_0} \ni \alpha \mapsto L_\alpha^Y(y_0) \in Y$ の well-defined な逆写像を与える. □

最後に被覆 $\pi_X \colon \widetilde{X}_{x_0} \to X$ の同型類は $x_0 \in X$ の選び方に依存しないことを見ておく.

命題 2.31. $x_0, x_0' \in X$ に対して上のようにして作った被覆 $\pi_X \colon \widetilde{X}_{x_0} \to X$ と $\pi_X' \colon \widetilde{X}_{x_0'} \to X$ を考える. このとき x_0 を始点として x_0' を終点とする X の道のホモトピー類 γ を一つとり, 写像を

$$
\begin{array}{cccc}
D_\gamma \colon & \widetilde{X}_{x_0'} & \longrightarrow & \widetilde{X}_{x_0} \\
& \alpha & \longmapsto & \gamma \cdot \alpha
\end{array}
$$

と定めるとこれは被覆の同型を与える.

証明. $\alpha \in \widetilde{X}_{x_0'}$ に対して $L_\alpha^{\widetilde{X}_{x_0}}(\gamma) = \gamma \cdot \alpha$ が成り立つので定理 2.30 より $D_\gamma \in \mathrm{Hom}_X(\widetilde{X}_{x_0'}, \widetilde{X}_{x_0})$ である. また定義から $D_\gamma^{-1} = D_{\gamma^{-1}}$ となるので D_γ は全単射であり被覆の同型を与える. □

これにより以下誤解が生じない場合は x_0 を省略して単に $\widetilde{X}$ と書くこともある.

2.2.3 普遍被覆と基本群

これまでの節で位相空間 X の基本群と被覆の性質を見てきた. この節では X の普遍被覆を介することで, X の被覆と基本群の表現が対応することを見ていく.

定義 2.32 (群の表現). 集合 V に対し $\mathrm{Aut}_{\mathrm{Set}}(V)$ を V から V への全単射の集合とする. これは写像の合成によって群をなす. このとき群 G から $\mathrm{Aut}_{\mathrm{Set}}(V)$ への群準同型 $\rho \colon G \to \mathrm{Aut}_{\mathrm{Set}}(V)$ と集合 V の組 (V, ρ) を G の**表現**という. また準同型 ρ のことを G の V への表現といい, V を ρ の**表現空間**ということもある. G の 2 つの表現 (V_i, ρ_i), $i = 1, 2$ の間の**表現の射**を, 任意の $g \in G$ に対して図式

$$
\begin{array}{ccc}
V_1 & \xrightarrow{\ f\ } & V_2 \\
{\scriptstyle \rho_1(g)}\Big\downarrow & & \Big\downarrow{\scriptstyle \rho_2(g)} \\
V_1 & \xrightarrow{\ f\ } & V_2
\end{array}
$$

を可換にする写像 $f\colon V_1 \to V_2$ のこととする．特に全単射な表現の射が存在するとき (V_1, ρ_1) と (V_2, ρ_2) は同型であるという．

定義 2.33 (被覆変換)．$p\colon Y \to X$ を被覆写像とする．Y から自分自身への被覆の同型射を**被覆変換**あるいは**デッキ変換**という．被覆変換は写像の合成によって群をなし，この群を $\mathrm{Deck}(p\colon Y \to X)$ あるいは $\mathrm{Deck}(Y/X)$ と書く．

X を連結な位相多様体，$\pi_X\colon \widetilde{X}_{x_0} \to X$ を X の普遍被覆とする．このとき $\gamma \in \pi_1(X, x_0)$ に対し命題 2.31 より

$$
\begin{array}{cccc}
D_\gamma\colon & \widetilde{X}_{x_0} & \longrightarrow & \widetilde{X}_{x_0} \\
& \alpha & \longmapsto & \gamma \cdot \alpha
\end{array}
$$

は被覆変換となる．またこの被覆変換によって基本群と被覆変換群は以下のように同型となる．

定理 2.34. 上の写像 D_γ によって基本群 $\pi_1(X, x_0)$ から被覆変換群 $\mathrm{Deck}(\widetilde{X}/X)$ の写像を

$$
\begin{array}{cccc}
D\colon & \pi_1(X, x_0) & \longrightarrow & \mathrm{Deck}(\widetilde{X}_{x_0}/X) \\
& \gamma & \longmapsto & D_\gamma
\end{array}
$$

と定めると，これは同型写像である．

証明. まず定義より $D_{\gamma_1 \cdot \gamma_2} = D_{\gamma_1} \circ D_{\gamma_2}$ が成立するので D は群準同型である．$\sigma \in \mathrm{Deck}(\widetilde{X}_{x_0}/X)$ に対し 0_{x_0} を始点 $\sigma(0_{x_0})$ を終点とする $\widetilde{X}_{x_0}$ の道を $\tilde{\sigma}$ とする．このとき $(\pi_X)_*(\tilde{\sigma}) := \pi_X \circ \tilde{\sigma}$ は x_0 を基点とする X のループとなる．$\widetilde{X}_{x_0}$ が単連結であることから $\tilde{\sigma}$ の道のホモトピー類は σ のみによって決まるので写像

$$
\begin{array}{cccc}
\Psi\colon & \mathrm{Deck}(\widetilde{X}_{x_0}/X) & \longrightarrow & \pi_1(X, x_0) \\
& \sigma & \longmapsto & (\pi_X)_*(\tilde{\sigma})
\end{array}
$$

は well-defined である．この Ψ は上の D の逆写像を与えるので Φ が全単射であることがわかる．　　　　　　　　　　　　　　　　　　　　$\square$

この定理から $\pi_1(X, x_0)$ の普遍被覆への表現 $(\widetilde{X}_{x_0}, D)$ が得られたことになる．一般の被覆 $p_Y\colon Y \to X$ からも $\pi_1(X, x_0)$ の表現を次のように作ることができる．$\gamma \in \pi_1(X, x_0)$ に対する定義 2.21 の写像 L_γ^Y は $p_Y^{-1}(x_0)$ から自分自身への全単射を定めるため，群準同型を

$$
\sigma_Y\colon \pi_1(X, x_0) \ni \gamma \mapsto L_{\gamma^{-1}}^Y \in \mathrm{Aut}_{\mathrm{Set}}(p^{-1}(x_0))
$$

と定めることで $\pi_1(X, x_0)$ の表現 $(p_Y^{-1}(x_0), \sigma_Y)$ が得られる.

さてこの被覆 $p_Y\colon Y \to X$ への表現 $(p_Y^{-1}(x_0), \sigma_Y)$ は以下のようにして普遍被覆への表現 $(\widetilde{X}_{x_0}, D)$ からも構成することができる.

命題 2.35. X の被覆 $p_Y\colon Y \to X$ に対し, 被覆空間の射の集合 $\mathrm{Hom}_X(\widetilde{X}_{x_0}, Y)$ への $\pi_1(X, x_0)$ の表現 ρ を

$$\begin{aligned} \rho(\gamma)\colon\quad \mathrm{Hom}_X(\widetilde{X}_{x_0}, Y) &\longrightarrow \mathrm{Hom}_X(\widetilde{X}_{x_0}, Y) \\ f &\longmapsto f \circ D_{\gamma^{-1}} \end{aligned}$$

と定める. このとき写像

$$\begin{aligned} \mathcal{R}_{Y,0_{x_0}}\colon\quad \mathrm{Hom}_X(\widetilde{X}_{x_0}, Y) &\longrightarrow p_Y^{-1}(x_0) \\ f &\longmapsto f(0_{x_0}) \end{aligned}$$

は表現 $(\mathrm{Hom}_X(\widetilde{X}_{x_0}, Y), \rho)$ と $(p_Y^{-1}(x_0), \sigma)$ の間の同型を与える.

証明. 写像 $\mathcal{R}_{Y,0_{x_0}}$ は定理 2.30 の写像 $\mathcal{L}_{Y,0_{x_0}}$ の逆写像であることから全単射なので, これが表現の射となることを確かめればよい. $\gamma \in \pi_1(X, x_0)$ に対して写像 $\mathcal{R}_{Y,0_{x_0}}$ の定義から $\mathcal{R}_{Y,0_{x_0}} \circ \rho(\gamma)(f) = \rho(\gamma)(f)(0_{x_0}) = f \circ D_{\gamma^{-1}}(0_{x_0}) = f(\gamma^{-1})$ が成立する. 一方で定理 2.30 から $f(\gamma^{-1}) = L_{\gamma^{-1}}^Y(f(0_{x_0}))$ と書けるので,

$$\mathcal{R}_{Y,0_{x_0}} \circ \rho(\gamma)(f) = L_{\gamma^{-1}}^Y(f(0_{x_0})) = \sigma_Y(\gamma)(f(0_{x_0})) = \sigma_Y(\gamma) \circ \mathcal{R}_{Y,0_{x_0}}(f)$$

と求める等式を得る. $\qquad\square$

注意 2.36. 同型な被覆 $p_i\colon Y_i \to X$, $i = 1, 2$ に対してこの命題で構成した表現 $(\mathrm{Hom}_X(\widetilde{X}, Y_i), \rho_i)$, $i = 1, 2$ は同型となる. 実際 $f\colon Y_1 \to Y_2$ を被覆の同型とすると $f_*\colon \mathrm{Hom}_X(\widetilde{X}, Y_1) \ni \phi \mapsto f \circ \phi \in \mathrm{Hom}_X(\widetilde{X}, Y_2)$ が表現の同型を与える.

系 2.37. $\alpha \in \widetilde{X}_{x_0}$ に対して写像

$$\begin{aligned} \mathcal{R}_{Y,\alpha}\colon\quad \mathrm{Hom}_X(\widetilde{X}_{x_0}, Y) &\longrightarrow p_Y^{-1}(\alpha(1)) \\ f &\longmapsto f(\alpha) \end{aligned}$$

は全単射.

証明. $\mathcal{R}_{Y,\alpha} = L_\alpha^Y \circ \mathcal{R}_{Y,0_{x_0}}$ が成立し, 右辺は全単射の合成写像である. $\qquad\square$

普遍被覆 $\widetilde{X}_{x_0}$ は定理 2.30 で見たように X の任意の被覆 $p_Y\colon Y \to X$ への被覆写像を持つという意味での普遍性を持っていた. さらに上の命題 2.35 を通して $\widetilde{X}_{x_0}$ から被覆 $p_Y\colon Y \to X$ そのものが復元できることを見てみよう.

群 G の表現 (V_i, ρ_i), $i = 1, 2$ に対して, 直積集合 $V_1 \times V_2$ の上に同値関係 $\sim_G$ を次のように定義する. $(v_1, v_2) \sim_G (w_1, w_2)$ であるとは $g \in G$ があって

$(w_1, w_2) = (\rho_1(g)(v_1), \rho_2(g)(v_2))$ とできることとする．この同値関係によって得られる商集合を

$$V_1 \times_G V_2 := (V_1 \times V_2)/\sim_G$$

と書く．

定理 2.38. $p_Y \colon Y \to X$ を被覆写像とする．このとき

$$\Theta_Y \colon \quad \widetilde{X}_{x_0} \times_{\pi_1(X, x_0)} \mathrm{Hom}_X(\widetilde{X}_{x_0}, Y) \quad \longrightarrow \quad Y$$
$$[(\alpha, f)] \qquad\qquad \longmapsto \quad f(\alpha)$$

は同相写像であり，$\tilde{p}_Y \colon \widetilde{X}_{x_0} \times_{\pi_1(X, x_0)} \mathrm{Hom}_X(\widetilde{X}_{x_0}, Y) \to X$ を $\tilde{p}_Y([(\alpha, f)]) := \pi_X(\alpha)$ によって定めると，これは被覆写像で $p_Y \colon Y \to X$ と同型である．ただし $\mathrm{Hom}_X(\widetilde{X}_{x_0}, Y)$ には離散位相を考えている．

証明. $\widetilde{X}_{x_0}$，$\mathrm{Hom}_X(\widetilde{X}_{x_0}, Y)$ への $\pi_1(X, x_0)$ の作用を思い出せば Θ_Y が well-defined であることがわかる．

さて Θ_Y を直積空間へ持ち上げて写像 $\overline{\Theta}_Y \colon \widetilde{X} \times \mathrm{Hom}_X(\widetilde{X}_{x_0}, Y) \ni (\alpha, f) \mapsto f(\alpha) \in Y$ を考える．部分集合 $V \subset Y$ に対して $\overline{\Theta}_Y^{-1}(V) = \bigcup_{f \in \mathrm{Hom}_X(\widetilde{X}_{x_0}, Y)}(f^{-1}(V) \times \{f\})$ である．このとき $\mathrm{Hom}_X(\widetilde{X}_{x_0}, Y)$ は離散位相空間であるから V が開集合ならば $f^{-1}(V) \times \{f\}$ も開集合となる．よって $\overline{\Theta}_Y$ は連続写像であることがわかる．従って Θ_Y も連続．

また $U_\alpha \in \mathcal{B}$, $f \in \mathrm{Hom}_X(\widetilde{X}_{x_0}, Y)$ に対し $U_\alpha \times \{f\}$ という開集合たちは $\widetilde{X} \times \mathrm{Hom}_X(\widetilde{X}_{x_0}, Y)$ の開集合の基底となる．一方命題 2.35 より $f \in \mathrm{Hom}_X(\widetilde{X}_{x_0}, Y)$ は開写像であったから，$\overline{\Theta}_Y(U_\alpha \times \{f\}) = f(U_\alpha)$ は開集合．よって $\overline{\Theta}_Y$ は開写像である．よって商写像を経由して Θ_Y も開集合となる[*4]．

最後に Θ_Y が全単射となることを見る．$y \in Y$ に対し x_0 を始点とし $p_Y(y)$ を終点とする道 γ を一つ固定すると，系 2.37 より $f(\gamma) = y$ となる $f \in \mathrm{Hom}_X(\widetilde{X}_{x_0}, Y)$ がただ一つ得られる．従って Θ_Y は全射．また $f(\alpha) = g(\beta)$ が $f, g \in \mathrm{Hom}_X(\widetilde{X}_{x_0}, Y)$, $\alpha, \beta \in \widetilde{X}_{x_0}$ に対して成り立つならば，$\alpha \cdot \beta^{-1} \in \pi_1(X, x_0)$ より $\rho(\beta \cdot \alpha^{-1})(f)(\beta) = f(\alpha) = g(\beta)$．よって再び系 2.37 より $g = \rho(\beta \cdot \alpha^{-1})(f)$ となり，$[(\alpha, f)] = [(\beta, g)]$．よって Θ_Y は単射．$\qquad\square$

この定理は以下のように被覆を $\pi_1(X, x_0)$ の表現から構成できることを示している．

定理 2.39. $\pi_1(X, x_0)$ の表現 (V, ρ) に対して

[*4] A を $\widetilde{X} \times_{\pi_1(X, x_0)} \mathrm{Hom}_X(\widetilde{X}_{x_0}, Y)$ の開集合 $\overline{A}$ を $\widetilde{X} \times \mathrm{Hom}_X(\widetilde{X}_{x_0}, Y)$ からの商写像による A の逆像とする．このとき $\overline{\Theta}_Y(\overline{A}) = \Theta_Y(A)$ であり，$\overline{A}$ は開集合だったので $\Theta_Y(A)$ は開集合．

$$p_V\colon \quad \widetilde{X}_{x_0} \times_{\pi_1(X,x_0)} V \quad \longrightarrow \quad X$$
$$[(\alpha,v)] \quad \longmapsto \quad \pi_X(\alpha)$$

は X の被覆となる．ただし V は離散位相空間とする．また (W,σ) を同型な表現とすると $(\widetilde{X}_{x_0} \times_{\pi_1(X,x_0)} W, p_W)$ は同型な被覆を与える．

証明. $\pi_V\colon \widetilde{X}_{x_0} \times V \to \widetilde{X}_{x_0} \times_{\pi_1(X,x_0)} V$ を商空間への射影とする．また $\bar{p}_V\colon \widetilde{X} \times V \ni (\alpha,v) \mapsto \pi_X(\alpha) \in X$ は被覆写像であり，$U \in \mathcal{U}$ と $u_0 \in U$ に対して $\bar{p}_V^{-1}(U) = \bigsqcup_{\substack{(\gamma,v)\in \widetilde{X}_{x_0}\times V, \\ \gamma(1)=u_0}} U_\gamma \times \{v\}$ は条件 (EC) を満たす直和分解である．これより $p_V^{-1}(U)$ の直和分解

$$p_V^{-1}(U) = \bigsqcup_{\substack{[(\gamma,v)]\in \widetilde{X}_{x_0}\times_{\pi_1(X,x_0)}V, \\ \gamma(1)=u_0}} \pi_V(U_\gamma \times \{v\}) \tag{2.3}$$

が得られる．商写像の制限 $\pi_V|_{U_\gamma\times\{v\}}$ は単射なので $U_\gamma\times\{v\}$ を $\pi_V(U_\gamma\times\{v\})$ へ同相に移す．よって $p_V|_{\pi_V(U_\gamma\times\{v\})} = \bar{p}_V|_{U_\gamma\times\{v\}} \circ (\pi_V|_{U_{[\gamma]}\times\{v\}})^{-1}$ は同相写像となるから p_V は被覆写像である．

(W,σ) を (V,ρ) と同型な表現とし，$f\colon V \to W$ を表現の同型射とする．このとき $\overline{F}\colon \widetilde{X} \times V \ni (\alpha,v) \mapsto (\alpha,f(v)) \in \widetilde{X}_{x_0} \times W$ と定義すると，f が表現の射であることから

$$(\alpha_1,v_1) \sim_{\pi_1(X,x_0)} (\alpha_2,v_2) \implies \overline{F}((\alpha_1,v_1)) \sim_{\pi_1(X,x_0)} \overline{F}((\alpha_2,v_2))$$

が従うので $\overline{F}$ は連続写像 $F\colon \widetilde{X}_{x_0} \times_{\pi_1(X,x_0)} V \ni [(\alpha,v)] \mapsto [(\alpha,f(v))] \in \widetilde{X}_{x_0} \times_{\pi_1(X,x_0)} W$ を誘導し，これは被覆の射となる．$f^{-1}\colon W \to V$ に対して同様なことをすれば逆写像 F^{-1} が得られる． $\qquad\square$

以上によって $\pi_1(X,x_0)$ の作用を持つ集合 V から定理 2.39 によって X の被覆空間が得られ，逆に任意の被覆空間は定理 2.38 によってこの形の被覆空間に同型であることがわかる．さらに注意 2.36 と定理 2.39 によって被覆の同型類は表現の同型類と 1 対 1 に対応することがわかる．

2.2.4 穴あき円盤の普遍被覆

1.3.3 節において冪関数のモノドロミー定数について触れた．ここでは穴あき円盤の普遍被覆を用いてモノドロミー定数を見直してみる．

複素数平面内に

$$\mathbb{C}(a_1,a_2;b_1,b_2) := \{x+iy \in \mathbb{C} \mid x \in (a_1,a_2), y \in (b_1,b_2)\}$$

という矩形領域を考える．このとき $r > 0$ に対して $R := \log r$ とおくと，写像

$$\pi_{D_r(0)^\times}\colon \quad \mathbb{C}(-\infty,R;-\infty,\infty) \quad \longrightarrow \quad D_r^*(0) \tag{2.4}$$
$$z \quad \longmapsto \quad e^z$$

は穴あき円盤 $D_r^*(0)$ の普遍被覆を与えることが以下のように確かめられる. $\mathbb{C}(a_1, a_2; b_1, b_2)$ は可縮なので単連結であり,定理 2.30 により写像 (2.4) が被覆写像であることを見ればよい.十分小さな $\varepsilon > 0$ を固定して $D_r^*(0)$ の開被覆として

$$D_r^*(0)_0 := \{z \in D_r^*(0) \mid -\varepsilon < \arg z < \pi + \varepsilon\},$$

$$D_r^*(0)_1 := \{z \in D_r^*(0) \mid \pi - \varepsilon < \arg z < 2\pi + \varepsilon\}$$

を考えると,$j = 0, 1$ に対して

$$\pi_{D_r^*(0)}^{-1}(D_r^*(0)_j) = \bigsqcup_{n \in \mathbb{Z}} \mathbb{C}(-\infty, R; (2n+j)\pi - \varepsilon, ((2n+j)+1)\pi + \varepsilon),$$

となることがわかる.このとき $\pi_{D_r^*(0)}$ によって $\mathbb{C}(-\infty, R; (2n+j)\pi - \varepsilon, ((2n+j)+1)\pi + \varepsilon)$ は $D_r^*(0)_j$ に同相に移される.なぜならば正則関数 e^z は $\mathbb{C}(-\infty, R; 2(n+j)\pi - \varepsilon, (2(n+j)+1)\pi + \varepsilon)$ において $D_r^*(0)_j$ への全単射となり,かつ導関数は 0 にならない.従って正則関数の逆関数定理より正則な逆関数が存在し,特に同相写像であることがわかる.

以下簡単のため $\widetilde{D_r^*(0)} = \mathbb{C}(-\infty, R; -\infty, \infty)$,$\mathbb{C}_{R,m} := \mathbb{C}(-\infty, R; m\pi - \varepsilon, (m+1)\pi + \varepsilon)$,$m \in \mathbb{Z}$ と書くことにする.被覆変換群 $\mathrm{Deck}(\widetilde{D_r^*(0)}/D_r^*(0))$ は被覆変換

$$\sigma \colon \widetilde{D_r^*(0)} \ni x + iy \longmapsto x + i(y + 2\pi) \in \widetilde{D_r^*(0)}$$

によって生成される自由アーベル群となることもわかる.

さて $m \in \mathbb{Z}$ と $j \equiv m \pmod 2$ なる $j \in \{0, 1\}$ に対して,被覆写像 $\pi_{D_r^*(0)}$ の $\mathbb{C}_{R,m}$ への制限 $\pi_{D_r^*(0)}|_{\mathbb{C}_{R,m}}$ の逆写像を

$$\mathrm{Log}_m \colon D_r^*(0)_j \to \mathbb{C}_{R,m}$$

と書いて多価関数 $\log z$ の**分枝**とここではよぶことにする.また $\lambda \in \mathbb{C}$ に対して定まる正則関数 $\exp_\lambda \colon x \mapsto e^{\lambda x}$ によって $D_r^*(0)_j$ 上の正則関数

$$z_m^\lambda := \exp_\lambda \circ \mathrm{Log}_m(z) \quad (z \in D_r^*(0)_j)$$

が定まる.これも上と同様に多価関数 z^λ の**分枝**とここではよぶことにする.$\exp_\lambda$ は上の被覆変換によって

$$\sigma^*(\exp_\lambda)(u + iv) := \exp_\lambda \circ \sigma(u + iv) = e^{\lambda(u + i(v + 2\pi))} = e^{2\pi i\lambda} \exp_\lambda(u + iv)$$

となる.すなわち z_m^λ も被覆変換によって

$$\sigma^*(z_m^\lambda) := \sigma^*(\exp_\lambda) \circ \mathrm{Log}_m(z) = e^{2\pi i\lambda} z_m^\lambda$$

と変換されることになる.この定数 $e^{2\pi i\lambda}$ を $\exp_\lambda$ あるいは z_m^λ の**モノドロ**

ミー定数とよぶことにする.

2.3 前層と層

ガウスの超幾何関数は $D_1(0)$ 上の正則関数であったが,前章で見たように積分表示式を用いて $\mathbb{C}\backslash\{1\}$ 上へ解析接続をすると「多価関数」となってしまい $\mathbb{C}\backslash\{1\}$ 上の well-defined な関数とはならない.この節では特に複素領域の線形微分方程式の解空間を念頭において,「多価性」を持つ関数の空間を定式化するために層の概念を導入する.

層の基礎理論に関しては志甫 [28] に優れた解説があるのでそちらも是非参考にして欲しい.

2.3.1 前層,層

定義 2.40 (前層). 位相空間 X と圏 $\mathscr{C}$ に対して,

 (a) 開集合 $U \subset X$ に対して $\mathscr{C}$ の対象 $\mathcal{F}(U) \in \mathrm{Ob}(\mathscr{C})$ を与える対応 $\mathcal{F}$,

 (b) $\mathfrak{I}_X := \{(U,V) \mid U \subset V$ を満たす X の開集合の対$\}$ に添字付けられた $\mathscr{C}$ の射の族

$$(\rho_U^V : \mathcal{F}(V) \to \mathcal{F}(U))_{(U,V) \in \mathfrak{I}_X},$$

の組 $(\mathcal{F}, (\rho_U^V)_{(U,V) \in \mathfrak{I}_X})$ は以下の 2 条件を満たすとき,圏 $\mathscr{C}$ に値を持つ位相空間 X の**前層**とよばれる.

 1. 任意の開集合 $U \subset X$ に対し $\rho_U^U = \mathrm{id}_{\mathcal{F}(U)}$.

 2. $U \subset V \subset W$ を満たす X の任意の開集合に対して

$$\rho_U^W = \rho_U^V \circ \rho_V^W$$

 が成立.

このとき ρ_U^V は V から U への**制限射**とよばれる.しばしば制限射を省略して $\mathcal{F}$ のみで前層を表す.

定義 2.41 (前層の射). $\mathcal{F}_1$, $\mathcal{F}_2$ を $\mathscr{C}$ に値を持つ位相空間 X の前層とする.このとき $\mathfrak{O}_X := \{U \mid X$ の開集合$\}$ によって添字付けられた $\mathscr{C}$ の射の族

$$\phi := (\phi_U : \mathcal{F}_1(U) \to \mathcal{F}_2(U))_{U \in \mathfrak{O}_X}$$

は以下の条件を満たすとき $\mathcal{F}_1$ から $\mathcal{F}_2$ への**前層の射**とよばれる.すなわち,ϕ は任意の $(U,V) \in \mathfrak{I}_X$ に対して図式

$$\begin{array}{ccc}
\mathcal{F}_1(V) & \xrightarrow{\phi_V} & \mathcal{F}_2(V) \\
{\scriptstyle \rho_U^V}\downarrow & & \downarrow{\scriptstyle \rho_U^V} \\
\mathcal{F}_1(U) & \xrightarrow{\phi_U} & \mathcal{F}_2(U)
\end{array}$$

を可換にする．ここで $\mathcal{F}_1$, $\mathcal{F}_2$ の制限射を同じ ρ^V_U で表した．またすべての $U \in \mathfrak{O}_X$ で ϕ_U が同型射であるとき ϕ を前層の同型といい，このとき $\mathcal{F}_1$ と $\mathcal{F}_2$ は前層として同型であるという．

これ以降簡単のため圏 $\mathscr{C}$ は集合，アーベル群，環のいずれかのなす圏，あるいは固定された環 R に対する R-（右，左，あるいは両側のいずれかの）加群のなす圏であるとする．その上で単に前層といったらこの圏 $\mathscr{C}$ に値を持つ前層を指すこととする．このような圏 $\mathscr{C}$ に値を持つ前層 $\mathcal{F}$ に対して，$s \in \mathcal{F}(V)$ を $\mathcal{F}$ の V における**切断**とよぶ．また記号 $s|_U$ によって $\rho^V_U(s) \in \mathcal{F}(U)$ を表す．

定義 2.42 (層)．位相空間 X の前層 $\mathcal{F}$ は任意の開集合 $U \subset X$ とその任意の開被覆 $U = \bigcup_{i \in I} U_i$ に対して次の 2 条件が満たされるとき**層**とよばれる．

1. 任意の $s, t \in \mathcal{F}(U)$ は，全ての $i \in I$ で $s|_{U_i} = t|_{U_i}$ となるならば $s = t$ である．
2. 任意の $(s_i)_{i \in I} \in \prod_{i \in I} \mathcal{F}(U_i)$ は，全ての $i, j \in I$ で $s_i|_{U_i \cap U_j} = s_j|_{U_i \cap U_j}$ となるならば，$s \in \mathcal{F}(U)$ が存在して $s|_{U_i} = s_i$ がすべての $i \in I$ で成り立つ．

注意 2.43 (前層の部分開集合への制限)．$\mathcal{F}$ を位相空間 X の前層として $U \subset X$ を開集合とすると，開集合 $V \subset U \subset X$ に対して $\mathcal{F}|_U(V) := \mathcal{F}(V)$ と定めることで U 上の前層 $\mathcal{F}|_U$ を定めることができる[*5]．これを $\mathcal{F}$ の U への**制限**という．また $\mathcal{F}$ が層ならば $\mathcal{F}|_U$ も層となることが確かめられる．

注意 2.44 (空集合における切断)．圏 $\mathscr{C}$ がアーベル群，環のいずれかのなす圏，あるいは固定された環 R に対する R-（右，左，あるいは両側のいずれかの）加群のなす圏のとき，$\mathcal{F}$ が圏 $\mathscr{C}$ に値を持つ層ならば $\mathcal{F}(\emptyset) = \{0\}$ であることに注意する．ただし $\{0\}$ で $\mathscr{C}$ における零対象，すなわち加法単位元 0 のみからなる群，環，あるいは加群を表すとする．なぜならば定義 2.42 の条件 1 を $U = \emptyset$, $I = \emptyset$ として適用すると，任意の $s, t \in \mathcal{F}(\emptyset)$ に対して $s = t$ が従うので，$\mathcal{F}(\emptyset)$ は集合としては一点集合となってしまうからである．

2.3.2 前層のエタール空間と層化

集合 E に対して位相空間 X の開集合 U から E への写像全体を $\mathrm{Map}_E(U)$ と書く．また $(U, V) \in \mathfrak{I}_X$ に対する制限射を写像の制限 $\rho^U_V : \mathrm{Map}_E(U) \ni f \mapsto f|_V \in \mathrm{Map}_E(V)$ によって定める．このとき Map_E は X の前層を定める．

命題 2.45. $\mathcal{F}$ を Map_E の部分前層，すなわち任意の開集合 U に対して

[*5]　制限射は $\mathcal{F}$ の制限射から定める．

$\mathcal{F}(U) \subset \mathrm{Map}_E(U)$ であって, $(U, V) \in \mathfrak{I}_X$ に対して $\rho_V^U(\mathcal{F}(U)) \subset \mathcal{F}(V)$ となるものとする. このとき $\mathcal{F}$ が次の条件を満たすならば $\mathcal{F}$ は層となる.

- 任意の $U \in \mathfrak{O}_X$ とその任意の開被覆 $U = \bigcup_{i \in I} U_i$ に対し

$$\{f \in \mathrm{Map}_E(U) \mid f|_{U_i} \in \mathcal{F}(U_i), i \in I\} = \mathcal{F}(U)$$

が成り立つ.

証明. 前層 Map_E では層の条件 1 は満たされるので部分前層の $\mathcal{F}$ でも同様である. よって層の条件 2 のみを確かめる. $(s_i)_{i \in I} \in \prod_{i \in I} \mathcal{F}(U_i)$ が, 全ての $i, j \in I$ で $s_i|_{U_i \cap U_j} = s_j|_{U_i \cap U_j}$ となっているとする. このとき $u \in U$ に対して $f(u) := f_i(u)$ $(u \in U_i)$ とおくと well-defined な写像 $f \in \mathrm{Map}_E(U)$ が定まる. よって仮定の条件から $f \in \mathcal{F}(U)$ となる. $\qquad\square$

定義 2.46 (定数層). $E \in \mathrm{Ob}(\mathscr{C})$ を一つとり, 離散位相によって E を位相空間とする. このとき $U \in \mathfrak{O}_X$ から E への連続写像全体を $\mathrm{Cont}_E(U)$ とおくと, Cont_E は Map_E の部分前層となる. また連続関数の性質から命題 2.45 の条件が満たされるので Cont_E は層となる. この層を E_X と書いて E に値を持つ X の**定数層**という.

注意 2.47. 上の定義では定数層は集合の圏に値を持つ層となるが, $E \in \mathrm{Ob}(\mathscr{C})$ の構造によって $\mathrm{Cont}_E(U)$ にはアーベル群, 環, あるいは R-加群の構造を入れることができる. 例えば $f_1, f_2 \in \mathrm{Cont}_E(U)$ とすると $f_1(u), f_2(u) \in E$ なので E がアーベル群ならば $f_1(u) + f_2(u) \in E$ であるから $f_1 + f_2 \in \mathrm{Map}_E(U)$ を $(f_1 + f_2)(u) := f_1(u) + f_2(u)$ と定めることができる. このとき $e \in E$ に対して $(f_1 + f_2)^{-1}(e) = \bigcup_{e = e_1 + e_2}(f_1^{-1}(e_1) \cap f_2^{-1}(e_2))$ は開集合となることから, $f_1 + f_2 \in \mathrm{Cont}_E(U)$ もわかる. このようにすることで定数層 E_X は圏 $\mathscr{C}$ に値を持つ層と見ることができる.

定義 2.48 (局所定数層). 位相空間 X の層 $\mathcal{F}$ に対して, X の開被覆 $(U_i)_{i \in I}$ があって $\mathcal{F}|_{U_i}$ が全ての $i \in I$ で定数層と同型となるとき $\mathcal{F}$ を**局所定数層**とよぶ.

定義 2.49 (前層の茎). $\mathcal{F}$ を位相空間 X の前層, x を X の点とする. x の開近傍近傍全体を $\mathfrak{O}_x := \{U \in \mathfrak{O}_X \mid x \in U\}$ とおく. このとき集合としての直和 $\bigsqcup_{U \in \mathfrak{O}_x} \mathcal{F}(U)$ の上に次の同値関係を考える. すなわち $s, t \in \bigsqcup_{U \in \mathfrak{O}_x} \mathcal{F}(U)$ は $U, V \in \mathfrak{O}_x$ があって $s \in \mathcal{F}(U), t \in \mathcal{F}(V)$ となるが, このとき $s \sim_x t$ であるということを

- $W \subset U \cap V$ なる $W \in \mathfrak{O}_x$ が存在して $s|_W = t|_W$ とできる

ことと定める. この同値関係による商集合を

$$\mathcal{F}_x := \left(\bigsqcup_{U \in \mathfrak{O}_x} \mathcal{F}(U) \right) \Big/ \sim_x$$

と表して $\mathcal{F}$ の x における**茎**という．また $U \in \mathfrak{O}_x$ に対して自然な写像

$$\rho_x \colon \mathcal{F}(U) \overset{\text{包含写像}}{\hookrightarrow} \bigsqcup_{U \in \mathfrak{O}_x} \mathcal{F}(U) \overset{\text{商写像}}{\twoheadrightarrow} \mathcal{F}_x$$

が定まる．$s \in \mathcal{F}(U)$ のこの写像による像 $s_x := \rho_x(s)$ を s の x における**芽**とよぶ．

注意 2.50. この定義では $\mathcal{F}_x$ は集合となってしまうが，$[s], [t] \in \mathcal{F}_x$ をそれぞれ $s \in \mathcal{F}(U)$, $t \in \mathcal{F}(V)$ の同値類とすると，$W \subset U \cap V$ なる $W \in \mathfrak{O}_x$ に対して $s|_W, t|_W \in \mathcal{F}(W) \in \mathrm{Ob}(\mathscr{C})$ とできる．従って例えば $\mathscr{C}$ がアーベル群の圏であったならば $[s] + [t] := [s|_W + t|_W] \in \mathcal{F}_x$ と定めることによって $\mathcal{F}_x$ をアーベル群と見ることができる．これは $[s], [t]$ の代表元や $W \in \mathfrak{O}_x$ の選び方によらないことも確かめることができる．

注意 2.51 (前層の射と茎の射)．$\phi \colon \mathcal{F} \to \mathcal{G}$ を前層の射とする．このとき $U, V \in \mathfrak{O}_x$, $s \in \mathcal{F}(U)$, $t \in \mathcal{F}(V)$ が $s \sim_x t$ を満たすならば $s|_W = t|_W$ となる $W \subset U \cap V$ が $W \in \mathfrak{O}_x$ からとれる．このとき $\phi_U(s) \in \mathcal{G}(U)$, $\phi_V(t) \in \mathcal{G}(V)$ に対しても，$\phi_U(s)|_W = \rho_W^U \circ \phi_U(s) = \phi_W \circ \rho_W^U(s) = \phi_W(s|_W) = \phi_W(t|_W) = \phi_W \circ \rho_W^V(t) = \rho_W^V \circ \phi_V(t) = \phi_V(t)|_W$ となって $\phi_U(s) \sim_x \phi_V(t)$ がわかる．これより前層の射 ϕ は茎の射 $\phi_x \colon \mathcal{F}_x \to \mathcal{G}_x$ を引き起こす．また ϕ が前層の同型射ならば ϕ_x も同型射となる．

定義 2.52 (エタール空間)．位相空間 X に対し，位相空間 E と局所同相写像 $\pi \colon E \to X$ の組 (E, π) を X の上の**エタール空間**という．ここで $\pi \colon E \to X$ が局所同相であるとは E の開被覆 $(U_i)_{i \in I}$ があって，全ての $i \in I$ で $\pi(U_i)$ が開集合であって U_i と π によって同相となるときにいう．

また X の上の 2 つのエタール空間 (E_i, π_i), $i = 1, 2$ の間の図式

$$\begin{array}{ccc} E_1 & \overset{\tilde{f}}{\longrightarrow} & E_2 \\ & {}_{\pi_1}\searrow & \downarrow {}^{\pi_2} \\ & & X \end{array}$$

を可換にする連続写像 $f \colon E_1 \to E_2$ を**エタール空間の射**とよぶ．また同相なエタール空間の射が存在するとき (E_i, π_i), $i = 1, 2$ は同型であるといわれる．

定義 2.53 (前層に付随したエタール空間)．位相空間 X の前層 $\mathcal{F}$ に対し各点 x での茎 $\mathcal{F}_x$ の集合としての直和を $F := \bigsqcup_{x \in X} \mathcal{F}_x$ とおく．また射影 $p_F \colon F \to X$ を $f \in \mathcal{F}_x$ に対して点 x を対応させることで定める．このとき以下で見るように (F, p_F) は X の上のエタール空間となり，これを $\mathcal{F}$ に**付随したエタール空間**とよぶ．

実際 F に次のような位相を考えることで (F, p) をエタール空間とできる．

$U \in \mathfrak{O}_X$ と $f \in \mathcal{F}(U)$ に対して

$$[U, f] := \{\rho_x(f) \mid x \in U\} \subset F$$

と定め，このような F の部分集合のなす族を $\mathcal{V}$ とおく．このとき $\mathcal{V}$ が生成する位相を F に入れると $\mathcal{V}$ は開集合の基底となる．定義より $\mathcal{V}$ は F を被覆する．また $[U, f], [V, g] \in \mathcal{V}$ に対して $\phi \in [U, f] \cap [V, g]$ なるものがあるとすると，$x = p_F(\phi)$ において $\phi = \rho_x(f) = \rho_x(g)$ であるから，$W \subset U \cap V$ なる $W \in \mathfrak{O}_x$ があって $f|_W = g|_W =: h \in \mathcal{F}(W)$ となる．従って $[W, h] \subset [U, f] \cap [V, g]$ となる．よって $\mathcal{V}$ は F の開集合の基底であることがわかる．

このようにして F を位相空間としたとき $p_F \colon F \to X$ を $[U, f] \in \mathcal{V}$ に制限すると $p|_{[U,f]} \colon [U, f] \to U$ は単射な連続開集合である．よって $p \colon F \to X$ はエタール空間である．

注意 2.54 (前層の射とエタール空間の射)．　前層の射 $\phi \colon \mathcal{F} \to \mathcal{G}$ は注意 2.51 で見た茎の射によって写像 $F = \bigsqcup_{x \in X} \mathcal{F}_x \ni (f_x)_{x \in X} \mapsto (\phi_x(f_x))_{x \in X} \in \bigsqcup_{x \in X} \mathcal{G}_x = G$ を定める．これは上で定めた位相において連続となり，エタール空間 $(F, \pi_F), (G, \pi_G)$ の間の射を与える．また ϕ が前層の同型射ならば，このエタール空間の射としても同型である．

定義 2.55 (前層の層化)．　$\mathcal{F}$ を位相空間 X の前層，(F, p_F) を $\mathcal{F}$ に付随したエタール空間とする．任意の $U \in \mathfrak{O}_X$ に対して

$$\widetilde{\mathcal{F}}(U) := \{\phi \in \mathrm{Cont}_F(U) \mid p_F \circ \phi = \mathrm{id}_U\}$$

を p_F の U 上の連続な切断[*6]の集合とする．このとき命題 2.45 によって対応 $\widetilde{\mathcal{F}}$ は層を定める．この層を前層 $\mathcal{F}$ に**付随する層**あるいは $\mathcal{F}$ の**層化**という．

この定義では $\widetilde{\mathcal{F}}(U)$ は単なる集合であるが以下のようにして $\widetilde{F}$ は圏 $\mathscr{C}$ に値を持つ層と思うことができる．$\phi_1, \phi_2 \in \widetilde{\mathcal{F}}(U)$ は各 $u \in U$ で $\phi_i(u) \in \mathcal{F}_u \in \mathrm{Ob}(\mathscr{C})$ であるから，例えば $\mathscr{C}$ がアーベル群の圏であったならば，$(\phi_1 + \phi_2)(u) := \phi_1(u) + \phi_2(u) \in \mathrm{Ob}(\mathscr{C})$ と定めればよい．この $\phi_1 + \phi_2$ が $\widetilde{\mathcal{F}}(U)$ の元となるためには連続性が問題となる．そのために $\widetilde{\mathcal{F}}(U)$ の特徴付けを与えておく．

補題 2.56．　$\mathcal{F}$ を位相空間 X の前層，(F, p_F) を $\mathcal{F}$ に付随したエタール空間とする．$U \in \mathfrak{O}_X$ に対して $\phi \in \mathrm{Map}_F(U)$ が $\phi \in \widetilde{\mathcal{F}}(U)$ となるためには，任意の $u \in U$ に対して $[V, f] \in \mathcal{V}$ があって，$u \in V \subset U$ かつ

$$\phi(v) = f_v \quad (v \in V)$$

[*6]　一般に写像 $f \colon A \to B$ に対して $f \circ g = \mathrm{id}_B$ となる写像 $g \colon B \to A$ を f の**切断**とよぶ．

となることが必要十分である.

証明. まずこのような $[V, f]$ があると仮定する. このとき $p_F \circ \phi(v) = p_F(f_v) = v$ より ϕ は p_F の切断となっている. ϕ の連続性は次のようにわかる. $u \in U$ に対して $\phi(u) \in [W, g]$ なる任意の $[W, g] \in \mathcal{V}$ をとる. このとき仮定より $[V, f] \in \mathcal{V}$ があって $\phi(v) = f_v \, (v \in V)$ とでき, $\phi(u) \in [W, g] \cap [V, f]$ が成り立つ. よって $[V', f'] \in \mathcal{V}$ で $\phi(u) \in [V', f'] \subset [V, f] \cap [W, g]$ となるものが存在する. ここで $[V', f'] \subset [V, f]$ なので $[V', f']$ も仮定を満たす $\mathcal{V}$ の元であるから $\phi^{-1}([V', f']) = V'$ となる. すなわち $u \in V' \subset U$ なる開集合 V' があって $\phi(V') = [V', f] \subset [W, g]$ が成り立つ. よって ϕ は連続である.

逆に $\phi \in \widetilde{\mathcal{F}}(U)$ であるとして, $u \in U$ に対して $\phi(u) \in [W, g]$ なる任意の $[W, g] \in \mathcal{V}$ をとる. このとき ϕ の連続性より $V := \phi^{-1}([W, g])$ は U の開集合, すなわち X の開集合. また ϕ は p_F の切断だったので任意の $v \in V$ に対して $\phi(v) \in [W, g] \cap p_F^{-1}(v) = [W, g] \cap \mathcal{F}_v = \{g_v\}$. 従って $[V, g]$ が上の条件を満たす $\mathcal{V}$ の元である. $\qquad\square$

この補題によって上で定めた $\phi_1 + \phi_2$ の連続性を次のように示すことができる. $\phi_i, \, i = 1, 2, \, u \in U$ に対して上の補題の条件を満たす $[V_i, f_i] \in \mathcal{V}$ をそれぞれとってくる. このとき $v \in V_1 \cap V_2$ に対し $(\phi_1 + \phi_2)(v) = ((f_1)|_{V_1 \cap V_2} + (f_2)|_{V_1 \cap V_2})_v$ となるので, $[V_1 \cap V_2, (f_1)|_{V_1 \cap V_2} + (f_2)|_{V_1 \cap V_2}]$ は $\phi_1 + \phi_2$ に対して補題の条件を満たす $\mathcal{V}$ の元である.

定義 2.57 (層化への射). 前層 $\mathcal{F}$ とその層化 $\widetilde{\mathcal{F}}$ の間には次のような自然な射 $\iota\colon \mathcal{F} \to \widetilde{\mathcal{F}}$ が定義できる. $U \in \mathfrak{O}_X$ に対して

$$
\begin{array}{cccc}
\iota_U\colon & \mathcal{F}(U) & \longrightarrow & \widetilde{\mathcal{F}}(U) \\
& f & \longmapsto & (U \ni u \mapsto f_u \in F)
\end{array}
$$

と定めると, 上の補題から $\iota_U(f) \in \widetilde{\mathcal{F}}(U)$ が従うので ι_U は well-defined である. また上で見たことから ι_U は $\mathscr{C}$ の射となっていることもわかる.

定理 2.58. $\mathcal{F}$ が層ならばその層化 $\widetilde{\mathcal{F}}$ と $\mathcal{F}$ は自然な射 ι によって同型となる.

証明. $U \in \mathfrak{O}_X$ に対し ι_U が全単射であることを示せばよい. $f_1, f_2 \in \mathcal{U}$ が $\iota_U(f_1) = \iota_U(f_2)$ を満たすとする. このとき $(f_1)_u = (f_2)_u \, (u \in U)$ であるから U の開被覆 $U = \bigcup_{u \in U} V_u$ があって $f_1|_{V_u} = f_2|_{V_u} \, (u \in U)$ とできる. 従って $\mathcal{F}$ が層であるから $f_1 = f_2$ となって ι_U が単射であることがわかる.

$\phi \in \widetilde{\mathcal{F}}(U)$ に対して, 補題 2.56 から U の開被覆 $U = \bigcup_{u \in U} V_u$ と $f^{(u)} \in \mathcal{F}(V_u)$ があって $\phi(v) = (f^{(u)})_v \, (v \in V_u, \, u \in U)$ とできる. このとき $v \in V_u \cap V_{u'}$ に対して $(f^{(u)})_v = \phi(v) = (f^{(u')})_v$ が成り立ち, また $\mathcal{F}$ は層なので $f^{(u)}|_{V_u \cap V_{u'}} = f^{(u')}|_{V_u \cap V_{u'}}$ となる. 再び $\mathcal{F}$ が層であったことから $f \in \mathcal{F}(U)$ があって $f|_{V_u} = f^{(u)} \, (u \in U)$ とできる. ここで $\iota_U(f) = \phi$ となる

ので ι_U は全射となる. □

前層とは位相空間 X のあらゆる開集合 U に対して圏 $\mathscr{C}$ の対象を与える対応
であったが, 今後の議論のためにこれを少し緩めた開基の前層とよばれるもの
を紹介しておく.

定義 2.59 (開基の前層と層). $\mathfrak{B}$ を位相空間 X の開集合の基底とする.

 (a) $U \in \mathfrak{B}$ に対して $\mathscr{C}$ の対象 $\mathcal{F}(U) \in \mathrm{Ob}(\mathscr{C})$ を与える対応 $\mathcal{F}$,
 (b) $\mathfrak{I}_X^b := \{(U, V) \mid U \subset V$ を満たす $\mathfrak{B}$ の要素の対 $\}$ に添字付けられた $\mathscr{C}$ の
   射の族

$$(\rho_U^V : \mathcal{F}(V) \to \mathcal{F}(U))_{(U,V) \in \mathfrak{I}_X^b}$$

の組 $(\mathcal{F}, (\rho_U^V)_{(U,V) \in \mathfrak{I}_X^b})$ は以下の 2 条件を満たすとき, 圏 $\mathscr{C}$ に値を持つ位相
空間 X の**開基 $\mathfrak{B}$ の前層**という.

 1. 任意の開集合 $U \in \mathfrak{B}$ に対し $\rho_U^U = \mathrm{id}_{\mathcal{F}(U)}$.
 2. $U \subset V \subset W$ を満たす任意の $\mathfrak{B}$ の要素に対して

$$\rho_U^W = \rho_U^V \circ \rho_V^W$$

   が成立.

さらに開基 $\mathfrak{B}$ の前層 $\mathcal{F}$ は次の条件を満たすとき**開基 $\mathfrak{B}$ の層**といわれる.
すなわち, 任意の $U \in \mathfrak{B}$ とその任意の開被覆 $U = \bigcup_{i \in I} U_i$, $U_i \in \mathfrak{B}$, そして
$U_i \cap U_j$ の任意の開被覆 $U_i \cap U_j = \bigcup_{k \in I_{i,j}} U_k^{(i,j)}$, $U_k^{(i,j)} \in \mathfrak{B}$ に対して次の 2
条件が満たされる.

 1. 任意の $s, t \in \mathcal{F}(U)$ は, 全ての $i, j \in I$, 全ての $k \in I_{i,j}$ で $s|_{U_k^{(i,j)}} = t|_{U_k^{(i,j)}}$
   となるならば $s = t$ である.
 2. 任意の $(s_i)_{i \in I} \in \prod_{i \in I} \mathcal{F}(U_i)$ は, 全ての $i, j \in I$, 全ての $k \in I_{i,j}$ で
   $s_i|_{U_k^{(i,j)}} = s_j|_{U_k^{(i,j)}}$ となるならば, $s \in \mathcal{F}(U)$ が存在して $s|_{U_i} = s_i$ がすべ
   ての $i \in I$ で成り立つ.

この $\mathcal{F}$ が X の開基の前層であるとき, 任意の $x \in X$ と $x \in U \in \mathfrak{B}$ に対
して $\mathcal{F}$ の茎 $\mathcal{F}_x$ とそこへの自然な射 $\rho_x : \mathcal{F}(U) \to \mathcal{F}_x$, そして $s \in \mathcal{F}(U)$ の芽
$s_x = \rho_x(s)$ を通常の前層と同様に定めることができる. 従って $\mathcal{F}$ に付随した
エタール空間 $p_F : F = \bigsqcup_{x \in X} \mathcal{F}_x \to X$ も同様に定義される.

定義 2.60 (開基の前層の X の層としての拡大). $\mathcal{F}$ を位相空間 X の開基 $\mathfrak{B}$
の前層, $p_F : F = \bigsqcup_{x \in X} \mathcal{F}_x \to X$ を $\mathcal{F}$ に付随したエタール空間とする. この
とき任意の $U \in \mathfrak{O}_X$ に対して

$$\widetilde{\mathcal{F}^{\mathrm{ext}}}(U) := \{\phi \in \mathrm{Cont}_F(U) \mid p_F \circ \phi = \mathrm{id}_U\}$$

を p の U 上の連続な切断の集合とする. このとき命題 2.45 によって $\widetilde{\mathcal{F}^{\mathrm{ext}}}$ は
X の層となるが, これを開基 $\mathfrak{B}$ の前層 $\mathcal{F}$ の **X の層としての拡大**あるいは単

に $\mathcal{F}$ の**層化**という.

特に $\mathcal{F}$ が開基の層であるとき定理 2.58 と同様にして次が従う.

命題 2.61. $\mathcal{F}$ を X の開基 $\mathfrak{B}$ の層 $\widetilde{\mathcal{F}^{\mathrm{ext}}}$ を $\mathcal{F}$ の X の層としての拡大とする. このとき $U \in \mathfrak{B}$ に対して

$$
\iota_U: \quad \mathcal{F}(U) \quad \longrightarrow \quad \widetilde{\mathcal{F}^{\mathrm{ext}}}(U)
$$
$$
f \quad \longmapsto \quad (U \ni u \mapsto f_u \in F)
$$

は同型である.

証明. 証明は定理 2.58 と全く同様である. □

2.4 局所定数層とモノドロミー表現

本節では線形微分方程式の解空間が局所定数層をなすことを説明する. これによって微分方程式の解の解析接続とモノドロミー表現が結びつくことになる. この節の内容は主にフォースター [10] の §11 を参考にした.

2.4.1 被覆, 局所定数層, モノドロミー表現

2.2.3 節で基本群と被覆空間の間の対応関係を見た. 本節ではさらに基本群, 被覆空間, 局所定数層の 3 つの間の対応関係について解説する.

まず $\mathcal{F}$ を位相空間 X の前層としたとき, 付随したエタール空間 $p_F: F \to X$ が X の被覆となる条件を与えておく.

補題 2.62. 位相空間 X の前層 $\mathcal{F}$ に対し次を満たす X の開被覆 $(U_i)_{i \in I}$ が存在するとする. すなわち, 各 $i \in I$ で $x \in U_i$ に対して $\rho_x: \mathcal{F}(U_i) \to \mathcal{F}_x$ は同型である. このとき $\mathcal{F}$ に付随したエタール空間 $p_F: F \to X$ は X の被覆となる.

証明. 上の開被覆 $(U_i)_{i \in I}$ の各 U_i が p_F によって均等に被覆されていることを見ればよい. $\rho_x: \mathcal{F}(U_i) \to \mathcal{F}_x$ の単射性より $f, f' \in \mathcal{F}(U_i)$ に対して $f \neq f'$ ならば $[U_i, f] \cap [U_i, f'] = \emptyset$ である. また ρ_x の全射性より任意の $s \in p_F^{-1}(U_i) = \bigsqcup_{x \in U_i} \mathcal{F}_x$ に対して $f \in \mathcal{F}(U_i)$ があって $s = f_{p_F(s)}$ となる. すなわち $s \in [U_i, f]$ である. 従って $p_F^{-1}(U_i) = \bigsqcup_{f \in \mathcal{F}(U_i)} [U, f]$ となり, また $[U_i, f]$ はその定義より p_F によって U_i と同相である. □

この補題より次のように局所定数層と被覆の間の対応をつけることができる.

定理 2.63. 位相空間 X に対して次が成立する.

1. $\mathcal{L}$ を圏 $\mathscr{C}$ に値を持つ X の局所定数層として, $l: L \to X$ を付随するエ

タール空間とする．このとき $l\colon L \to X$ は X の被覆となる．

2. $p\colon Y \to X$ が被覆であるとき，開集合 $U \subset X$ に対して U 上の連続な切断全体の集合を $\mathcal{S}_p(U) := \{\phi\colon U \to Y \mid 連続,\ p \circ \phi = \mathrm{id}_U\}$ と書くことにする．このとき開集合 U に対し集合 $\mathcal{S}_p(U)$ を対応させる対応は局所定数層を定める．

証明. 1. X の連結な開被覆 $(U_i)_{i \in I}$ を $\mathcal{L}|_{U_i}$ が定数層となるようにとっておく．このとき $x \in U_i$ に対して $\rho_x\colon \mathcal{L}(U_i) \to \mathcal{L}_x$ は同型である．従って命題 2.62 より $l\colon L \to X$ の被覆となる．

2. X の開被覆 $(U_i)_{i \in I}$ を各 U_i が p によって均等に被覆されているようにとってくる．$p^{-1}(U_i) = \bigsqcup_{j \in I_i} V_j^{(i)}$ を条件 (EC) を満たす直和分解とする．また，写像 $\mathcal{I}_i\colon p^{-1}(U_i) \to I_i$ を $v \in V_j^{(i)}$ に対して $\mathcal{I}_i(v) = j$ とすることで定める．このとき写像

$$(\mathcal{I}_i)_*\colon \mathcal{S}_p(U_i) \ni \phi \longmapsto \mathcal{I}_i \circ \phi \in \mathrm{Cont}_{I_i}(U_i)$$

が全単射となることを以下のように示すことができる．これにより対応 $\mathcal{S}_p$ が局所定数層であることがわかる．まず $(\mathcal{I}_i)_*$ が well-defined であることを見よう．$\phi \in \mathcal{S}_p(U_i)$ は連続写像なので $(\mathcal{I}_i \circ \phi)^{-1}(j) = \phi^{-1}(V_j^{(i)})$ は開集合である．今 I_i には離散位相を考えていたので，このことから $\mathcal{I}_i \circ \phi$ は連続写像，すなわち $\mathcal{I}_i \circ \phi \in \mathrm{Cont}_{I_i}(U_i)$ がわかる．次に $(\mathcal{I}_i)_*$ の逆写像を与えることで $(\mathcal{I}_i)_*$ が全単射であることを示そう．$f \in \mathrm{Cont}_{I_i}(U_i)$ によって U の開被覆 $U = \bigsqcup_{j \in I_i} f^{-1}(j)$ が得られる．このとき写像 $\phi\colon U_i \to Y$ を

$$\phi(u) := (p|_{V_j^{(i)}})^{-1}(u) \quad (u \in f^{-1}(j))$$

と定めると $\phi \in \mathcal{S}_p(U_i)$ となる．このように $f \in \mathrm{Cont}_{I_i}(U_i)$ に対して $\phi \in \mathcal{S}_p(U_i)$ を与える写像が求める $(\mathcal{I}_i)_*$ の逆写像である． $\square$

ここからは X を連結な位相多様体，$\widetilde{X}$ を $x_0 \in X$ を基点とする普遍被覆，$\pi_X\colon \widetilde{X} \to X$ を被覆写像とする．以下では 2.2.3 節で見たことと定理 2.63 を合わせて，基本群 $\pi_1(X, x_0)$ の表現と，X 上の局所定数層の対応を見ていこう．まず，定義 2.32 で集合の圏において群の表現を定義したが，それを圏 $\mathscr{C}$ に拡げておこう．

定義 2.64. $V \in \mathrm{Ob}(\mathscr{C})$ の自己同型射のなす群を $\mathrm{Aut}_{\mathscr{C}}(V)$ と書く．このとき群 G から $\mathrm{Aut}_{\mathscr{C}}(V)$ への群準同型 ρ を群 G の圏 $\mathscr{C}$ における**表現**といい，V を表現 ρ の**表現空間**という．特に群として X の基本群 $\pi_1(X, x_0)$ を考えたとき，その表現を**モノドロミー表現**ということがある．

注意 2.65. 一般に群 G から $\mathrm{Aut}_{\mathscr{C}}(V)$ への群準同型 ρ は作用とよばれ，$\mathscr{C}$ がベクトル空間の圏の場合にそれを表現とよぶ場合が多い．また $\mathscr{C}$ が有限ベ

クトル空間の圏の場合は，ベクトル空間 V の自己同型のなす群を

$$\mathrm{GL}(V) := \mathrm{Aut}_{\mathscr{C}}(V)$$

などと書いて V の**一般線形群**などとよぶ．また K を体として V が $V = K^n$ のときは $\mathrm{GL}(K^n)$ は $\mathrm{GL}_n(K)$ や $\mathrm{GL}(n, K)$ とも書かれる．

定理 2.63 と定理 2.38 により局所定数層 $\mathcal{L}$ のエタール空間 L は被覆

$$p \colon \widetilde{X} \times_{\pi_1(X)} \mathrm{Hom}_X(\widetilde{X}, L) \to X$$

と同型となり，さらに $\mathrm{Hom}_X(\widetilde{X}, L)$ への $\pi_1(X)$ の作用から集合の圏でのモノドロミー表現

$$\rho(\alpha) \colon \quad \begin{array}{ccc} \mathrm{Hom}_X(\widetilde{X}, L) & \longrightarrow & \mathrm{Hom}_X(\widetilde{X}, L) \\ f & \longmapsto & f \circ D_{\alpha^{-1}} \end{array} \quad (\alpha \in \pi_1(X))$$

が定まった．ここで次のように $\mathrm{Hom}_X(\widetilde{X}, L)$ を $\mathscr{C}$ の対象と見ることでこの ρ は $\mathscr{C}$ でのモノドロミー表現とみなすことができる．例えば $\mathscr{C}$ がアーベル群の圏ならば $f_1, f_2 \in \mathrm{Hom}_X(\widetilde{X}, L)$ に対して $f_i(x) \in l^{-1}(\pi_X(x)) = \mathcal{L}_{\pi_X(x)}$ なので $(f_1 + f_2)(x) := f_1(x) + f_2(x) \in \mathcal{L}_{\pi_X(x)}$ を定義することができ，$\mathrm{Hom}_X(\widetilde{X}, L) \in \mathrm{Ob}(\mathscr{C})$ とできる．この作り方から $\rho(\alpha)(f_1 + f_2) = (f_1 + f_2) \circ D_\alpha = f_1 \circ D_\alpha + f_2 \circ D_\alpha = \rho(\alpha)(f_1) + \rho(\alpha)(f_2)$ が従うので，$\rho(\alpha) \in \mathrm{Aut}_{\mathscr{C}}(\mathrm{Hom}_X(\widetilde{X}, L))$ がわかる．

逆に $V \in \mathrm{Ob}(\mathscr{C})$ とそこへのモノドロミー表現 $\rho \colon \pi_1(X) \to \mathrm{Aut}_{\mathscr{C}}(V)$ が与えられているとき，被覆

$$p_V \colon \widetilde{X} \times_{\pi_1(X)} V \to X$$

を考える．このとき $\mathcal{U} \in \mathfrak{O}_X$ に対し

$$\mathcal{L}_V(U) := \{\phi \in \mathrm{Cont}_{\widetilde{X} \times_{\pi_1(X)} V}(U) \mid p_V \circ \phi = \mathrm{id}_U\}$$

と定めると $\mathcal{L}_V$ は X の層となる．これは定理 2.63 から集合の圏に値を持つ局所定数層となるが，次のように圏 $\mathscr{C}$ に値を持つ局所定数層であることがわかる．

定理 2.66. 上の $\mathcal{L}_V$ は $\mathscr{C}$ に値を持つ局所定数層である．

証明. まず $\mathcal{L}_V(U) \in \mathrm{Ob}(\mathscr{C})$ とできることをアーベル群の圏に限って示す．その他の圏でも同様である．$\phi_1, \phi_2 \in \mathcal{L}_V(U)$ と $u \in U$ に対して $\phi_i(u) = [(\alpha_u^{(i)}, v_u^{(i)})] \in \widetilde{X} \times_{\pi_1(X)} V$ とおく．$\gamma := \alpha_u^{(1)} \cdot (\alpha_u^{(2)})^{-1}$ とおくと $\gamma \in \pi_1(X)$ であるから，これらの和を

$$[(\alpha_u^{(1)}, v_u^{(1)})] + [(\alpha_u^{(2)}, v_u^{(2)})] := [(\alpha_u^{(1)}, v_u^{(1)} + \rho(\gamma)v_u^{(2)})]$$

によって定義すると，ρ が $\mathscr{C}$ での表現であることから右辺は $[(\alpha_u^{(i)}, v_u^{(i)})]$ の代表元の取り方によらない．従って和 $(\phi_1 + \phi_2)(u) := \phi_1(u) + \phi_2(u)$ を well-defined に定めることができる． $\square$

注意 2.67. 圏 $\mathscr{C}$ を今までの通りとする．連結な位相多様体 X とその点 x_0，普遍被覆 $\pi_X\colon \widetilde{X}_{x_0} \to X$ を固定する．このとき $\pi_1(X, x_0)$ の圏 $\mathscr{C}$ における表現に対して，上の方法で局所定数層 $\mathcal{L}_V$ を対応させる対応は圏 $\mathscr{C}$ における X のモノドロミー表現のなす圏 $\mathbf{Mon}_X$ から局所定数層のなす圏 $\mathbf{Loc}_X$ への関手を定める．また逆に圏 $\mathscr{C}$ に値を持つ X の局所定数層 $\mathcal{L}$ のエタール空間 $l\colon L \to X$ からモノドロミー表現 $(\mathrm{Hom}_X(\widetilde{X}_{x_0}, L), \rho)$ を対応させる対応は $\mathbf{Loc}_X$ から $\mathbf{Mon}_X$ への関手となる．そしてこれらの関手によって $\mathbf{Mon}_X$ と $\mathbf{Loc}_X$ は圏同値となることが確かめられる．

2.4.2 リーマン面の被覆

定義 2.68 (複素多様体，リーマン面)．空でない位相空間 X の開被覆 $(U_\alpha)_{\alpha \in A}$ と写像 $\phi_\alpha\colon U_\alpha \to \mathbb{C}^n$ の組 $(U_\alpha, \phi_\alpha)_{\alpha \in A}$ は $n \in \mathbb{Z}_{\geq 0}$ に対して以下の条件を満たすとき X の**正則な n 次元局所座標系**とよばれる．

1. 全ての $\alpha \in A$ に対して ϕ_α は開埋め込みである．
2. 全ての $\alpha_1, \alpha_2 \in A$ に対して写像

$$\phi_{\alpha_1}(U_1 \cap U_2) \xrightarrow{(\phi_{\alpha_1})^{-1}|_{\phi_{\alpha_1}(U_1 \cap U_2)}} U_1 \cap U_2 \xrightarrow{\phi_{\alpha_2}|_{U_1 \cap U_2}} \phi_{\alpha_2}(U_1 \cap U_2)$$

は $\phi_{\alpha_1}(U_1 \cap U_2) \subset \mathbb{C}^n$ から $\phi_{\alpha_2}(U_1 \cap U_2) \subset \mathbb{C}^n$ への正則写像[*7]となる．正則な n 次元局所座標系を持つハウスドルフ空間を **n 次元複素多様体**とよぶ．特に連結な 1 次元複素多様体を**リーマン面** (Riemann surface) とよぶ．

定義 2.69 (複素多様体の射)．$i = 1, 2$ に対し，X_i を n_i 次元複素多様体，$(U_\alpha^{(i)}, \phi_\alpha^{(i)})_{\alpha \in A^{(i)}}$ をそれぞれの正則な局所座標系とする．連続写像 $f\colon X_1 \to X_2$ は以下の条件を満たすとき**複素多様体の射**，あるいは**正則写像**とよばれる．

- $f^{-1}(U_{\alpha_2}^{(2)}) \cap U_{\alpha_1}^{(1)} \neq \emptyset$ なる任意の $(\alpha_1, \alpha_2) \in A^{(1)} \times A^{(2)}$ に対して，写像

$$V := \phi_{\alpha_1}^{(1)}(f^{-1}(U_{\alpha_2}^{(2)}) \cap U_{\alpha_1}^{(1)}) \xrightarrow{f \circ (\phi_{\alpha_1}^{(1)})^{-1}|_V} U_{\alpha_2}^{(2)} \xrightarrow{\phi_{\alpha_2}^2} \mathbb{C}^{n_2}$$

が $V \subset \mathbb{C}^{n_1}$ 上の正則写像となる．

特に f が全単射でその逆写像 $f^{-1}\colon X_2 \to X_1$ も複素多様体の射となるとき，f を同型射，あるいは**双正則写像**という．またこのとき n 次元複素多様体 X_1，

[*7] 開集合 $U \subset \mathbb{C}^n$ で定義された写像 $f\colon U \to \mathbb{C}^m$ が正則であるとは，$f(z_1, \ldots, z_n) = (f_1(z_1, \ldots, z_n), \ldots, f_m(z_1, \ldots, z_n))$ と座標表示したときに各 $f_i(z_1, \ldots, z_n)$ が各 z_j に関して正則であることをいう．

X_2 は同型であるという.

開集合 $U \subset X_1$ に対しても上と同様にして正則写像 $f \colon U \to X_2$ を定めることができる. また特に $X_2 = \mathbb{C}$ のときは**正則関数**という.

注意 2.70. 位相空間 M が 2 つの正則な n 次元局所座標系 $(U_\alpha^{(i)}, \phi_\alpha^{(i)})_{\alpha \in A^{(i)}}$, $i = 1, 2$ によって複素多様体とみなしたときに, M の恒等写像が複素多様体の同型射となる場合, これら局所座標系を**同値な座標系**とよぶ. 今後議論の中で同値な局所座標系を適宜取り替えることがある.

命題 2.71. X, Y を連結な位相空間, $p \colon Y \to X$ を被覆写像とする. このとき X がリーマン面ならば Y もリーマン面となり, p は正則写像となる.

証明. 必要ならば細分をとって X の局所座標系 $(U_\alpha, \phi_\alpha)_{\alpha \in A}$ は各 U_α が p によって均等に被覆されているようにしておき, $p^{-1}(U_\alpha) = \bigsqcup_{i \in I_\alpha} V_i^\alpha$ を条件 (EC) を満たす直和分解とする. このとき $(V_i^\alpha)_{\substack{\alpha \in A, \\ i \in I_\alpha}}$ は Y の開被覆で写像 $\psi_i^\alpha \colon V_i^\alpha \to \mathbb{C}$ を $\psi_i^\alpha := \phi_\alpha \circ p|_{V_i^\alpha}$ によって定めると, これは開埋め込みであり, $V := V_i^\alpha \cap V_j^\beta \neq \emptyset$ ならば

$$
\begin{aligned}
(\psi_i^\alpha|_V) \circ (\psi_j^\beta|_V)^{-1} &= \phi_\alpha \circ p|_V \circ (p|_V)^{-1} \circ (\phi_\beta|_{p(V)})^{-1} \\
&= \phi_\alpha|_{p(V)} \circ (\phi_\beta|_{p(V)})^{-1}
\end{aligned}
$$

となってこれは正則写像である. 上の式変形では $p|_V$ が V と $U_\alpha \cap U_\beta$ の間の同相写像であることを用いた. これより $(V_i^\alpha, \psi_i^\alpha)_{\substack{\alpha \in A, \\ i \in I_\alpha}}$ は Y の正則な 1 次元局所座標系を定め, 命題 2.24 から X のハウスドルフ性は Y のハウスドルフ性を導くので Y はリーマン面となる.

最後に p の正則性を示す. $p(V_i^\alpha) = U_\alpha$ であることから, 各 $\alpha \in A$, $i \in I_\alpha$ に対して $\phi_\alpha \circ p \circ (\psi_i^\alpha|_{V_i^\alpha})^{-1}$ が $\psi_i^\alpha(V_i^\alpha) \subset \mathbb{C}$ 上の正則関数となることを見ればよい. このことは次の式からわかる.

$$
\begin{aligned}
\phi_\alpha \circ p \circ (\psi_i^\alpha|_{V_i^\alpha})^{-1} &= \phi_\alpha \circ p|_{V_i^\alpha} \circ (\psi_{V_i^\alpha})^{-1} \\
&= \psi_{V_i^\alpha} \circ (\psi_{V_i^\alpha})^{-1} \\
&= \mathrm{id}_{\psi_i^\alpha(V_i^\alpha)}. \qquad \square
\end{aligned}
$$

2.4.3 コーシーの存在定理

$\mathcal{O}_\mathbb{C}$ で $\mathbb{C}$ 上の正則関数のなす層を表すとする. すなわち開集合 U に対して $\mathcal{O}_\mathbb{C}(U)$ は U 上の正則関数のなす $\mathbb{C}$ 代数を表すとすると, 命題 2.45 によって対応 $\mathcal{O}_\mathbb{C}$ は $\mathbb{C}$ 代数の圏に値を持つ層となる. $M_n(\mathcal{O}_\mathbb{C}(U))$ で $\mathcal{O}_\mathbb{C}(U)$ の元を係数に持つ n 次正方行列のなす $\mathbb{C}$ 代数を表す. また $\mathcal{O}_\mathbb{C}(U)^n$ で n 個の $\mathcal{O}_\mathbb{C}(U)$ の $\mathbb{C}$-ベクトル空間としての直和空間を表すが, 本節では

$$\mathcal{O}_{\mathbb{C}}(U)^n = \left\{ \begin{pmatrix} f_1(z) \\ f_2(z) \\ \vdots \\ f_n(z) \end{pmatrix} \middle| \ f_i(z) \in \mathcal{O}_{\mathbb{C}}(U),\, i = 1, 2, \ldots, n \right\}$$

と縦ベクトルで考えることとする. また同様に $\mathbb{C}^n$ も本節では $\mathbb{C}$ に係数を持つ n 次元縦ベクトルのなす $\mathbb{C}$-ベクトル空間を表すとする. ただし本節より後の節では縦ベクトルと横ベクトルは必要に応じて適宜読み替える.

定義 2.72 (複素領域の線形微分方程式). $V \subset U \subset \mathbb{C}$ をそれぞれ $\mathbb{C}$ の領域, すなわち連結な開集合とする. $A(z) \in M_n(\mathcal{O}_{\mathbb{C}}(U))$ に対し, $w(z) \in \mathcal{O}_{\mathbb{C}}(V)^n$ が

$$\frac{d}{dz} w(z) = A(z) w(z) \tag{2.5}$$

を満たすとき, $w(z)$ は複素領域 U 上の線形微分方程式 (2.5) の領域 V における**解**という. 特に $V = U$ とできるとき $w(z)$ を**大域解**とよぶ. また $A(z)$ は微分方程式 (2.5) の**係数行列**とよばれる.

　次に見るように複素領域の線形微分方程式の初期値問題は局所的には常に一意的に解を持つ.

定理 2.73 (コーシーの存在定理). $z_0 \in \mathbb{C},\, R > 0$ に対して $\mathbb{C}$ 内の開円盤 $D_R(z_0)$ を考える. このとき $A(z) \in M_n(\mathcal{O}_{\mathbb{C}}(D_R(z_0))),\, w_0 = (w_0^{[i]})_{1 \leq i \leq n} \in \mathbb{C}^n$ に対して次を満たす $w(z) \in \mathcal{O}_{\mathbb{C}}(D_R(z_0))^n$ がただ一つ存在する.

1. $\dfrac{d}{dz} w(z) = A(z) w(z)$.
2. $w(z_0) = w_0$.

証明. 平行移動 $\phi_{z_0} \colon \mathbb{C} \ni z \mapsto z - z_0 \in \mathbb{C}$ は合成関数の微分法より $f(z) \in \mathcal{O}_{\mathbb{C}}(U)$ に対して $\frac{d}{dz}(f \circ \phi_{z_0}(z)) = (\frac{d}{dz} f) \circ \phi_{z_0}(z)$ となるので, $z_0 = 0$ として上の解が構成できればよい.

　開円盤 $D_R(0)$ 上で正則な関数は $z = 0$ で収束半径 R 以上のテイラー展開を持つので $A(z) \in M_n(\mathcal{O}_{\mathbb{C}}(D_R(0)))$ は $D_R(0)$ 上で収束冪級数[*8] によって $A(z) = \sum_{k=0}^{\infty} A_k z^k\ (A_k = (a_k^{[i,j]})_{1 \leq i,j \leq n} \in M_n(\mathbb{C}))$ と表される.

　まず解の一意性を示す. 解 $w(z)$ が存在すると仮定すると $D_R(0)$ 上でテイラー展開 $w(z) = \sum_{k=0}^{\infty} c_k z^k\ (c_k = (c_k^{[i]})_{1 \leq i \leq n} \in \mathbb{C}^n)$ を持つ. 従って条件 1 より冪級数としての等式

$$\sum_{k=1}^{\infty} k c_k z^{k-1} = \left(\sum_{k=0}^{\infty} A_k z^k \right) \left(\sum_{l=0}^{\infty} c_l z^l \right) = \sum_{k=0}^{\infty} \left(\sum_{l+m=k} A_l c_m \right) z^k$$

が得られるが, これは任意の $k \in \mathbb{Z}_{\geq 0}$ に対して

[*8] 各成分が収束冪級数である行列の意味.

$$(k+1)c_{k+1} = \sum_{l=0}^{k} A_{k-l}c_l \tag{2.6}$$

が成り立つことと同値である．式 (2.6) を満たす $\mathbb{C}^n$ の列 $(c_k)_{k \in \mathbb{Z}_{\geq 0}}$ は $c_0 = w(0)$ の値によって一意的に決まるので，結局上の微分方程式の初期値問題の解は存在するならばただ一つである．

次に解の存在を示す．そのためには $c_0 = w_0$ として式 (2.6) によって決定される $(c_k)_{k \in \mathbb{Z}_{\geq 0}}$ に対して $w(z) = \sum_{k=0}^{\infty} c_k z^k$ と定めた冪級数が $D_R(0)$ で絶対収束[*9]することをいえばよい．

仮定より行列 $A(z)$ の各成分は $D_R(0)$ で絶対収束，すなわち $0 < r < R$ なる任意の r に対して $\sum_{k=0}^{\infty} |a_k^{[i,j]}| r^k$ は収束している．このような r を固定すると集合 $\left\{ |a_{i,j}^{(k)}| r^k \mid k = 0, 1, \ldots, 1 \leq i, j \leq n \right\}$ は有界となるから $N \in \mathbb{Z}_{>0}$ を選んで

$$\max \left\{ |a_k^{[i,j]}| r^k \mid k = 0, 1, \ldots, 1 \leq i, j \leq n \right\} \leq \frac{N}{nr} \tag{2.7}$$

とできる．このとき

$$K := \max \left\{ |w_0^{[i]}| \mid i = 1, 2, \ldots, n \right\},$$

$$\phi(z) := K \left(1 - \frac{z}{r} \right)^{-N}, \quad b(z) := \frac{N}{r} \left(1 - \frac{z}{r} \right)^{-1}$$

と定めると，$\phi(z), b(z)$ は $|z| < r$ で正則，かつ $\phi(z)$ は初期値問題

$$\frac{d}{dz}\phi(z) = b(z)\phi(z), \quad \phi(0) = K$$

の解となる．従って上で示したことから $b(z) = \sum_{k=0}^{\infty} b_k z_k$, $\phi(z) = \sum_{k=0}^{\infty} d_k z^k$ を $|z| < r$ でのテイラー展開とすると，それぞれの係数は

$$(k+1)d_{k+1} = \sum_{l=0}^{k} b_{k-l}d_l \tag{2.8}$$

を満たす．ここで $b(z) = \frac{N}{r} \left(1 - \frac{z}{r} \right)^{-1} = \frac{N}{r} \sum_{k=0}^{\infty} \frac{z^k}{r^k}$ より $b_k = Nr^{-(k+1)}$ となることと，不等式 (2.7) より，

$$|a_k^{[i,j]}| \leq \frac{b_k}{n} \quad (k \in \mathbb{Z}_{\geq 0}) \tag{2.9}$$

を得る．ここで K の選び方から $|c_0^{[i]}| \leq d_0 \ (i = 1, 2, \ldots, n)$ であることを思い出すと，(2.6), (2.8), (2.9) から帰納的に不等式

$$|c_{k,i}| \leq d_k \quad (i = 1, 2, \ldots, n, \ k = 1, 2, \ldots)$$

を得る．一方で $\phi(z) = \sum_{k=0}^{\infty} d_k z^k$ は $|z| < r$ で収束していたので，この不等式より $\sum_{k=0}^{\infty} c_k^{[i]} z^k \ (i = 1, 2, \ldots, n)$ も $|z| < r$ で絶対収束する．ここで r は

[*9]　ベクトルの各成分 $w_i(z) := \sum_{k=0}^{\infty} c_k^{[i]} z^k \ (i = 1, 2, \ldots, n)$ が $D_R(0)$ で絶対収束という意味.

$0 < r < R$ を満たす任意の実数だったので $w(z) = \sum_{k=0}^{\infty} c_k z^k$ は $D_R(0)$ で絶対収束する. $\qquad\square$

系 2.74. $\mathbb{C}$ 内の開円盤 $D_R(z_0)$ 上の微分方程式

$$\frac{d}{dz}w(z) = A(z)w(z) \quad (A(z) \in M_n(\mathcal{O}_{\mathbb{C}}(D_R(z_0))))$$

の $D_R(z_0)$ における解の集合 $\mathcal{S}ol_{A(z)}(D_R(z_0))$ は n 次元 $\mathbb{C}$-ベクトル空間をなす.

証明. $\mathcal{S}ol_{A(z)}(D_R(z_0))$ とおくとこれが $\mathbb{C}$-ベクトル空間になるのは容易に確かめられる. また関数の組 $w_1(z), w_2(z), \ldots, w_m(z) \in \mathcal{S}ol_{A(z)}(D_R(z_0))$ が 1 次独立であることと, $w_1(z_0), w_2(z_0), \ldots, w_m(z_0) \in \mathbb{C}^n$ が 1 次独立であることが同値である. 実際 $w_i(z) \in \mathcal{S}ol_{A(z)}(D_R(z_0))$, $i = 1, 2, \ldots, m$ が 1 次従属だったならば $w_i(z_0)$, $i = 1, 2, \ldots, m$ も明らかに 1 次従属. 一方 $w_i(z) \in \mathcal{S}ol_{A(z)}(D_R(z_0))$, $i = 1, 2, \ldots, m$ が 1 次独立であるとして, $\sum_{i=1}^{m} c_i w_i(z_0) = 0$ となる $c_i \in \mathbb{C}$, $i = 1, 2, \ldots, m$ が存在したとする. このとき $w_{\boldsymbol{c}}(z) := \sum_{i=1}^{m} c_i w_i(z)$ は初期条件 $w_{\boldsymbol{c}}(z_0) = 0$ を満たす解となる. 一方 $w_{\boldsymbol{0}}(z) \equiv 0$ も同じ条件を満たす解であるから定理 2.73 の解の一意性より $w_{\boldsymbol{c}}(z) \equiv 0$. 従って $w_i(z)$, $i = 1, 2, \ldots, m$ が 1 次独立であったことから $c_i = 0$, $i = 1, 2, \ldots, m$ となって $w_i(z_0)$, $i = 1, 2, \ldots, m$ も 1 次独立である. $\qquad\square$

定義 2.75. 上の系において $\mathcal{S}ol_{A(z)}(D_R(z_0))$ の基底 $w_1(z), w_2(z), \ldots, w_m(z)$ を各列ベクトルとする行列値関数

$$(w_1(z)\, w_2(z)\, \cdots\, w_m(z))$$

を微分方程式 $\frac{d}{dz}w(z) = A(z)w(z)$ の**基本解行列**という.

命題 2.76. 系 2.74 の記号の元で $X(z) = (w_1(z), w_2(z), \ldots, w_m(z))$ を基本解行列とする. このとき任意の $z \in D_R(z_0)$ で $X(z)$ は可逆行列となる.

証明. $w_i(z_1)$, $i = 1, 2, \ldots, n$ が 1 次従属となるような $z_1 \in D_R(z_0)$ があるとする. このとき $r > 0$ を $D_r(z_1) \subset D_R(z_0)$ となるようにとると $w_i(z)$, $i = 1, 2, \ldots, n$ は $\mathcal{S}ol_{A(z)}(D_r(z_1))$ の元でもあるので, 系 2.7 の証明から $(c_1, c_2, \ldots, c_n) \in \mathbb{C}^n \backslash \{0\}$ があって $\sum_{i=1}^{n} c_i w_i(z) = 0$, $z \in D_r(z_1)$ となる. すると一致の定理から $\sum_{i=1}^{n} c_i w_i(z) = 0$, $z \in D_R(z_0)$ となってしまい, $X(z)$ が基本解行列であることに反する. よってこのような $z_1 \in D_R(z_0)$ は存在しない. $\qquad\square$

2.4.4 微分方程式の解のなす層

定理 2.73 において領域 $X \subset \mathbb{C}$ 上の線形微分方程式は X 内の円盤の上では

解を持つことを見た．しかし $\mathbb{C}^{\times} := \mathbb{C}\backslash\{0\}$ 上の微分方程式

$$w' = \frac{\alpha}{z}w \quad (\alpha \in \mathbb{C})$$

の解は $\mathbb{C}\backslash\{0\}$ 上の多価関数 z^{α} の定数倍となり，$\mathbb{C}\backslash\{0\}$ で well-defined な非自明な関数を一般には解に持たない．このように X 上の微分方程式は一般には X 上で定義された非自明な解を持たないが，層の言葉を用いることで X 上の解空間を定式化を与えることにする．

領域 $X \subset \mathbb{C}$ の上で $A(z) \in M_n(\mathcal{O}_{\mathbb{C}}(X))$ が定める微分方程式

$$\frac{d}{dz}w(z) = A(z)w(z) \tag{2.10}$$

の解について考える．まず X 内の開円盤からなる部分集合族 $\mathfrak{D}_X := \{D_r(x) \mid D_r(x) \subset X\}$ は X の開集合の基底となることに注意する．微分方程式 (2.10) の定理 2.73 で得られた $U \in \mathfrak{D}_X$ 上の解のなす $\mathbb{C}$-ベクトル空間を $\mathcal{S}ol_{A(z)}(U)$ と書く．このとき $U' \subset U$ なる $U' \in \mathfrak{D}_X$ に対して関数の U' への制限によって射 $\rho^U_{U'} \colon \mathcal{S}ol_{A(z)}(U) \ni f \mapsto f|_{U'} \in \mathcal{S}ol_{A(z)}(U')$ を定めると対応 $\mathcal{S}ol_{A(z)}$ は X の開基 $\mathfrak{D}_X$ の前層となる．

定義 2.77 (解の層)．X の開基 $\mathfrak{D}_X$ の前層 $\mathcal{S}ol_{A(z)}$ の層化として得られる X の層を $\widetilde{\mathcal{S}ol}_{A(x)}$ と書いて微分方程式 (2.10) の**解の層**とよぶ．

この微分方程式の解の層は以下で見るように局所定数層となる．

補題 2.78. $U, V \in \mathfrak{D}_X$ を $V \subset U$ となるようにとる．このとき写像 $\rho^U_V \colon \mathcal{S}ol_{A(z)}(U) \ni f \mapsto f|_V \in \mathcal{S}ol_{A(z)}(V)$ は $\mathbb{C}$-ベクトル空間の同型を与える．

証明. 定義より ρ^U_V は線形写像である．$s, t \in \mathcal{S}ol_{A(z)}(U)$ が $s|_V = t|_V$ となっているならば，一致の定理から $s = t$ となるので ρ^U_V は単射．また系 2.74 より両空間の次元は等しいので全単射となる． $\square$

従って次がわかる．

命題 2.79. $U \in \mathfrak{D}_X$, $x \in U$ に対して写像 $\rho_x \colon \mathcal{S}ol_{A(z)}(U) \to (\mathcal{S}ol_{A(z)})_x$ はベクトル空間の同型写像である．

これより命題 2.62 から解の層 $\widetilde{\mathcal{S}ol}_{A(x)}$ は $\mathbb{C}$-ベクトル空間の圏に値を持つ局所定数層であることがわかる．

定義 2.80 (複素局所系，解の局所系)．$\mathbb{C}$-ベクトル空間の圏に値を持つ局所定数層を特に**複素局所系**とよぶ．上で定めた解の層は複素局所系となるのでこれを**解の局所系**とよぶこともある．

2.4.5 解の解析接続とモノドロミー表現

定義 2.81 (解の芽の解析接続). 微分方程式 (2.10) の $x \in X$ における解の芽 $f_x \in (\mathcal{S}ol_{A(z)})_x$ を一つとり, γ_x を x を始点とする X の道とする. $p_{A(z)} \colon \mathrm{Sol}_{A(z)} \to X$ で $\mathcal{S}ol_{A(z)}$ に付随したエタール空間を表す. また, $\mathrm{Sol}_{A(z)}$ の道 $\widetilde{\gamma_x}$ を f_x を始点とする γ_x の持ち上げとする. このとき, γ_x の終点における解の芽 $f_{x \to \gamma_x(1)} := \widetilde{\gamma_x}(1) \in (\mathcal{S}ol_{A(z)})_{\gamma_x(1)}$ を f_x の γ_x に沿っての**解析接続によって定まる芽**, あるいは単に解析接続という.

系 2.20 により解の芽 f_x は X の任意の道に沿って解析接続ができ, またホモトピックな道は同じ解析接続を定める.

上で定めた解析接続とは被覆の射 $\mathrm{Hom}_X(\widetilde{X}_x, \mathrm{Sol}_{A(z)})$ を考えていることに他ならない. 実際 $\phi \in \mathrm{Hom}_X(\widetilde{X}_x, \mathrm{Sol}_{A(z)})$ に対して $f_x := \phi(0_x) \in (\mathcal{S}ol_{A(z)})_x$ とおくと, 系 2.37 より $\gamma \in \widetilde{X}_x$ に対し $\phi(\gamma) = f_{x \to \gamma(1)}$ となることがわかる.

定義 2.82 (解に付随したモノドロミー表現). $\mathrm{Hom}_X(\widetilde{X}, \mathrm{Sol}_{A(z)})$ に対して命題 2.35 のように定まる $\pi_1(X)$ のモノドロミー表現 $(\mathrm{Hom}_X(\widetilde{X}, \mathrm{Sol}_{A(z)}), \rho_{A(z)})$ を微分方程式 (2.10) の**解に付随したモノドロミー表現**とよぶ.

コーシーの定理 2.73 により微分方程式 (2.10) は X 内の円盤上では正則解を持つが, 一般には X 全体で正則な解は存在しない. しかし解の解析接続を考えることで, 普遍被覆 $\widetilde{X}$ 上の正則解を考えることができることを説明しよう.

定義 2.83 (芽の値). $x \in X$, $f_x \in (\mathcal{S}ol_{A(z)})_x$ に対し, $U \in \mathfrak{D}_x$ と $f \in \mathcal{S}ol_{A(z)}(U)$ を $\rho_x(f) = f_x$ となるようにとってくる. このとき f_x の x での**値**を

$$\mathrm{ev}_x(f_x) := f(x) \in \mathbb{C}$$

として定める. これは芽の定義より U, f の選び方によらない. またこれが定める線形写像

$$
\begin{aligned}
\mathrm{ev}_x \colon \quad (\mathcal{S}ol_{A(z)})_x &\longrightarrow \quad \mathbb{C} \\
f_x &\longmapsto \quad \mathrm{ev}_x(f_x)
\end{aligned}
$$

を x における**解の芽の評価写像** (evaluation map) とよぶ.

定義 2.84 ($\widetilde{X}$ 上の解空間). $\mathrm{Hom}_X(\widetilde{X}, \mathrm{Sol}_{A(z)})$ の元に対し $\widetilde{X}$ 上の複素数値関数を与える線形写像を

$$
\begin{aligned}
\Sigma_{A(z)} \colon \quad \mathrm{Hom}_X(\widetilde{X}, \mathrm{Sol}_{A(z)}) &\longrightarrow \quad \mathrm{Map}_{\mathbb{C}}(\widetilde{X}) \\
\phi &\longmapsto \quad (\widetilde{X} \ni \gamma \mapsto \mathrm{ev}_{\gamma(1)}(\phi(\gamma)) \in \mathbb{C})
\end{aligned}
$$

と定める. このとき $\Sigma_{A(z)}$ の像を

$$\mathrm{Sol}_{A(z)}^{\widetilde{X}} := \Sigma_{A(z)}(\mathrm{Hom}_X(\widetilde{X}, \mathrm{Sol}_{A(z)})) \subset \mathrm{Map}_{\mathbb{C}}(\widetilde{X})$$

と書いて微分方程式 (2.10) の **$\widetilde{X}$ 上の解空間**とよぶ. また $\gamma \in \pi_1(X)$ に対し

て定まる線形写像

$$\tilde{\rho}_{A(z)}(\gamma)\colon \mathrm{Sol}_{A(z)}^{\widetilde{X}} \ni f \longmapsto f \circ D_\gamma^{-1} \in \mathrm{Sol}_{A(z)}^{\widetilde{X}}$$

によって $\pi_1(X)$ の表現 $(\mathrm{Sol}_{A(z)}^{\widetilde{X}}, \tilde{\rho}_{A(z)})$ が定義される．これを $\widetilde{X}$ 上の解のモノドロミー表現という．これは定義 2.82 で定めた表現と同型となることが次のようにわかる．

命題 2.85. 上の $\Sigma_{A(z)}\colon \mathrm{Hom}_X(\widetilde{X}, \mathrm{Sol}_{A(z)}) \to \mathrm{Map}_{\mathbb{C}}(\widetilde{X})$ は単射.

証明. $f_1, f_2 \in \mathrm{Hom}_X(\widetilde{X}_{x_0}, \mathrm{Sol}_{A(z)})$ が $\Sigma_{A(z)}(f_1) = \Sigma_{A(z)}(f_2)$ を満たすとする．ここで $U \in \mathfrak{D}_X$ と $\gamma(1) \in U$ となる $\gamma \in \widetilde{X}_{x_0}$ に対し開集合 $U_\gamma \subset \widetilde{X}_{x_0}$ は連結なので f_i の連続性から $f_i(U_\gamma)$, $i = 1, 2$ も連結である．f_i が被覆の射であることから $f_i(U_\gamma) \subset p_{\mathrm{Sol}}^{-1}(U) = \bigsqcup_{s \in \mathcal{S}ol_{A(z)}(U)}[U, s]$ となるが，$f_i(U_\gamma)$ は連結だったので $s_i \in \mathcal{S}ol_{A(z)}(U)$ が存在して $f_i(U_\gamma) \subset [U, s_i]$, $i = 1, 2$ となる．これより $\Sigma_{A(z)}(f_i)(\eta) = s_i(\eta(1))$ $(\eta \in U_\gamma)$ となって，$\Sigma_{A(z)}(f_1) = \Sigma_{A(z)}(f_2)$ であったので $s_1 = s_2$ である．すなわち U_γ に制限すると $f_1|_{U_\gamma} = f_2|_{U_\gamma}$ であり，このような U_γ で $\widetilde{X}$ を被覆されるので $f_1 = f_2$ が得られる． □

系 2.86. $\widetilde{X}$ 上の解空間 $\mathrm{Sol}_{A(z)}^{\widetilde{X}}$ は n 次元ベクトル空間である.

証明. 命題 2.85 より $\mathrm{Sol}_{A(z)}^{\widetilde{X}}$ は $\mathrm{Hom}_X(\widetilde{X}_{x_0}, \mathrm{Sol}_{A(z)})$ と同型である．一方で定理 2.30 より $\mathrm{Hom}_X(\widetilde{X}_{x_0}, \mathrm{Sol}_{A(z)})$ は $p_{\mathrm{Sol}}^{-1}(x_0) = (\mathcal{S}ol_{A(z)})_{x_0}$ と同型であるから系 2.74 と命題 2.79 より $\mathrm{Hom}_X(\widetilde{X}_{x_0}, \mathrm{Sol}_{A(z)})$ は n 次元空間である． □

系 2.87. 線形写像 $\Sigma_{A(z)}$ はモノドロミー表現 $(\mathrm{Hom}_X(\widetilde{X}, \mathrm{Sol}_{A(z)}), \rho_{A(z)})$ と $(\mathrm{Sol}_{A(z)}^{\widetilde{X}}, \tilde{\rho}_{A(z)})$ の間の同型を与える.

証明. 命題 2.85 より $\Sigma_{A(z)}$ は $\mathrm{Hom}_X(\widetilde{X}, \mathrm{Sol}_{A(z)})$ と $\mathrm{Sol}_{A(z)}^{\widetilde{X}}$ の間のベクトル空間としての同型を与えるので，$\gamma \in \pi_1(X)$ に対して $\Sigma_{A(z)} \circ \rho_{A(z)}(\gamma) = \tilde{\rho}_{A(z)}(\gamma) \circ \Sigma_{A(z)}$ を示せばよい．実際 $\phi \in \mathrm{Hom}_X(\widetilde{X}, \mathrm{Sol}_{A(z)})$, $\alpha \in \widetilde{X}$ に対して，$\Sigma_{A(z)} \circ \rho_{A(z)}(\gamma)(\phi)(\alpha) = \Sigma_{A(z)}(\phi \circ D_\gamma)(\alpha) = \mathrm{ev}_{\alpha(1)}(\phi \circ D_\gamma^{-1}(\alpha)) = \mathrm{ev}_{\gamma^{-1} \cdot \alpha(1)}(\phi(\gamma^{-1} \cdot \alpha)) = \Sigma_{A(z)}(\phi)(\gamma^{-1} \cdot \alpha) = \tilde{\rho}_{A(z)}(\gamma) \circ \Sigma_{A(z)}(\phi)(\alpha)$ となって求める等式が得られる． □

$\mathrm{Sol}_{A(z)}^{\widetilde{X}}$ は $\widetilde{X}$ 上の複素数値関数の空間であるが，次の意味で微分方程式 (2.10) の正則な解の空間とみなすことができる．

定理 2.88. $\mathrm{Sol}_{A(z)}^{\widetilde{X}}$ の任意の元はリーマン面 $\widetilde{X}$ 上の正則関数である．また $f \in \mathrm{Sol}_{A(z)}^{\widetilde{X}}$, $U \in \mathfrak{D}_X$ とその点 $u_0 \in U$ を任意にとる．このとき $\gamma(1) = u_0$ なる $\gamma \in \widetilde{X}$ に対して，$\tilde{f}_\gamma \in \mathcal{S}ol_{A(z)}(U)$ が存在して

$$f|_{U_\gamma} = \tilde{f}_\gamma \circ \pi_X|_{U_\gamma} \tag{2.11}$$

が成立する.

証明. このような U_γ によって $\widetilde{X}$ は被覆され,また命題 2.71 より π_X は $\widetilde{X}$ 上正則なので,後半の主張を示せば十分である.単射 $\Sigma_{A(z)}$ によって $f \in \mathrm{Sol}_{A(z)}^{\widetilde{X}}$ に対応する $\mathrm{Hom}_X(\widetilde{X}, \mathrm{Sol}_{A(z)})$ の元を $\bar{f}$ とおくと,命題 2.85 の証明で見たように $\bar{f}(\eta) = s(\eta(1)) = s(\pi_X(\eta))$ $(\eta \in U_\gamma)$ を満たす $s \in \mathcal{S}ol_{A(z)}(U)$ が存在する.これが求める $\tilde{f} = s$ である. $\qquad\square$

注意 2.89. この定理によって $f \in \mathrm{Sol}_{A(z)}^{\widetilde{X}}$ は U 上の「多価正則解」に,そして $\tilde{f}_\gamma$ が $\pi_X^{-1}(U) = \bigsqcup_{\gamma \in \{\alpha \in \widetilde{X} \mid \alpha(1) = u_0\}} U_\gamma$ の各直和成分における f の「分枝」に相当することがわかる.

　このようにして複素領域の微分方程式の大域的な解空間は局所系,あるいは普遍被覆の上の正則関数解として定式化できることがわかった.前の章で見たガウスの超幾何関数の空間 $\mathcal{F}(D)$ も単連結空間 $D \subset \mathbb{C} \setminus \{0, 1\}$ では関数の空間として表すことができたが,$\mathbb{C} \setminus \{0, 1\}$ 全体では正則関数としては記述できない.そのため基本群 $\pi_1(\mathbb{C} \setminus \{0, 1\})$ の生成元である $z = 0, 1$ をそれぞれ一周する曲線 γ_0, γ_1 に沿っての解析接続からモノドロミー表現を得ることで,大域的な解の局所系の構造を決定したのである.

　最後に大域解の空間 $\mathcal{S}ol_{A(z)}(X)$ と $\mathrm{Sol}_{A(z)}^{\widetilde{X}}$ との関係を見ておこう.定理 2.88 の式 (2.11) を逆に見ることで線形写像

$$\pi_X^* : \mathcal{S}ol_{A(z)}(X) \ni \tilde{f} \mapsto \tilde{f} \circ \pi_X \in \mathrm{Sol}_{A(z)}^{\widetilde{X}}$$

が定まる.ここで $(\mathrm{Sol}_{A(z)}^{\widetilde{X}})^{\mathrm{inv}}$ によってモノドロミー不変部分空間,すなわちすべての $\gamma \in \pi_1(X)$ で $\tilde{\rho}_{A(z)}(\gamma)(f) = f$ となる $f \in \mathrm{Sol}_{A(z)}^{\widetilde{X}}$ のなす部分ベクトル空間を表すと,$\pi_X^*(\mathcal{S}ol_{A(z)}(X)) \subset (\mathrm{Sol}_{A(z)}^{\widetilde{X}})^{\mathrm{inv}}$ であることがわかる.

命題 2.90. 上で定めた π_X^* は $\mathcal{S}ol_{A(z)}(X)$ と $(\mathrm{Sol}_{A(z)}^{\widetilde{X}})^{\mathrm{inv}}$ の間の線形同型を与える.

証明. π_X の全射性から π_X^* は単射となる.従って π_X^* が全射であることを見ればよい.$f \in (\mathrm{Sol}_{A(z)}^{\widetilde{X}})^{\mathrm{inv}}$ を任意にとる.このとき $U \in \mathfrak{D}_X$ に対して $\tilde{f}_U := f \circ (\pi_X|_{U_\gamma})^{-1} : U \to \mathbb{C}$ と定めると,これは $\gamma \in \{\alpha \in \widetilde{X} \mid \alpha(1) = u_0\}$ と $u_0 \in U$ の取り方によらない.従って $\tilde{f} : X \to \mathbb{C}$ を $x \in X$ に対して,$x \in U$ なる $U \in \mathfrak{D}_X$ を選んで $\tilde{f}(x) := \tilde{f}_U(x)$ と定義すれば,これは well-defined な正則関数となる.また作り方から $\pi_X^*(\tilde{f}) = f$ となるので π_X^* は全射である. $\quad\square$

第 3 章

複素数平面上の局所系のオイラー変換

第 1 章でガウスの超幾何関数を冪関数のオイラー変換として与え，$\mathbb{P}^1(\mathbb{C})$ 上の 4 点 $\{0,1,z,\infty\}$ を結ぶ様々な積分路を考えることで関数空間 $\mathcal{F}(D)$ を構成し，これが微分方程式の解空間となることを見た．この事実は「多価関数」としての冪関数がなす局所系から，オイラー変換によってガウスの超幾何関数たちのなす新たな局所系を構成したと思うこともできる．本章ではこの手続きに局所系を係数に持つホモロジーを用いた定式化を与える．

この章の局所係数ホモロジーに関する事柄はハッチャー [16]，ホワイトヘッド (Whitehead) [33] を参考にした．また，局所係数ホモロジーを用いたオイラー変換の記述に関してはカッツ (Katz) [12]，デットヴァイラー–ライター (Dettweiler–Reiter) [8] を参考にした．

3.1 ホモロジー代数

R を環として R-加群の複体のホモロジーについて駆け足で復習しよう．ここでは R-加群とは左 R-加群のこととする．

定義 3.1 (チェイン複体)．$(M_n)_{n=0,1,...}$ を R-加群の族，$(d_n\colon M_n \to M_{n-1})_{n=0,1,...}$ を R-加群の準同型の族とする．ただし $M_{-1} = \{0\}$ と約束する．

$$\cdots \xrightarrow{d_{n+1}} M_n \xrightarrow{d_n} \cdots \xrightarrow{d_2} M_1 \xrightarrow{d_1} M_0 \xrightarrow{d_0} \{0\}.$$

ここで $d_n \circ d_{n+1} = 0$ が全ての $n = 0,1,\dots$ で成り立つとき，この加群と準同型の族 $M_\bullet := (M_n, d_n)_{n=0,1,...}$ は**チェイン複体**とよばれる．

チェイン複体 $M_\bullet^{(1)} = (M_n^{(1)}, d_n^{(1)})$, $M_\bullet^{(2)} = (M_n^{(2)}, d_n^{(2)})$ に対し，R-加群の準同型の族 $\phi = (\phi_n\colon M_n^{(1)} \to M_n^{(2)})_{n=0,1,...}$ は全ての $n = 1, 2, \dots$ に対して以下の図式を可換にするとき**チェイン複体の射**といわれる．

$$M_n^{(1)} \xrightarrow{\phi_n} M_n^{(2)}$$

$$\downarrow d_n^{(1)} \qquad \downarrow d_n^{(2)}$$

$$M_{n-1}^{(1)} \xrightarrow{\phi_{n-1}} M_{n-1}^{(2)}$$

特に全ての $n = 1, 2, \ldots$ で ϕ_n が同型写像となるときチェイン複体の射 ϕ は同型射といわれ，このときチェイン複体 $M_\bullet^{(1)}$ と $M_\bullet^{(2)}$ は同型であるといわれる．

定義 3.2 (ホモロジー群)．チェイン複体 $M_\bullet = (M_n, d_n)$ に対して

$$H_n(M_\bullet) := \mathrm{Ker}\, d_n / \mathrm{Im}\, d_{n+1}, \quad n = 0, 1, \ldots,$$

で定まる R-加群を $M_\bullet$ の n 次**ホモロジー群**，あるいは単に n 次ホモロジーという．

$\phi = (\phi_n)_{n=0,1,\ldots}$ をチェイン複体 $M_\bullet^{(1)}$ から $M_\bullet^{(2)}$ への射とすると，ϕ は以下のようにホモロジーの間の R-準同型の族 $H(\phi) = (H_n(\phi) \colon H_n(M_\bullet^{(1)}) \to H_n(M_\bullet^{(2)}))_{n=0,1,\ldots}$ を誘導する．まず ϕ がチェイン複体の射であることから $d_n^{(2)} \circ \phi_n = \phi_{n-1} \circ d_n^{(1)}$ に注意すると

$$\phi_n(\mathrm{Ker}\, d_n^{(1)}) \subset \mathrm{Ker}\, d_n^{(2)}, \quad \phi_n(\mathrm{Im}\, d_{n+1}^{(1)}) \subset \mathrm{Im}\, d_{n+1}^{(2)}$$

が成り立ち，以下の図式は可換となる．

$$\{0\} \longrightarrow \mathrm{Im}\, d_{n+1}^{(1)} \xrightarrow{\iota} \mathrm{Ker}\, d_n^{(1)} \xrightarrow{\pi} H_n(M_\bullet^{(1)}) \longrightarrow \{0\}$$

$$\downarrow \phi_n|_{\mathrm{Im}\, d_{n+1}^{(1)}} \qquad \downarrow \phi_n|_{\mathrm{Ker}\, d_n^{(1)}}$$

$$\{0\} \longrightarrow \mathrm{Im}\, d_{n+1}^{(2)} \xrightarrow{\iota} \mathrm{Ker}\, d_n^{(2)} \xrightarrow{\pi} H_n(M_\bullet^{(2)}) \longrightarrow \{0\}$$

ここで ι は包含写像 π は商写像を表し，各水平列は短完全列となっている．この可換図式に次の補題を適用することで R-準同型 $H_n(\phi) \colon H_n(M_\bullet^{(1)}) \to H_n(M_\bullet^{(2)})$ が定まる．

補題 3.3. R-加群の準同型 $f_i \colon A_i \to B_i$, $i = 1, 2$ に対して図式

$$A_1 \xrightarrow{f_1} B_1$$

$$\downarrow \phi_A \qquad \downarrow \phi_B$$

$$A_2 \xrightarrow{f_2} B_2$$

を可換にするような準同型 $\phi_A \colon A_1 \to A_2$, $\phi_B \colon B_2 \to B_2$ があるとする．このとき R-準同型 $\phi_{\mathrm{ker}} \colon \mathrm{Ker}\, f_1 \to \mathrm{Ker}\, f_2$ と $\phi_{\mathrm{coker}} \colon \mathrm{Coker}\, f_1 \to \mathrm{Coker}\, f_2$ が唯一組存在して

$$\{0\} \longrightarrow \mathrm{Ker}\, f_1 \xrightarrow{\iota_1} A_1 \xrightarrow{f_1} B_1 \xrightarrow{\pi_1} \mathrm{Coker}\, f_1 \longrightarrow \{0\}$$

$$\downarrow \phi_{\mathrm{ker}} \qquad \downarrow \phi_A \qquad \downarrow \phi_B \qquad \downarrow \phi_{\mathrm{coker}}$$

$$\{0\} \longrightarrow \mathrm{Ker}\, f_2 \xrightarrow{\iota_2} A_2 \xrightarrow{f_2} B_2 \xrightarrow{\pi_2} \mathrm{Coker}\, f_2 \longrightarrow \{0\}$$

は可換となる．ここで ι_i, π_i $(i = 1, 2)$ はそれぞれ包含写像と商写像である．特に ϕ_A が単射ならば ϕ_{ker} も単射，ϕ_B が全射ならば ϕ_{coker} も全射となる．

証明. まず合成写像 $\phi_A \circ \iota_1 \colon \mathrm{Ker}\, f_1 \to A_2$ を考える．これと f_2 との合成を考えると図式の可換性から $f_2 \circ (\phi_A \circ \iota_1) = \phi_B \circ f_1 \circ \iota_1 = \phi_B \circ 0 = 0$ となる．従って核加群 (Ker) の普遍性から図式

$$
\begin{array}{ccc}
\mathrm{Ker}\, f_1 & & \\
\downarrow{\scriptstyle \phi_{\mathrm{ker}}} & \searrow^{\phi_A \circ \iota_1} & \\
\mathrm{Ker}\, f_2 & \xrightarrow{\;\iota_2\;} & A_2
\end{array}
$$

を可換にする R-準同型 $\phi_{\mathrm{ker}} \colon \mathrm{Ker}\, f_1 \to \mathrm{Ker}\, f_2$ が唯一つ存在する．

次に合成写像 $\pi_2 \circ \phi_B \colon B_1 \to \mathrm{Coker}\, f_2$ を考え，これと f_1 との合成を考えると図式の可換性から $(\pi_2 \circ \phi_B) \circ f_1 = \pi_2 \circ f_2 \circ \phi_A = 0 \circ \phi_A = 0$ となる．従って余核加群 (Coker) の普遍性から図式

$$
\begin{array}{ccc}
B_1 & \xrightarrow{\;\pi_1\;} & \mathrm{Coker}\, f_1 \\
& \searrow_{\pi_2 \circ \phi_B} & \downarrow{\scriptstyle \phi_{\mathrm{coker}}} \\
& & \mathrm{Coker}\, f_2
\end{array}
$$

を可換にする R-準同型 $\phi_{\mathrm{coker}} \colon \mathrm{Coker}\, f_1 \to \mathrm{Coker}\, f_2$ が一意的に存在する．

最後に ϕ_A が単射とすると ι_1 の単射性より $\phi_A \circ \iota_1 = \iota_2 \circ \phi_{\mathrm{ker}}$ が単射となるので ϕ_{ker} は単射となる．一方 ϕ_B が全射とすると π_2 の全射性から $\pi_2 \circ \phi_B = \phi_{\mathrm{coker}} \circ \pi_1$ が全射となって ϕ_{coker} も全射である．$\qquad\square$

このチェイン複体の射から誘導されるホモロジーの射は射の合成と可換である．

命題 3.4. チェイン複体 $M_\bullet^{(1)}$ から $M_\bullet^{(2)}$ への射を $\phi = (\phi_n)_{n=0,1,\dots}$，また $M_\bullet^{(2)}$ から $M_\bullet^{(3)}$ への射を $\psi = (\psi_n)_{n=0,1,\dots}$ とおく．このとき

$$
H(\psi_n \circ \phi_n) = H(\psi_n) \circ H(\phi_n)
$$

が $n = 0, 1, \dots$ で成り立つ．

証明. 図式

$$
\begin{array}{ccccccccc}
\{0\} & \longrightarrow & \mathrm{Im}\, d_{n+1}^{(1)} & \xrightarrow{\;\iota\;} & \mathrm{Ker}\, d_n^{(1)} & \xrightarrow{\;\pi\;} & H_n(M_\bullet^{(1)}) & \longrightarrow & \{0\} \\
& & \downarrow{\scriptstyle \phi_n} & & \downarrow{\scriptstyle \phi_n} & & \downarrow{\scriptstyle H(\phi_n)} & & \\
\{0\} & \longrightarrow & \mathrm{Im}\, d_{n+1}^{(2)} & \xrightarrow{\;\iota\;} & \mathrm{Ker}\, d_n^{(2)} & \xrightarrow{\;\pi\;} & H_n(M_\bullet^{(2)}) & \longrightarrow & \{0\} \\
& & \downarrow{\scriptstyle \psi_n} & & \downarrow{\scriptstyle \psi_n} & & \downarrow{\scriptstyle H(\psi_n)} & & \\
\{0\} & \longrightarrow & \mathrm{Im}\, d_{n+1}^{(3)} & \xrightarrow{\;\iota\;} & \mathrm{Ker}\, d_n^{(3)} & \xrightarrow{\;\pi\;} & H_n(M_\bullet^{(3)}) & \longrightarrow & \{0\}
\end{array}
$$

の可換性から合成 $H(\psi_n) \circ H(\phi_n)$ は図式

$$\begin{array}{ccccccccc} \{0\} & \longrightarrow & \operatorname{Im} d_{n+1}^{(1)} & \overset{\iota}{\longrightarrow} & \operatorname{Ker} d_n^{(1)} & \overset{\pi}{\longrightarrow} & H_n(M_\bullet^{(1)}) & \longrightarrow & \{0\} \\ & & \downarrow{\scriptstyle \psi_n \circ \phi_n} & & \downarrow{\scriptstyle \psi_n \circ \phi_n} & & \downarrow{\scriptstyle H(\psi_n) \circ H(\phi_n)} & & \\ \{0\} & \longrightarrow & \operatorname{Im} d_{n+1}^{(3)} & \overset{\iota}{\longrightarrow} & \operatorname{Ker} d_n^{(3)} & \overset{\pi}{\longrightarrow} & H_n(M_\bullet^{(3)}) & \longrightarrow & \{0\} \end{array}$$

も可換にする. 従って補題 3.3 によって誘導される射の一意性から $H(\psi_n \circ \phi_n) = H(\psi_n) \circ H(\phi_n)$ が従う. $\qquad \square$

注意 3.5. R-準同型の空間 $\operatorname{Hom}_R(M_n^{(1)}, M_n^{(2)})$ は $M_n^{(2)}$ の R-加群の構造によって自然に $\mathbb{Z}$-加群と見ることができる. ホモロジーへ誘導される準同型はこの $\mathbb{Z}$-加群の構造を保つ. すなわち $\phi, \phi'\colon M_\bullet^{(1)} \to M_\bullet^{(2)}$ がそれぞれチェイン複体の射であるとすると, ホモロジーへ誘導される準同型において

$$H(\phi_n + \phi_n') = H(\phi_n) + H(\phi_n') \quad (n = 0, 1, \dots)$$

が成立することを確かめることができる.

系 3.6. チェイン複体 $M_\bullet^{(1)}$ と $M_\bullet^{(2)}$ が同型ならば

$$H_n(M_\bullet^{(1)}) \cong H_n(M_\bullet^{(2)}), \quad n = 0, 1, \dots,$$

が成立する.

証明. $\phi\colon M_\bullet^{(1)} \to M_\bullet^{(2)}$, $\psi\colon M_\bullet^{(2)} \to M_\bullet^{(1)}$ をそれぞれ $\psi \circ \phi = \operatorname{id}_{M_\bullet^{(1)}}$, $\phi \circ \psi = \operatorname{id}_{M_\bullet^{(2)}}$ を満たすチェイン複体の同型射とする. ここで $\operatorname{id}_{M_\bullet^{(i)}} = (\operatorname{id}_{M_n^{(i)}})_{n=0,1,\dots}$ は恒等写像の族である. このとき命題 3.4 より

$$H(\psi_n) \circ H(\phi_n) = H(\psi_n \circ \phi_n) = H(\operatorname{id}_{M_n^{(1)}}) = \operatorname{id}_{H_n(M_\bullet^{(1)})},$$
$$H(\phi_n) \circ H(\psi_n) = H(\phi_n \circ \psi_n) = H(\operatorname{id}_{M_n^{(2)}}) = \operatorname{id}_{H_n(M_\bullet^{(2)})}$$

であるので $H_n(M_\bullet^{(1)}) \cong H_n(M_\bullet^{(2)})$ が従う. $\qquad \square$

定義 3.7 (チェイン複体の完全列).

$$M_\bullet^{(1)} \overset{\phi^{(1)}}{\longrightarrow} M_\bullet^{(2)} \overset{\phi^{(2)}}{\longrightarrow} \cdots \overset{\phi^{(i-1)}}{\longrightarrow} M_\bullet^{(i)} \overset{\phi^{(i)}}{\longrightarrow} M_\bullet^{(i+1)} \overset{\phi^{(i+1)}}{\longrightarrow} \cdots$$

$$(3.1)$$

をチェイン複体の族 $(M_\bullet^{(i)})_{i=1,2,\dots}$ とその間の射の族 $(\phi^{(i)})_{i=1,2,\dots}$ とする. これは R-加群の準同型の列

$$M_n^{(1)} \overset{\phi_n^{(1)}}{\longrightarrow} M_n^{(2)} \overset{\phi_n^{(2)}}{\longrightarrow} \cdots \overset{\phi_n^{(i-1)}}{\longrightarrow} M_n^{(i)} \overset{\phi_n^{(i)}}{\longrightarrow} M_n^{(i+1)} \overset{\phi_n^{(i+1)}}{\longrightarrow} \cdots,$$

の族であるが, 特にこの R-準同型の列が全ての $n = 0, 1, \dots$ で完全列となるときチェイン複体の列 (3.1) は**チェイン複体の完全列**とよばれる.

上で見たようにチェイン複体の射はホモロジーの射を誘導する. さらにチェ

イン複体の短完全列はホモロジーの長完全列を誘導することを復習しよう. そのために蛇の補題を思い出す.

事実 3.8 (蛇の補題). [1] R-加群の可換図式

$$
\begin{array}{ccccccc}
M_2^{(1)} & \xrightarrow{f_2} & M_2^{(2)} & \xrightarrow{g_2} & M_2^{(3)} & \longrightarrow & \{0\} \\
\downarrow{\phi^{(1)}} & & \downarrow{\phi^{(2)}} & & \downarrow{\phi^{(3)}} & & \\
\{0\} \longrightarrow & M_1^{(1)} & \xrightarrow{f_1} & M_1^{(2)} & \xrightarrow{g_1} & M_1^{(3)} &
\end{array}
$$

は各水平列は完全列であるとする. このとき R-準同型 $\delta\colon \operatorname{Ker}\phi^{(3)} \to \operatorname{Coker}\phi^{(1)}$ が存在して

$$
\operatorname{Ker}\phi^{(1)} \to \operatorname{Ker}\phi^{(2)} \to \operatorname{Ker}\phi^{(3)} \xrightarrow{\delta} \operatorname{Coker}\phi^{(1)} \to \operatorname{Coker}\phi^{(2)} \to \operatorname{Coker}\phi^{(3)}
$$

は完全列となる. ただし $\operatorname{Ker}\phi^{(i)}$ の間の写像と $\operatorname{Coker}\phi^{(i)}$ の間の写像はそれぞれ補題 3.3 によって定まる準同型である. また上の写像 $\operatorname{Ker}\phi^{(1)} \to \operatorname{Ker}\phi^{(2)}$ は f_2 が単射ならば単射となり, $\operatorname{Coker}\phi^{(2)} \to \operatorname{Coker}\phi^{(3)}$ は g_1 が全射ならば全射となる.

$0_\bullet$ を零加群とその間の零射のなすチェイン複体とする. このときチェイン複体の短完全列

$$
0_\bullet \longrightarrow M_\bullet^{(1)} \xrightarrow{f} M_\bullet^{(2)} \xrightarrow{g} M_\bullet^{(3)} \longrightarrow 0_\bullet
$$

を考える. このとき f, g がチェイン複体の射であることから $n = 1, 2, \ldots$ に対して可換図式

$$
\begin{array}{ccccccccc}
& \vdots & & \vdots & & \vdots & & \\
& \downarrow{d_{n+1}^{(1)}} & & \downarrow{d_{n+1}^{(2)}} & & \downarrow{d_{n+1}^{(3)}} & & \\
\{0\} \longrightarrow & M_n^{(1)} & \xrightarrow{f_n} & M_n^{(2)} & \xrightarrow{g_n} & M_n^{(3)} & \longrightarrow & \{0\} \\
& \downarrow{d_n^{(1)}} & & \downarrow{d_n^{(2)}} & & \downarrow{d_n^{(3)}} & & \\
\{0\} \longrightarrow & M_{n-1}^{(1)} & \xrightarrow{f_{n-1}} & M_{n-1}^{(2)} & \xrightarrow{g_{n-1}} & M_{n-1}^{(3)} & \longrightarrow & \{0\} \\
& \downarrow{d_{n-1}^{(1)}} & & \downarrow{d_{n-1}^{(2)}} & & \downarrow{d_{n-1}^{(3)}} & & \\
& \vdots & & \vdots & & \vdots & &
\end{array}
\tag{3.2}
$$

が得られる. ここで $\operatorname{Im} d_{n+1}^{(i)} \subset \operatorname{Ker} d_n^{(i)}$ であったことを思い出すと商加群の普遍性から R-準同型 $d_n^{(i)}\colon M_n^{(i)} \to M_{n-1}^{(i)}$ は商写像 $\pi_n^{(i)}\colon M_n^{(i)} \to \operatorname{Coker} d_{n+1}^{(i)}$ を経由する. すなわち図式

---

[1] 証明は志甫 [28] の命題 1.36 などを参照して欲しい.

$$M_n^{(i)} \xrightarrow{\pi_n^{(i)}} \operatorname{Coker} d_{n+1}^{(i)} \tag{3.3}$$
$$\downarrow d_n^{(i)} \quad \swarrow \bar{d}_n^{(i)}$$
$$M_{n-1}^{(i)}$$

を可換にする R-準同型 $\bar{d}_n^{(i)} \colon \operatorname{Coker} d_{n+1}^{(i)} \to M_{n-1}^{(i)}$ が唯一つ存在する．ここで $\operatorname{Im} d_n^{(i)} \subset \operatorname{Ker} d_{n-1}^{(i)}$ であり，また $\pi_n^{(i)}$ が全射なので $\operatorname{Im} \bar{d}_n^{(i)}$ も $\operatorname{Ker} d_{n-1}^{(i)}$ に含まれることがわかり，図式

$$\begin{array}{ccccccc}
\operatorname{Coker} d_{n+1}^{(1)} & \xrightarrow{\hat{f}_n} & \operatorname{Coker} d_{n+1}^{(2)} & \xrightarrow{\hat{g}_n} & \operatorname{Coker} d_{n+1}^{(3)} & \longrightarrow & \{0\} \\
\downarrow \bar{d}_n^{(1)} & & \downarrow \bar{d}_n^{(2)} & & \downarrow \bar{d}_n^{(3)} & & \\
\{0\} \longrightarrow & \operatorname{Ker} d_{n-1}^{(1)} & \xrightarrow{\check{f}_{n-1}} & \operatorname{Ker} d_{n-1}^{(2)} & \xrightarrow{\check{g}_{n-1}} & \operatorname{Ker} d_{n-1}^{(3)} &
\end{array} \tag{3.4}$$

が得られる．ここで $\hat{f}_n, \hat{g}_n, \check{f}_{n-1}, \check{g}_{n-1}$ は $f_n, g_n, f_{n-1}, g_{n-1}$ から補題 3.3 によって誘導される準同型であり，さらにこの補題と図式 (3.2) の可換性からこの図式も可換となることがわかる．さらに蛇の補題（事実 3.8）と補題 3.3 より各水平列は完全列である．

補題 3.9. 上の準同型 $\bar{d}_n^{(i)} \colon \operatorname{Coker} d_{n+1}^{(i)} \to \operatorname{Ker} d_{n-1}^{(i)}$, $i = 1, 2, 3$, $n = 1, 2, \dots$ に対して

$$\operatorname{Ker} \bar{d}_n^{(i)} = H_n(M_\bullet^{(i)}), \quad \operatorname{Coker} \bar{d}_n^{(i)} = H_{n-1}(M_\bullet^{(i)})$$

が成立する．

証明. まず商写像 $\pi_n^{(i)} \colon M_n^{(i)} \to \operatorname{Coker} d_{n+1}^{(i)} = M_n^{(i)} / \operatorname{Im} d_{n+1}^{(i)}$ に対して $\pi_n^{(i)}(\operatorname{Ker} d_n^{(i)}) = \operatorname{Ker} d_n^{(i)} / \operatorname{Im} d_{n+1}^{(i)} = H_n(M_\bullet^{(i)})$ であることに注意する．可換図式 (3.3) から $\pi_n^{(i)}(\operatorname{Ker} d_n^{(i)}) \subset \operatorname{Ker} \bar{d}_n^{(i)}$ がわかり，また商写像 $\pi_n^{(i)}$ の全射性より $a \in \operatorname{Ker} \bar{d}_n^{(i)}$ に対して逆像は $(\pi_n^{(i)})^{-1}(a) \neq \emptyset$ であって，再び可換図式 (3.3) より $(\pi_n^{(i)})^{-1}(a) \subset \operatorname{Ker} d_n^{(i)}$ となることから，$a \in \pi_n^{(i)}(\operatorname{Ker} d_n^{(i)})$ が従う．以上より $\operatorname{Ker} \bar{d}_n^{(i)} = \pi_n^{(i)}(\operatorname{Ker} d_n^{(i)}) = H_n(M_\bullet^{(i)})$ がわかる．

一方で可換図式 (3.3) より $\operatorname{Im} \bar{d}_n^{(i)} = \operatorname{Im} d_n^{(i)}$ となるから $\operatorname{Coker} \bar{d}_n^{(i)} = \operatorname{Ker} d_{n-1}^{(i)} / \operatorname{Im} \bar{d}_n^{(i)} = \operatorname{Ker} d_{n-1}^{(i)} / \operatorname{Im} d_n^{(i)} = H_{n-1}(M_\bullet^{(i)})$ が従う． $\square$

定義 3.10 (ホモロジーの長完全列)．チェイン複体の短完全列

$$0_\bullet \longrightarrow M_\bullet^{(1)} \xrightarrow{f} M_\bullet^{(2)} \xrightarrow{g} M_\bullet^{(3)} \longrightarrow 0_\bullet \tag{3.5}$$

から従う可換図式 (3.4) に，蛇の補題（事実 3.8）と補題 3.9 を適用して得られる完全列

$$\cdots \xrightarrow{\delta_{n+1}} H_n(M_\bullet^{(1)}) \xrightarrow{H(f_n)} H_n(M_\bullet^{(2)}) \xrightarrow{H(g_n)} H_n(M_\bullet^{(3)}) \xrightarrow{\delta_n}$$

$$H_{n-1}(M_\bullet^{(1)}) \xrightarrow{H(f_{n-1})} H_{n-1}(M_\bullet^{(2)}) \xrightarrow{H(g_{n-1})} H_{n-1}(M_\bullet^{(3)}) \xrightarrow{\delta_{n-1}} \cdots$$

を短完全列 (3.5) から誘導された**ホモロジーの長完全列**という.

最後にチェインホモトピーを紹介する.

定義 3.11 (チェインホモトピー). $M_\bullet^{(i)}$, $i = 1, 2$ をチェイン複体, $f, g \colon M_\bullet^{(1)} \to M_\bullet^{(2)}$ をそれぞれチェイン複体の射とする. このとき R-準同型の族 $P = (p_n \colon M_n^{(1)} \to M_{n+1}^{(2)})_{n=-1,0,1,\ldots}$ があって

$$g_n - f_n = d_{n+1}^{(2)} \circ p_n + p_{n-1} \circ d_n^{(1)}, \quad n = 0, 1, \ldots$$

が成立するとき, f と g は**チェインホモトピック**であるといい, P を f と g の間の**チェインホモトピー**という.

$$\cdots \longrightarrow M_{n+1}^{(1)} \xrightarrow{d_{n+1}^{(1)}} M_n^{(1)} \xrightarrow{d_n^{(1)}} M_{n-1}^{(1)} \longrightarrow \cdots$$

（図：$g_{n+1}-f_{n+1}$, p_n, g_n-f_n, p_{n-1}, $g_{n-1}-f_{n-1}$ の縦・斜めの射）

$$\cdots \longrightarrow M_{n+1}^{(2)} \xrightarrow[d_{n+1}^{(2)}]{} M_n^{(2)} \xrightarrow[d_n^{(2)}]{} M_{n-1}^{(2)} \longrightarrow \cdots$$

命題 3.12. $f, g \colon M_\bullet^{(1)} \to M_\bullet^{(2)}$ はチェイン複体の射であって互いにチェインホモトピックであるとする. このとき f, g が誘導するホモロジーの射 $H_n(f), H_n(g) \colon H_n(M_\bullet^{(1)}) \to H_n(M_\bullet^{(2)})$, $n = 0, 1, \ldots$, は互いに等しい.

証明. $g_n - f_n = d_{n+1}^{(2)} \circ p_n + p_{n-1} \circ d_n^{(1)}$ より $m \in \mathrm{Ker}\, d_n^{(1)}$ に対して $(g_n - f_n)(m) = d_{n+1}^{(2)} \circ p_n(m) + p_{n-1} \circ d_n^{(1)}(m) = d_{n+1}^{(2)}(p_n(m)) \in \mathrm{Im}\, d_{n+1}^{(2)}$ となるので $H_n(g - f)$ は零写像となる. そして $H_n(g - f) = H_n(g) - H_n(f)$ であるから $H_n(f) = H_n(g)$ が従う. $\square$

3.2 局所系数のホモロジー

この節では基本群で捩じられた係数を持つ特異チェインの複体を考え, そのホモロジーの基本的性質としてホモトピー不変性とマイヤー–ヴィートリス長完全列について解説する. この節の内容は主にハッチャー [16] の 3.H を参考にした.

3.2.1 特異チェイン
まず位相空間の特異チェインのなす複体の復習をする.

定義 3.13 (特異 n 単体). $\mathbb{R}^{n+1}$ の部分空間

$$\Delta^n := \left\{ (x_0, x_1, \ldots, x_n) \in \mathbb{R}^{n+1} \,\middle|\, \sum_{i=0}^{n} x_i = 1,\, 0 \le x_i,\, i = 0, 1, \ldots, n \right\}$$

を標準 n 単体という. $i \in \{0, 1, \ldots, n\}$ に対して $x_i = 1$, $x_j = 0\,(j \neq i)$ として定まる Δ^n の点を e_i^n と書いて Δ^n の**頂点**という. 誤解の恐れがない場合は単に e_i と書くこともある. このとき Δ^n の点 $x = (x_0, x_1, \ldots, x_n)$ は

$$x = \sum_{i=0}^{n} x_i e_i$$

の形に一意的に書ける.

位相空間 X に対し Δ^n からの連続写像 $\sigma \colon \Delta^n \to X$ を X の**特異 n 単体**という. X の特異 n 単体全体の集合を $S_n(X)$ と書いて, $S_n(X)$ が生成する自由アーベル群を $C_n(X)$ と書くことにする. また $C_n(X)$ の元を X の**特異 n チェイン**とよぶ. また形式的に $C_{-1}(X) = \{0\}$ としておく.

境界写像を定義するために $i = 0, 1, \ldots, n$ に対して写像 $\varepsilon_i^n \colon \Delta^{n-1} \to \Delta^n$ を次のように定める. 頂点に対しては

$$\varepsilon_i^n(e_j^{n-1}) := \begin{cases} e_j^n & (j < i) \\ e_{j+1}^n & (j \geq i) \end{cases}$$

とおいて, $\varepsilon_i^n(\sum_{j=0}^{n-1} x_j e_j^{n-1}) := \sum_{j=0}^{n-1} x_j \varepsilon_i^n(e_j^{n-1})$ と定める. すなわち $\mathbb{R}^n$, $\mathbb{R}^{n+1}$ の座標で見れば

$$\varepsilon_i^n \colon \Delta^{n-1} \ni (x_0, x_1, \ldots, x_{n-1}) \mapsto (x_0, \ldots, x_{i-1}, 0, x_i, \ldots, x_{n-1}) \in \Delta^n$$

と書ける. このとき

$$\begin{aligned} \varepsilon_i^{n+1} \circ \varepsilon_i^n(x_0, x_1, \ldots, x_{n-1}) &= (x_0, \ldots, x_{i-1}, 0, 0, x_i, \ldots, x_{n-1}) \\ &= \varepsilon_{i+1}^{n+1}(x_0, \ldots, x_{i-1}, 0, x_i, \ldots, x_{n-1}) \\ &= \varepsilon_{i+1}^{n+1} \circ \varepsilon_i^n(x_0, x_1, \ldots, x_{n-1}) \end{aligned}$$

に注意すると

$$\varepsilon_j^{n+1} \circ \varepsilon_i^n = \begin{cases} \varepsilon_i^{n+1} \circ \varepsilon_i^n & (j = i, i+1) \\ \varepsilon_i^{n+1} \circ \varepsilon_{j-1}^n & (j > i+1) \\ \varepsilon_{i+1}^{n+1} \circ \varepsilon_j^n & (j < i) \end{cases} \tag{3.6}$$

となっていることが確かめられる.

特異単体の間の写像を

$$\begin{aligned} \partial_i^n \colon \quad S_n(X) &\longrightarrow S_{n-1}(X) \\ \sigma &\longmapsto \sigma \circ \varepsilon_i^n \end{aligned}$$

と定義し, これが誘導するアーベル群の準同型も $\partial_i^n \colon C_n(X) \to C_{n-1}(X)$ と同じ記号で表すことにする.

定義 **3.14** (境界写像). $n = 1, 2, \ldots$ に対してアーベル群の準同型 $\partial_n \colon C_n(X) \to C_{n-1}(X)$ を

$$\partial_n := \sum_{i=0}^{n} (-1)^i \partial_i^n$$

によって定めてこれらを**境界写像**とよぶ. また $n = 0$ の場合も零写像を $\partial_0 \colon C_0(X) \to C_{-1}(X) = \{0\}$ と書いてこれも境界写像とよぶこととする.

　以下の補題によって特異チェインのなすアーベル群がチェイン複体をなすことがわかる.

補題 3.15. $n = 1, 2, \ldots,$ に対して $\partial_{n-1} \circ \partial_n = 0$ が成り立つ.

証明. $n = 1$ のときは ∂_0 が零写像であったことから明らかなので $n > 1$ として考える. $\sigma \in S_n(X)$ に対し

$$\partial_{n-1} \circ \partial_n(\sigma) = \sum_{j<i} (-1)^{i+j} \sigma \circ \varepsilon_j^n \circ \varepsilon_i^{n-1}$$

$$+ (-1)^{2i} \sigma \circ \varepsilon_i^n \circ \varepsilon_i^{n-1} + (-1)^{2i+1} \sigma \circ \varepsilon_{i+1}^n \circ \varepsilon_i^{n-1} + \sum_{j>i+1} (-1)^{i+j} \varepsilon_j^n \circ \varepsilon_i^{n-1}$$

と分解できるが式 (3.6) より

$$\partial_{n-1} \circ \partial_n(\sigma) = \sum_{j<i} (-1)^{i+j} \sigma \circ \varepsilon_j^n \circ \varepsilon_i^{n-1} + \sum_{j>i} (-1)^{i+j+1} \sigma \circ \varepsilon_i^n \circ \varepsilon_j^{n-1} = 0.$$

$\square$

定義 **3.16** (特異チェイン複体). 補題 3.15 によって

$$\cdots \xrightarrow{\partial_{n+1}} C_n(X) \xrightarrow{\partial_n} C_{n-1}(X) \xrightarrow{\partial_{n-1}} \cdots \xrightarrow{\partial_1} C_0(X) \xrightarrow{\partial_0} \{0\}$$

はアーベル群すなわち $\mathbb{Z}$-加群のチェイン複体となる. これを位相空間 X の**特異チェイン複体**という.

定義 **3.17** (アーベル群 G を係数に持つチェインとホモロジー). G をアーベル群として $\mathbb{Z}$-加群のテンソル積によって $\mathbb{Z}$-加群

$$C_n(X; G) := C_n(X) \otimes_{\mathbb{Z}} G$$

を定義し, その元を G **を係数に持つ特異 n チェイン**とよぶ. また境界写像 $\partial_n^G \colon C_n(X; G) \to C_{n-1}(X; G)$ を $\partial_n^G := \partial_n \otimes \mathrm{id}_G$ と定めると, これによって $C_n(X; G)$ のなすチェイン複体が得られる. このチェイン複体のホモロジーを

$$H_n(X; G) := \mathrm{Ker}\, \partial_n^G / \mathrm{Im}\, \partial_{n+1}^G$$

と書いて G を係数に持つ n 次**特異ホモロジー**という. また他のホモロジーと

区別するために $H_n^{\mathrm{sing}}(X;G)$ と書くこともある．また $G=\mathbb{Z}$ のときは $\mathbb{Z}$ を省略して単に $H_n(X)$, $H_n^{\mathrm{sing}}(X)$ と書くこともある．

3.2.2 局所係数ホモロジー

前節の最後にアーベル群 G を係数に持つ特異チェインを定義したが，ここでは位相空間 X の基本群の作用を持つアーベル群を係数に持つ特異チェインを考えて，そのホモロジーに関する基本的な性質を紹介する．

定義 3.18 (群環)．G を群，R を環とするとき，G を添え字集合とする R の直和によって得られる自由 R-加群 $R^G := \bigoplus_{g \in G} R \cdot g$ の元 $\sum_{g \in G} a_g \cdot g$, $\sum_{g \in G} b_g \cdot g$ に対し，それらの積を

$$\left(\sum_{g \in G} a_g \cdot g \right) \cdot \left(\sum_{g \in G} b_g \cdot g \right) := \sum_{g \in G} \left(\sum_{h \in G} a_h b_{h^{-1} g} \right) \cdot g$$

と定めることで R^G に R-代数の構造を入れることができる．この R-代数を $R[G]$ と書いて G で生成される R 上の**群環**とよぶ．

X を連結な位相多様体，$\pi_X \colon \widetilde{X} \to X$ をその普遍被覆，$\pi_1(X)$ を基本群とする．このとき複素数体を係数とする $\widetilde{X}$ の特異チェインの空間 $C_n(\widetilde{X};\mathbb{C})$ は自然に $\mathbb{C}$-ベクトル空間とみなすことができる．また $\sigma \in S_n(\widetilde{X})$, $\gamma \in \pi_1(X)$ に対して，命題 2.22 における D_γ を用いて

$$\gamma \cdot \sigma := D_\gamma \circ \sigma \colon \Delta^n \xrightarrow{\sigma} \widetilde{X} \xrightarrow{D_\gamma} \widetilde{X}$$

と定めると，これは再び $\widetilde{X}$ の特異 n 単体となる．従って，$\mathbb{C}[\pi_1(X)]$ を $\pi_1(X)$ で生成される $\mathbb{C}$ 上の群環とすると，上の $\pi_1(X)$ の $S_n(\widetilde{X})$ への作用によって $C_n(\widetilde{X};\mathbb{C})$ を左 $\mathbb{C}[\pi_1(X)]$-加群と見ることができる．また $\pi_1(X)$ の右からの作用を $\sigma \cdot_{\mathrm{opp}} \gamma := \gamma^{-1} \cdot \sigma$ と定めることで $C_n(\widetilde{X};\mathbb{C})$ を右 $\mathbb{C}[\pi_1(X)]$-加群とみなすこともできる．

定義 3.19 (捩れ係数を持つ特異チェイン)．V を左 $\mathbb{C}[\pi_1(X)]$-加群とし，$C_n(\widetilde{X};\mathbb{C})$ を上の方法で右 $\mathbb{C}[\pi_1(X)]$-加群とみなしておく．このときこれらのテンソル積によって得られる $\mathbb{C}$-ベクトル空間を

$$C_n(X;V) := C_n(\widetilde{X};\mathbb{C}) \otimes_{\mathbb{C}[\pi_1(X)]} V$$

と書いて，その元を**捩れ係数を持つ特異 n チェイン**とよぶ．

注意 3.20. 上の $C_n(X;V)$ の定義は本来は

$$C_n(X;V) := C_n(\widetilde{X}_{x_0};\mathbb{C}) \otimes_{\mathbb{C}[\pi_1(X,x_0)]} V$$

と表され，基点 $x_0 \in X$ の取り方に依存している．そこで $x_0' \in X$ と基点を

取り替えることを考えよう. β として x_0' を始点 x_0 を終点とする X の道を一つ固定して, 群の同型 $\phi_\beta \colon \pi_1(X, x_0') \ni \alpha \mapsto \beta^{-1} \cdot \alpha \cdot \beta \in \pi_1(X, x_0)$ と被覆の同型 $\psi_\beta \colon \widetilde{X}_{x_0} \ni \gamma \mapsto \beta \cdot \gamma \in \widetilde{X}_{x_0'}$ を考える. このとき $\mathbb{C}[\pi_1(X, x_0)]$-加群 V から $\mathbb{C}[\pi_1(X, x_0')]$-加群 $\phi_\beta^*(V)$ を, $\mathbb{C}$-ベクトル空間としては V と等しく, $\gamma \in \mathbb{C}[\pi_1(X, x_0')]$, $v \in V$ に対して $\gamma \cdot v := \phi_\beta(\gamma) \cdot v$ として $\pi_1(X, x_0')$ の作用を定めることで定義する. また被覆の同型 ψ_β は自然な写像 $C_n(\psi_\beta) \colon C_n(\widetilde{X}_{x_0}; \mathbb{C}) \to C_n(\widetilde{X}_{x_0'}; \mathbb{C})$ を誘導する. この上で写像

$$C_n(\widetilde{X}_{x_0}; \mathbb{C}) \otimes_{\mathbb{C}[\pi_1(X, x_0)]} V \ni$$
$$\sigma \otimes v \mapsto C_n(\psi_\beta)(\sigma) \otimes v \in C_n(\widetilde{X}_{x_0'}; \mathbb{C}) \otimes_{\mathbb{C}[\pi_1(X, x_0')]} \phi_\beta^*(V)$$

は well-defined な $\mathbb{C}$-ベクトル空間としての同型写像を与えるので, これによってそれぞれの基点によって定まる捩れチェインの空間を同一視して考える.

ここで $\mathbb{C}[\pi_1(X)]$-加群としてのテンソル積について少し注意をしておく. $\mathbb{C}$-ベクトル空間としてのテンソル積を $\overline{C}_n(X; V) := C_n(\widetilde{X}; \mathbb{C}) \otimes_{\mathbb{C}} V$ とおいて,

$$(\gamma^{-1} \cdot \sigma) \otimes v - \sigma \otimes (\gamma \cdot v) \quad (\gamma \in \pi_1(X),\, \sigma \in C_n(\widetilde{X}; \mathbb{C}),\, v \in V)$$

によって生成される $\overline{C}_n(X; V)$ の部分空間を $T_n(X; V)$ とする. このとき $C_n(X; V)$ は商ベクトル空間 $\overline{C}_n(X; V)/T_n(X; V)$ と一致する.

補題 3.21. $\partial_n^{\mathbb{C}} \colon C_n(\widetilde{X}; \mathbb{C}) \to C_{n-1}(\widetilde{X}; \mathbb{C})$ を定義 3.17 で見た境界写像とする. このとき線形写像 $\overline{\partial}_n \colon \overline{C}_n(X; V) \to \overline{C}_{n-1}(X; V)$ を $\overline{\partial}_n := \partial_n^{\mathbb{C}} \otimes \mathrm{id}_V$ と定めると $\overline{\partial}_n(T_n(X; V)) \subset T_{n-1}(X; V)$ が成り立つ.

証明. 簡単のため $T_{n-1} = T_{n-1}(X; V)$ と略記する. $\gamma \in \pi_1(X)$, $\sigma \in S_n(\widetilde{X})$, $v \in V$ に対して $\overline{\partial}_n((\gamma^{-1} \cdot \sigma) \otimes v - \sigma \otimes (\gamma \cdot v)) \in T_{n-1}$ が成り立つことを確かめればよい. 実際

$$\overline{\partial}_n(\gamma^{-1} \cdot \sigma \otimes v) = \partial_n^{\mathbb{C}}(\gamma^{-1} \cdot \sigma) \otimes v = \sum (-1)^i (D_{\gamma^{-1}} \circ \sigma) \circ \varepsilon_i \otimes v$$
$$= \sum (-1)^i \gamma^{-1} \cdot \partial_i^n(\sigma) \otimes v = \left(\gamma^{-1} \cdot \sum (-1)^i \partial_i^n(\sigma) \right) \otimes v$$
$$= \left(\gamma^{-1} \cdot \partial_n^{\mathbb{C}}(\sigma) \right) \otimes v$$

より

$$\overline{\partial}_n((\gamma^{-1} \cdot \sigma) \otimes v - \sigma \otimes (\gamma \cdot v)) = (\gamma^{-1} \cdot \partial_n^{\mathbb{C}}(\sigma)) \otimes v - \partial_n^{\mathbb{C}}(\sigma) \otimes \gamma \cdot v \in T_{n-1}.$$

$\square$

この補題により $\overline{\partial}_n$ は商空間の間の線形写像

$$\partial_n \colon C_n(X; V) \to C_{n-1}(X; V)$$

を誘導することがわかる. また定義より $\overline{\partial}_{n-1} \circ \overline{\partial}_n = 0$ なので $\partial_{n-1} \circ \partial_n = 0$

も従う.

定義 3.22 (局所係数ホモロジー). 左 $\mathbb{C}[\pi_1(X)]$-加群 V に対して,

$$\cdots \xrightarrow{\partial_{n+1}} C_n(X;V) \xrightarrow{\partial_n} C_{n-1}(X;V) \xrightarrow{\partial_{n-1}} \cdots \xrightarrow{\partial_1} C_0(X;V) \xrightarrow{\partial_0} \{0\}$$

は上で見た通りチェイン複体となる. このチェイン複体のホモロジーを $H_n(X;V) := \operatorname{Ker}\partial_n/\operatorname{Im}\partial_{n+1}$ と書いて V を係数に持つ X の n 次**捻れ係数 ホモロジー群**あるいは**局所係数ホモロジー群**[*2] とよぶ. また他のホモロジーと区別するために $H_n^{\mathrm{loc}}(X;V)$ と書くこともある.

局所係数ホモロジーのいくつかの基本的な性質を紹介しよう. まず V が自明な $\mathbb{C}[\pi_1(X)]$-加群, すなわち任意の $\gamma \in \pi_1(X)$, $v \in V$ に対して $\gamma \cdot v = v$ となる場合は V を係数とする局所係数ホモロジーは, 前節で定義したアーベル群 V を係数とする特異ホモロジーと同型となる.

命題 3.23. V が自明な $\mathbb{C}[\pi_1(X)]$-加群のときは

$$H_n^{\mathrm{loc}}(X;V) \cong H_n^{\mathrm{sing}}(X;V)$$

が成立する.

証明. 捻れ係数特異チェインを $C_n^{\mathrm{loc}}(X;V)$, アーベル群係数の特異チェインを $C_n^{\mathrm{sing}}(X;V)$ と書くことにする. 線形写像 $\phi_n \colon C_n^{\mathrm{loc}}(X;V) \to C_n^{\mathrm{sing}}(X;V)$ を $\sigma \in S_n(\widetilde{X})$, $v \in V$ に対して $\sigma \otimes v \in C_n^{\mathrm{loc}}(X;V)$ を $(\pi_X \circ \sigma) \otimes v \in C_n^{\mathrm{sing}}(X;V)$ に対応させることにより定めると, V が自明な $\mathbb{C}[\pi_1(X)]$-加群であることから well-defined となり, 以下のように同型写像であることがわかる. Δ^n が局所弧状連結かつ単連結であることから命題 2.23 によって, X の任意の特異 n 単体 $\sigma \colon \Delta \to X$ は持ち上げ $\tilde\sigma \colon \Delta^n \to \widetilde{X}$ を持つ. このことから ϕ_n が全射であることがわかる. 再び命題 2.23 よりこの持ち上げは $\pi_1(X)$ の作用を除いて一意的に定まるので, ϕ_n は単射となる. また ϕ_n が境界写像と可換であることから同型 $H_n^{\mathrm{loc}}(X;V) \cong H_n^{\mathrm{sing}}(X;V)$ が得られる. $\qquad\square$

局所係数ホモロジーの構造を定義のみから決定するのは難しいが 0 次ホモロジー $H_0(X;V)$ は次のように比較的簡易な構造をしている.

命題 3.24. X, V を上の通りとする. $v \in V$, $\gamma \in \pi_1(X)$ によって $v - \gamma \cdot v$ と表されるものたちによって生成される V の部分ベクトル空間を V^o とおく. このとき V^o は V の部分 $\mathbb{C}[\pi_1(X)]$-加群であり, またベクトル空間としての同型

$$H_0(X;V) \cong V/V^o$$

[*2] 前の章で見た $\mathbb{C}[\pi_1(X)]$-加群と局所系との対応から, 局所系を係数としたホモロジーとしても定義できることに由来する.

が存在する.

証明の前に通常の特異ホモロジーの場合を復習しておこう.

命題 3.25. X が空でない弧状連結な位相空間のとき, $H_0^{\mathrm{sing}}(X) \cong \mathbb{Z}$ が成り立つ.

証明. 加群の準同型 $\epsilon \colon C_0(X) \ni \sum_i n_i \sigma_i^0 \mapsto \sum_i n_i \in \mathbb{Z}$ に対して $\mathrm{Ker}\,\epsilon = \mathrm{Im}\,\partial_1$ となることを確かめればよい. 実際これが成り立つとすると $\mathbb{Z} \cong C_0(X)/\mathrm{Ker}\,\epsilon = C_0(X)/\mathrm{Im}\,\partial_1 = H_0^{\mathrm{sing}}(X)$ となる.

$\sigma^1 \in S_1(X)$ に対して $\epsilon \circ \partial_1(\sigma^1) = \epsilon(\sigma^1 \circ \varepsilon_0^1 - \sigma^1 \circ \varepsilon_1^1) = 1 - 1 = 0$ が成り立つので $\mathrm{Im}\,\partial_1 \subset \mathrm{Ker}\,\epsilon$ となることがわかる. 一方で $\epsilon(\sum_i n_i \sigma_i^0) = 0$, すなわち $\sum_i n_i = 0$ と仮定しよう. このとき基点 $x_0 \in X$ を選んで特異 0 単体とみなしておく. σ_i^0 を X 上の 1 点と思い, σ_i^0 から x_0 への X の道を $\tau_i \colon [0,1] \to X$ とおいて, これを特異 1 単体とみなす. このとき $\partial_1(\sum_i n_i \tau_i) = \sum_i n_i(\sigma_i - x_0) = \sum_i n_i \sigma_i - (\sum_i n_i)x_0 = \sum_i n_i \sigma_i$ が $\sum_i n_i = 0$ より従う. よって $\sum_i n_i \sigma_i^0 \in \mathrm{Im}\,\partial_1$ となるので, $\mathrm{Ker}\,\epsilon \subset \mathrm{Im}\,\partial_1$ がわかる. $\square$

命題 3.24 の証明. $\pi_1(X)$ の単位元を e と書くことにする. V^o は $w \in V$ と $\gamma \in \pi_1(X)$ に対して $v = (e - \gamma) \cdot w$ と書けるような v で生成される. このとき $\gamma' \in \pi_1(X)$ に対して $\gamma' \cdot v = \gamma'(e - \gamma)w = (e - \gamma'\gamma(\gamma')^{-1}) \cdot (\gamma' \cdot w) \in V^o$ となるから V^o は $\pi_1(X)$ の作用で閉じていることがわかるので, V の部分 $\mathbb{C}[\pi_1(X)]$-加群となる.

$\hat{\sigma}^0 \in S_0(\widetilde{X})$ を一つ固定する. このとき任意の $\sigma^0 \in S_0(\widetilde{X})$, $v \in V$ に対して $\sigma^0 \otimes v \in C_0(X;V)$ のホモロジー類は $\hat{\sigma}^0 \otimes v$ のホモロジー類と等しい. 実際 $\hat{\sigma}^0, \sigma^0$ を $\widetilde{X}$ 内の点と同一視して, $\hat{\sigma}^0$ を始点 σ^0 を終点とする $\widetilde{X}$ の道を σ^1 とすれば $\partial_1(\sigma^1 \otimes v) = (\hat{\sigma}^0 - \sigma^0) \otimes v$ となるから, $\sigma^0 \otimes v + \partial_1(\sigma^1 \otimes v) = \hat{\sigma}^0 \otimes v$ が得られる. 従って線形写像

$$\phi \colon V \ni v \longmapsto [\hat{\sigma}^0 \otimes v] \in H_0(X;V)$$

を考えるとこれは全射となる.

また $\mathrm{Ker}\,\phi = V^o$ であることが次のようにわかる. V^o は $v' \in V$, $\gamma \in \pi_1(X)$ によって $v = (e - \gamma) \cdot v'$ と表されるものたちで生成されるが, このとき $\phi(v) = [\hat{\sigma}^0 \otimes v] = [\hat{\sigma}^0 \otimes (e - \gamma) \cdot v'] = [(\hat{\sigma}^0 \otimes v') - (\gamma^{-1} \cdot \hat{\sigma}^0 \otimes v')] = [\hat{\sigma}^0 \otimes v'] - [\hat{\sigma}^0 \otimes v'] = 0$ となる. 一方で $\phi(v) = 0$ ならば $\hat{\sigma}^0 \otimes v - \sum_{i=1}^k c_i(\gamma_i^{-1} \cdot \sigma_i^0 \otimes v_i - \sigma_i^0 \otimes \gamma_i \cdot v_i) \in \mathrm{Im}\,\overline{\partial}_1$ が $\overline{C}_0(X;V)$ の中で成り立つような $c_i \in \mathbb{C}$, $\sigma_i^0 \in S_0(\widetilde{X})$, $\gamma_i \in \pi_1(X)$, $v_i \in V$ が存在する. すると $\widetilde{X}$ が弧状連結であることから $(\hat{\sigma}^0 - \gamma_i^{-1} \cdot \sigma_i^0) \otimes v_i$, $(\hat{\sigma}^0 - \sigma_i^0) \otimes \gamma_i \cdot v_i \in \mathrm{Im}\,\overline{\partial}_1$ となるから, $\hat{\sigma}^0 \otimes v - \sum_{i=1}^k c_i(\hat{\sigma}^0 \otimes v_i - \hat{\sigma}^0 \otimes \gamma_i \cdot v_i) \in \mathrm{Im}\,\overline{\partial}_1$, すなわち

$\hat{\sigma}^0 \otimes (v - \sum_{i=1}^k c_i(v_i - \gamma_i \cdot v_i)) \in \operatorname{Im} \overline{\partial}_1$ が得られる．さて $\hat{\sigma}^0 \otimes w \in \operatorname{Im} \overline{\partial}_1$，$w \in V$，ならば $\hat{\sigma}^0 \in \operatorname{Im} \partial_1$ であるか $w = 0$ でなければならない．いま $\widetilde{X}$ は弧状連結なので命題 3.25 の証明より $\operatorname{Im} \partial_1 = \operatorname{Ker} \epsilon$ となっているが，$\hat{\sigma}^0 \notin \operatorname{Ker} \epsilon$ であるから，$w = 0$ となる．このことから $v = \sum_{i=1}^k c_i(v_i - \gamma_i \cdot v_i) \in V^o$ を得る． $\square$

V_i, $i = 1, 2$ を $\mathbb{C}[\pi_1(X)]$-加群，$f\colon V_1 \to V_2$ を $\mathbb{C}[\pi_1(X)]$-加群の準同型とする．このとき $\overline{C}_n(f) := \operatorname{id}_{C_n(\widetilde{X})} \otimes f\colon \overline{C}_n(X; V_1) \to \overline{C}_n(X; V_2)$ とおくと，$\gamma \in \pi_1(X)$, $\sigma \in S_n(\widetilde{X})$, $v \in V_1$ に対して

$$\overline{C}_n(f)((\gamma^{-1} \cdot \sigma) \otimes v - \sigma \otimes (\gamma \cdot v)) = (\gamma^{-1} \cdot \sigma) \otimes f(v) - \sigma \otimes f(\gamma \cdot v)$$
$$= (\gamma^{-1} \cdot \sigma) \otimes f(v) - \sigma \otimes \gamma \cdot f(v)$$

は T_n に含まれるので f は捩れチェインの間の写像 $C_n(f)\colon C_n(X; V_1) \to C_n(X; V_2)$ を定める．また上の $\overline{C}_n(f)$ と $\overline{\partial}_n$ は定義より可換となるので，$C_n(f)$ はチェイン複体の射となることもわかる．従って f はホモロジーの間の写像 $H_n(f)\colon H_n(X; V_1) \to H_n(X; V_2)$ も定めることになる．またこの対応は関手的である．すなわち $g\colon V_2 \to V_3$ をもう一つの $\mathbb{C}[\pi_1(X)]$-加群としたとき $C_n(g \circ f) = C_n(f) \circ C_n(g)$ となることが確かめられるので，命題 3.4 より $H_n(g \circ f) = H_n(f) \circ H_n(g)$ となる．従って次が成立する．

命題 3.26. $f\colon V_1 \to V_2$ が $\mathbb{C}[\pi_1(X)]$-加群の同型写像ならば，それが誘導する $H_n(f)\colon H_n(X; V_1) \to H_n(X; V_2)$, $n = 0, 1, \ldots$ も同型となる．

またこの誘導されたホモロジーの間の写像は加法的，すなわち直和分解を保つことが次のように確かめられる．V, W を $\mathbb{C}[\pi_1(X)]$-加群として $V \oplus W$ でそれらの直和加群とする．このとき in_V, in_W で V, W から $V \oplus W$ への標準的な単射，また pr_V, pr_W を $V \oplus W$ から V, W それぞれへの標準的な射影とする．このとき次が成立する．

命題 3.27. ベクトル空間 $H_n(X; V \oplus W)$ は $H_n(X; V) \oplus H_n(X; W)$ と同型であり，また各直和成分からの標準的な単射は $H_n(\operatorname{in}_V)$, $H_n(\operatorname{in}_W)$ と一致する．

証明. ホモロジーの関手性より $H_n(\operatorname{pr}_V) \circ H_n(\operatorname{in}_V) = H_n(\operatorname{pr}_V \circ \operatorname{in}_V) = H_n(\operatorname{id}_V) = \operatorname{id}_{H_n(X;V)}$，同様に $H_n(\operatorname{pr}_W) \circ H_n(\operatorname{in}_W) = \operatorname{id}_{H_n(X;W)}$．このことから $H_n(X; V \oplus W)$ が単射 $H_n(\operatorname{in}_V)$, $H_n(\operatorname{in}_W)$ によって $H_n(X; V)$ と $H_n(X; W)$ の直和の普遍性を満たすことを確かめることができる． $\square$

3.2.3 局所係数ホモロジーのホモトピー不変性
局所係数ホモロジーも特異ホモロジーと同様にホモトピー不変性を持つことを紹介しよう．証明は特異ホモロジーの場合をなぞることになるが少し準備が

必要である.

定義 3.28 ($\mathbb{C}[\pi_1(Y)]$-加群の引き戻し). $\phi\colon X \to Y$ を連結な位相多様体の間の連続写像とし,それが誘導する基本群の間の準同型を $\pi_1(\phi)\colon \pi_1(X) \to \pi_1(Y)$ とおく. このとき左 $\mathbb{C}[\pi_1(Y)]$-加群 V は

$$\gamma \cdot v := \pi_1(\phi)(\gamma) \cdot v \quad (\gamma \in \pi_1(X),\, v \in V)$$

とすることで左 $\mathbb{C}[\pi_1(X)]$-加群とみなすことができる. この左 $\mathbb{C}[\pi_1(X)]$-加群を $\phi^*(V)$ と書いて V の ϕ による**引き戻し**という.

ここで $\phi_i\colon X_i \to X_{i+1}$, $i = 1,2$ を位相多様体の間の連続写像, V を左 $\mathbb{C}[\pi_1(X_3)]$-加群とすると $(\phi_2 \circ \phi_1)^*(V) = \phi_1^*(\phi_2^*(V))$ となることに注意しておく. すなわち ϕ と ϕ^* の対応は反変関手的である.

連続写像 $\phi\colon X \to Y$ は $\mathbb{C}[\pi_1(Y)]$-加群 V に対し捩れチェインの間の線形写像 $C_n(\phi)\colon C_n(X; \phi^*(V)) \to C_n(Y; V)$ を引き起こす. これを見るためにまず次のことに注意しておく.

定義 3.29 (連続写像の普遍被覆への持ち上げ). $\phi\colon X \to Y$ を連結な位相多様体の間の連続写像とする. このとき $\widetilde{X}_{x_0}$ は単連結なので命題 2.23 より $\phi \circ \pi_X\colon \widetilde{X}_{x_0} \to Y$ の持ち上げとして $\widetilde{\phi}\colon \widetilde{X}_{x_0} \to \widetilde{Y}_{\phi(x_0)}$ で $\widetilde{\phi}(0_{x_0}) = 0_{\phi(x_0)}$ を満たすものが唯一つ得られる. これを $\phi\colon X \to Y$ の**基点** x_0 に対する**標準的な持ち上げ**という. 特に基点を強調しない場合は単に標準的な持ち上げということもある. これは持ち上げの一意性より $\alpha \in \widetilde{X}_{x_0}$ に対して $\phi \circ \alpha \in \widetilde{Y}_{\phi(x_0)}$ を対応させる写像に他ならない.

一方で 2.1 節で見たように ϕ は基本群の間の群準同型 $\pi_1(\phi)\colon \pi_1(X) \to \pi_1(Y)$ も誘導する. これらの写像 $\widetilde{\phi}$ と $\pi_1(\phi)$ は次の意味で可換である.

補題 3.30. $\phi\colon X \to Y$ を上の通りとする. このとき任意の $\gamma \in \pi_1(X, x_0)$ に対して,図式

$$\begin{array}{ccc} \widetilde{X}_{x_0} & \xrightarrow{D_\gamma} & \widetilde{X}_{x_0} \\ \downarrow{\widetilde{\phi}} & & \downarrow{\widetilde{\phi}} \\ \widetilde{Y}_{\phi(x_0)} & \xrightarrow[D_{\pi_1(\phi)(\gamma)}]{} & \widetilde{Y}_{\phi(x_0)} \end{array}$$

は可換である.

証明. $\gamma \in \pi_1(X, x_0)$, $\alpha \in \widetilde{X}_{x_0}$ に対して $D_\gamma(\alpha) = \gamma \cdot \alpha$ となっていたので

$$\widetilde{\phi} \circ D_\gamma(\alpha) = \widetilde{\phi}(\gamma \cdot \alpha) = \phi \circ (\gamma \cdot \alpha) = (\phi \circ \gamma) \cdot (\phi \circ \alpha) = D_{\pi_1(\phi)(\gamma)} \circ \widetilde{\phi}(\alpha).$$

$\square$

V を $\mathbb{C}[\pi_1(Y, \phi(x_0))]$-加群として, 線形写像 $\overline{C}_n(\phi)\colon \overline{C}_n(X; \phi^*(V)) \to$

$\overline{C}_n(Y;V)$ を $\sigma \otimes v$ $(\sigma \in S_n(\widetilde{X}_{x_0}), v \in \phi^*(V))$ に対して $\overline{C}_n(\phi)(\sigma \otimes v) := (\widetilde{\phi} \circ \sigma) \otimes v$ とおくことで定める.

補題 3.31. 上の線形写像 $\overline{C}_n(\phi) \colon \overline{C}_n(X;\phi_*(V)) \to \overline{C}_n(Y;V)$ に対して $\overline{C}_n(\phi)(T_n(X;\phi^*(V)) \subset T_n(Y;V)$ が成り立つ.

証明. $\gamma \in \pi_1(X)$, $\sigma \in S_n(\widetilde{X})$, $v \in V$ に対して $\overline{C}_n(\phi)((\gamma^{-1} \cdot \sigma) \otimes v - \sigma \otimes (\pi_1(\phi)(\gamma) \cdot v)) \in T_n(Y;V)$ が成り立つことを確かめればよい. 実際

$$\overline{C}_n(\phi)(\gamma^{-1} \cdot \sigma \otimes v - \sigma \otimes (\pi_1(\phi)(\gamma) \cdot v))$$
$$= \overline{C}_n(\phi)(\gamma^{-1} \cdot \sigma \otimes v) - \overline{C}_n(\phi)(\sigma \otimes (\pi_1(\phi)(\gamma) \cdot v))$$
$$= (\widetilde{\phi} \circ (\gamma^{-1} \cdot \sigma)) \otimes v - \widetilde{\phi} \circ \sigma \otimes (\pi_1(\phi)(\gamma) \cdot v)$$
$$= (\pi_1(\phi)(\gamma)^{-1} \cdot \widetilde{\phi} \circ \sigma) \otimes v - \widetilde{\phi} \circ \sigma \otimes (\pi_1(\phi)(\gamma) \cdot v) \in T_n(Y;V)$$

が成立する. ここで最後の等号は補題 3.30 より従う. $\square$

この補題より $\overline{C}_n(\phi) \colon \overline{C}_n(X;\phi^*(V)) \to \overline{C}_n(Y;V)$ は線形写像 $C_n(\phi) \colon C_n(X;\phi^*(V)) \to C_n(Y;V)$ を誘導することが従う.

命題 3.32. 上で定めた線形写像 $C_n(\phi) \colon C_n(X;\phi^*(V)) \to C_n(Y;V)$ の族 $(C_n(\phi))_{n=0,1,\dots}$ はチェイン複体の射となる.

証明. 補題 3.21 と 3.31 より $(\overline{C}_n(\phi))_{n=0,1,\dots}$ がチェイン複体の射となることを見れば十分である. 実際 $\sigma \in S_n(\widetilde{X})$, $v \in \phi^*(V)$ に対して $\overline{C}_{n-1}(\phi)(\overline{\partial}_n(\sigma \otimes v)) = (\widetilde{\phi} \circ \partial_n(\sigma)) \otimes v = \sum(-1)^i \widetilde{\phi} \circ \sigma \circ \varepsilon_i^n \otimes v = \partial_n(\widetilde{\phi} \circ \sigma) \otimes v = \overline{\partial}_n(\overline{C}_n(\phi)(\sigma \otimes v))$ が成り立つ. $\square$

以上より連結な位相多様体の間の連続写像 $\phi \colon X \to Y$ と $\mathbb{C}[\pi_1(Y)]$-加群 V が与えられたとき, 局所係数ホモロジーの間の写像

$$H_n(\phi) \colon H_n(X;\phi^*(V)) \to H_n(Y;V), \quad n = 0, 1, \dots,$$

が誘導されることがわかった.

では $\phi \colon X \to Y$ が特にホモトピー同値写像である場合を考えよう. このとき定理 2.7 より ϕ が誘導する $\pi_1(\phi) \colon \pi_1(X) \to \pi_1(Y)$ は同型写像となる. 従って $\mathbb{C}[\pi_1(Y)]$-加群 V とその ϕ による引き戻し $\phi^*(V)$ はこの同型 $\pi_1(X) \cong \pi_1(Y)$ のもとで同一視できる. さらにこのときホモロジーの間の写像 $H_n(\phi) \colon H_n(X;\phi^*(V)) \to H_n(Y;V)$ も同型となることが以下のように示すことができる. これを示すために補題を一つ用意しておく.

補題 3.33. ここでは補題 3.30 の記号を引き継ぐ. $I = [0,1] \subset \mathbb{R}$ とし, $F \colon X \times I \to Y$ を ϕ のホモトピー, すなわち $F(x,0) = \phi(x)$ $(x \in X)$ を満たす連続写像とする. そして $\widetilde{F} \colon \widetilde{X}_{x_0} \times I \to \widetilde{Y}_{\phi(x_0)}$ を $\widetilde{F}(x,0) = \widetilde{\phi}(x)$ $(x \in \widetilde{X}_{x_0})$

を満たし，図式

$$
\begin{array}{ccc}
\widetilde{X}_{x_0} \times I & \xrightarrow{\ \widetilde{F}\ } & \widetilde{Y}_{\phi(x_0)} \\
\downarrow{\scriptstyle \pi_X \times \mathrm{id}_I} & & \downarrow{\scriptstyle \pi_Y} \\
X \times I & \xrightarrow{\ F\ } & Y
\end{array}
$$

が可換となるようにとる．このとき任意の $\gamma \in \pi_1(X, x_0)$ に対して

$$
D_{\pi_1(\phi)(\gamma)} \circ \widetilde{F} = \widetilde{F} \circ (D_\gamma \times \mathrm{id}_I)
$$

が成り立つ．

証明. $D_{\pi_1(\phi)(\gamma)}$ は $\pi_Y : \widetilde{Y}_{\phi(x_0)} \to Y$ の被覆変換であるから，$\pi_Y \circ D_{\pi_1(\phi)(\gamma)} \circ \widetilde{F} = \pi_Y \circ \widetilde{F}$ となって上式の左辺は $\pi_Y \circ \widetilde{F} : \widetilde{X}_{x_0} \times I \to Y$ の持ち上げとわかる．一方図式の可換性から $\pi_Y \circ \widetilde{F} \circ (D_\gamma \times \mathrm{id}_I) = F \circ (\pi_X \times \mathrm{id}_X) \circ (D_\gamma \times \mathrm{id}_I) = F \circ (\pi_X \times \mathrm{id}_X) = \pi_Y \circ \widetilde{F}$ となるので，従って右辺も $\overline{F}$ の持ち上げである．さらに仮定から $\widetilde{F}(x, 0) = \widetilde{\phi}(x)$ $(x \in \widetilde{X}_{x_0})$ であったことから補題 3.30 より $D_{\pi_1(\phi)(\gamma)} \circ \widetilde{F}|_{\widetilde{X}_{x_0} \times \{0\}} = \widetilde{F} \circ (D_\gamma \times \mathrm{id}_I)|_{\widetilde{X}_{x_0} \times \{0\}}$ となるので持ち上げの一意性より求める等式を得る． $\square$

定理 3.34 (局所係数ホモロジーのホモトピー不変性)．$\phi : X \to Y$ を位相多様体の間のホモトピー同値写像，V を $\mathbb{C}[\pi_1(Y)]$-加群とすると，ϕ が誘導するホモロジーの間の写像 $H_n(\phi) : H_n(X; \phi^*(V)) \to H_n(Y; V)$, $n = 0, 1, \ldots$, は $\mathbb{C}$-ベクトル空間の同型写像である．

証明. ϕ のホモトピー逆写像 $\psi : Y \to X$ はホモロジーの写像 $H_n(\psi) : H_n(Y; \psi^* \circ \phi^*(V)) \to H_n(X; \phi^*(V))$ を誘導する．このとき定理 2.7 で見たように $\pi_1(\phi) : \pi_1(X, x_0) \to \pi_1(X, \phi(x_0))$ に対して $\phi(x_0)$ と x_0 を結ぶ X の道 β があって $\pi_1(\phi)(\alpha) = \beta \cdot \alpha \cdot \beta^{-1}$ と表せる．従ってこの β について注意 3.20 で与えた同一視を考えることで，捩れチェインの空間 $C_n(Y; \psi^* \circ \phi^*(V))$ と $C_n(Y; V)$ を，そしてホモロジー $H_n(Y; \psi^* \circ \phi^*(V))$ と $H_n(Y; V)$ を以下同一視する．こうした準備のもとで，命題 3.12 により $C_n(\psi) \circ C_n(\phi)$, $C_n(\phi) \circ C_n(\psi)$ がそれぞれ $C_n(X; \phi^*(V))$, $C_n(Y; V)$ の恒等写像とチェインホモトピックであることを示せばよい．ここでは $C_n(\psi) \circ C_n(\phi)$ に関してのみこれを確かめる．

標準 n 単体 Δ^n, $I = [0,1] \subset \mathbb{R}$ に対して $\Delta^n \times I$ 上の点を $e_i^{n,\boldsymbol{b}} := (e_i^n, 0)$, $e_i^{n,\boldsymbol{t}} := (e_i^n, 1)$, $i = 0, 1, \ldots, n$ とおく．このとき位相的埋め込み写像 $\delta_i^{n+1} : \Delta^{n+1} \to \Delta^n \times I$, $i = 0, 1, \ldots, n$ を

$$
\delta_i^{n+1} : \Delta^{n+1} \ni \sum_{i=0}^{n+1} t_i e_i^{n+1} \longmapsto
$$
$$
t_0 e_0^{n,\boldsymbol{b}} + \cdots + t_i e_i^{n,\boldsymbol{b}} + t_{i+1} e_i^{n,\boldsymbol{t}} + \cdots + t_{n+1} e_n^{n,\boldsymbol{t}} \in \Delta^n \times I
$$

によって定める. $F\colon X \times I \to X$ を $F(x,0) = \psi \circ \phi(x)$, $F(x,1) = \mathrm{id}_X(x)$, $x \in X$ となる $\psi \circ \phi$ から id_X へのホモトピーで, $\widetilde{F}\colon \widetilde{X} \times I \to \widetilde{X}$ を F の持ち上げで $\widetilde{F}(x,0) = \widetilde{\psi \circ \phi}(x)$, $x \in \widetilde{X}$ を満たすものとする. ただし $\widetilde{\psi \circ \phi}$ は $\psi \circ \phi$ の標準的な持ち上げである. このときプリズム作用素 $\overline{P}_n\colon \overline{C}_n(X;\phi^*(V)) \to \overline{C}_{n+1}(X;\phi^*(V))$ を $\sigma \in S_n(\widetilde{X})$, $v \in \phi^*(V)$ に対して

$$\overline{P}_n(\sigma \otimes v) := \left(\sum_{i=0}^{n} (-1)^i \widetilde{F} \circ (\sigma \times \mathrm{id}_I) \circ \delta_i^{n+1} \right) \otimes v$$

とすることで定める. このとき補題 3.33 によって補題 3.21 や 3.31 と同様に, $\overline{P}_n$ は捩れチェインの間の写像 $P_n\colon C_n(X;\phi^*(V)) \to C_{n+1}(X;\phi^*(V))$ を定めることがわかる.

次にプリズム作用素と境界作用素の関係を見ていく. まず

$$\delta_i^{n+1} \circ \varepsilon_i^{n+1} \left(\sum_{k=0}^{n} t_k e_k^n \right)$$

$$= \delta_i^{n+1}(t_0 e_0^{n+1} + \cdots + t_{i-1} e_{i-1}^{n+1} + 0 \cdot e_i^{n+1} + t_i e_{i+1}^{n+1} + \cdots + t_n e_{n+1}^{n+1})$$

$$= \delta_{i-1}^{n+1}(t_0 e_0^{n+1} + \cdots + t_{i-1} e_{i-1}^{n+1} + 0 \cdot e_i^{n+1} + t_i e_{i+1}^{n+1} + \cdots + t_n e_{n+1}^{n+1})$$

$$= \delta_{i-1}^{n+1} \circ \varepsilon_i^{n+1} \left(\sum_{k=0}^{n} t_k e_k^n \right)$$

より

$$\delta_i^{n+1} \circ \varepsilon_i^{n+1} = \delta_{i-1}^{n+1} \circ \varepsilon_i^{n+1}, \quad i = 1,2,\ldots,n \tag{3.7}$$

が成り立つ. また $i > j$ とすると

$$\delta_i^{n+1} \circ \varepsilon_j^{n+1} \left(\sum_{k=0}^{n} t_k e_k^n \right)$$

$$= \delta_i^{n+1}(t_0 e_0^{n+1} + \cdots + t_{j-1} e_{j-1}^{n+1} + 0 \cdot e_j^{n+1} + t_i e_{j+1}^{n+1} + \cdots + t_n e_{n+1}^{n+1})$$

$$= t_0 e_0^{n,\boldsymbol{b}} + \cdots + t_{j-1} e_{j-1}^{n,\boldsymbol{b}} + 0 \cdot e_j^{n,\boldsymbol{b}} + t_j e_{j+1}^{n,\boldsymbol{b}} + \cdots + t_{i-1} e_i^{n,\boldsymbol{b}}$$
$$\quad + t_i e_i^{n,\boldsymbol{t}} + \cdots + t_n e_n^{n,\boldsymbol{t}}$$

$$= (\varepsilon_j^n \times \mathrm{id}_I) \circ \delta_{i-1}^n \left(\sum_{k=0}^{n} t_k e_k^n \right)$$

となるので

$$\delta_i^{n+1} \circ \varepsilon_j^{n+1} = (\varepsilon_j^n \times \mathrm{id}_I) \circ \delta_{i-1}^n, \quad 0 \le j < i \le n \tag{3.8}$$

が成り立つ. また同様に $i < j$ のときは

$$\delta_i^{n+1} \circ \varepsilon_{j+1}^{n+1} = (\varepsilon_j^n \times \mathrm{id}_I) \circ \delta_i^n, \quad 0 \le i < j \le n \tag{3.9}$$

であることも確かめられる. 従って $\sigma \in S_n(\widetilde{X})$, $v \in V$ に対して,

$$\partial_{n+1} \circ P_n(\sigma \otimes v)$$

$$= \sum_{0 \le j \le i \le n} (-1)^{i+j} \widetilde{F} \circ (\sigma \times \mathrm{id}_I) \circ \delta_i^{n+1} \circ \varepsilon_j^{n+1} \otimes v$$

$$\quad + \sum_{0 \le i \le j \le n} (-1)^{i+j+1} \widetilde{F} \circ (\sigma \times \mathrm{id}_I) \circ \delta_i^{n+1} \circ \varepsilon_{j+1}^{n+1} \otimes v$$

$$= \sum_{0 \le j < i \le n} (-1)^{i+j} \widetilde{F} \circ (\sigma \times \mathrm{id}_I) \circ \delta_i^{n+1} \circ \varepsilon_j^{n+1} \otimes v$$

$$\quad + \sum_{0 \le i < j \le n} (-1)^{i+j+1} \widetilde{F} \circ (\sigma \times \mathrm{id}_I) \circ \delta_i^{n+1} \circ \varepsilon_{j+1}^{n+1} \otimes v$$

$$\quad + \widetilde{F} \circ (\sigma \times \mathrm{id}_I) \circ \delta_0^{n+1} \circ \varepsilon_0^{n+1} \otimes v$$

$$\quad - \widetilde{F} \circ (\sigma \times \mathrm{id}_I) \circ \delta_n^{n+1} \circ \varepsilon_{n+1}^{n+1} \otimes v \quad (\because (3.7))$$

$$= \sum_{0 \le j < i \le n} (-1)^{i+j} \widetilde{F} \circ ((\sigma \circ \varepsilon_j^n) \times \mathrm{id}_I) \circ \delta_{i-1}^n \otimes v$$

$$\quad + \sum_{0 \le i < j \le n} (-1)^{i+j+1} \widetilde{F} \circ ((\sigma \circ \varepsilon_j^n) \times \mathrm{id}_I) \circ \delta_i^n \otimes v$$

$$\quad + \sigma \otimes v - C_n(\psi \circ \phi)(\sigma \otimes v) \quad (\because (3.8),\ (3.9),\ \text{そして下の}\ (3.10))$$

$$= -\sum_{i=0}^{n-1} \widetilde{F} \circ (\partial_n(\sigma) \times \mathrm{id}_I) \circ \delta_i^n \otimes v + \sigma \otimes v - C_n(\psi \circ \phi)(\sigma \otimes v)$$

$$= -P_{n-1} \circ \partial_n(\sigma \otimes v) + \sigma \otimes v - C_n(\psi \circ \phi)(\sigma \otimes v)$$

となり，$\partial_{n+1} \circ P_n + P_{n-1} \circ \partial_n = \mathrm{id}_{C_n(\widetilde{X}, \phi^*(V))} - C_n(\psi \circ \phi)$，すなわち $C_n(\psi \circ \phi) = C_n(\psi) \circ C_n(\phi)$ が恒等写像とチェインホモトピックとなることがわかった．ただし 3 つ目の等号では $\mathrm{Im}(\delta_0^{n+1} \circ \varepsilon_n^{n+1}) \in \Delta^n \times \{1\}$，$\mathrm{Im}(\delta_n^{n+1} \circ \varepsilon_{n+1}^{n+1}) \in \Delta^n \times \{0\}$ であることと，$\widetilde{F}(x, 0) = \widetilde{\psi \circ \phi}(x)$, $\widetilde{F}(x, 1) = \mathrm{id}_{\widetilde{X}}(x)$ であることから，

$$\begin{aligned} \widetilde{F} \circ (\sigma \times \mathrm{id}_I) \circ \delta_0^{n+1} \circ \varepsilon_0^{n+1} &= \sigma, \\ \widetilde{F} \circ (\sigma \times \mathrm{id}_I) \circ \delta_n^{n+1} \circ \varepsilon_{n+1}^{n+1} &= \widetilde{\psi \circ \phi} \circ \sigma \end{aligned} \tag{3.10}$$

が成り立つことを用いた． $\qquad\square$

3.2.4 連結とは限らない多様体の場合

これまでは連結な位相多様体を考えてきたが，位相多様体 X がいくつかの連結成分の直和 $X = \bigsqcup_{\lambda \in \Lambda} X_\lambda$ となっている場合を見てみよう．各連結成分 X_λ は X の局所連結性から開集合となるので X の局所座標系によって位相多様体と見ることができることに注意しておく．$V = (V_\lambda)_{\lambda \in \Lambda}$ で $\mathbb{C}[\pi_1(X_\lambda)]$-加群 V_λ の族を表すとする．このとき捩れ係数 V を持つ n 次特異チェインを $C_n(X; V) := \bigoplus_{\lambda \in \Lambda} C_n(X_\lambda; V_\lambda)$ と定めると各直和成分の境界写像によってチェイン複体となりその n 次ホモロジーを $H_n(X; V)$ と書いて X の V を係

数とする局所係数ホモロジーを定めることにする．また作り方から

$$H_n(X;V) \cong \bigoplus_{\lambda \in \Lambda} H_n(X_\lambda;V_\lambda) \quad (n \in \mathbb{Z}_{\geq 0})$$

となっている．

　Y をさらに連結とは限らない位相多様体として $Y = \bigsqcup_{\rho \in R} Y_\rho$ を連結成分への分解，$V = (V_\rho)_{\rho \in R}$ を $\mathbb{C}[\pi_1(Y_\rho)]$-加群 V_ρ の族とする．このとき連続写像 $\phi\colon X \to Y$ による V の引き戻しを考えよう．各 $\rho \in R$ に対して $\phi^{-1}(Y_\rho)$ は X の連結成分の直和となるので，Y は連結として V は $\mathbb{C}[\pi_1(Y)]$-加群として考えれば十分である．各連結成分 X_λ への ϕ の制限を $\phi_\lambda := \phi|_{X_\lambda}$ とおくと，前節で見たように V から $\pi_1(X_\lambda)$-加群 $V_\lambda := \phi_\lambda^*(V)$ が誘導され，さらにホモロジーの間の写像 $H_n(\phi_\lambda)\colon H_n(X_\lambda;\phi_\lambda^*(V)) \to H_n(Y;V)$ が得られる．$\phi^*(V) = (\phi_\lambda^*(V))_{\lambda \in \Lambda}$ とおくと，直和の普遍性によって写像 $H_n(\phi_\lambda)$ たちから写像 $H_n(\phi)\colon H_n(X;\phi^*(V)) \cong \oplus_{\lambda \in \Lambda} H_n(X_\lambda;\phi_\lambda^*(V)) \to H_n(Y;V)$ が誘導される．このようにして連結とは限らない多様体に対しても連結の場合と同様な局所係数ホモロジーを考えることができる．

3.2.5　マイヤー–ヴィートリス長完全列

　局所係数ホモロジーに関するマイヤー–ヴィートリス長完全列を特異ホモロジーの場合に沿って紹介しよう．

　連結な位相多様体 X が空でない開部分空間 A, B によって $X = A \cup B$ と被覆されているとする．このとき X の連結性より $x_0 \in A \cap B$ をとることができるのでこれを固定しておく．また V を $\mathbb{C}[\pi_1(X, x_0)]$-加群とする．ここでこの節で用いる記号をいくつか用意しておく．空でない開部分空間 $C \subset X$ を X の局所座標系によって位相多様体とみなしておく．このとき $S_n^C(\widetilde{X})$ を $\sigma \in S_n(\widetilde{X})$ で $\mathrm{Im}(\pi_X \circ \sigma) \subset C$ となるものの集まりとする．このとき $\pi_1(X)$ は $S_n^C(\widetilde{X})$ に作用する，すなわち $\gamma \in \pi_1(X)$, $\sigma \in S_n^C(\widetilde{X})$ に対して $\gamma \cdot \sigma \in S_n^C(\widetilde{X})$ となっていることに注意しておく．そして $C_n^C(X;V)$ で $\sigma \otimes v$ $(\sigma \in S_n^C(\widetilde{X}), v \in V)$ によって生成される $C_n(X;V)$ の部分空間を表すことにする．また集合 $C \subset D$ に対して包含写像を $\iota_C^D\colon C \hookrightarrow D$ と書くことにする．

補題 3.35. C を x_0 を含む X の開部分空間として $\mathbb{C}[\pi_1(X, x_0)]$-加群 V の引き戻し $(\iota_C^X)^*(V)$ を V_C と書くことにする．このとき捩れチェインの間の写像 $C_n(\iota_C^X)\colon C_n(C;V_C) \to C_n(X;V)$ は単射であり，その像は $C_n^C(X;V)$ と一致する．

証明. まず写像 $C_n(\iota_C^X)$ の定義より $\mathrm{Im}\, C_n(\iota_C^X) \subset C_n^C(X;V)$ であることはわかるから，$C_n(\iota_C^X)\colon C_n(C;V_C) \to C_n^C(X;V)$ と思ってよい．以下ではこの逆写像を構成しよう．$\sigma \in S_n^C(\widetilde{X}_{x_0}), v \in V$ をそれぞれとってくる．このとき

Δ^n の頂点 e_0^n に対して $\tilde{c}_0 := \sigma(e_0) \in \widetilde{X}_{x_0}$, $c_0 := \pi_X(\tilde{c}_0)$ とおく．また包含写像 $\iota_C^X : C \hookrightarrow X$ の定義 3.29 における標準的な持ち上げを $\widetilde{\iota_C^X} : \widetilde{C}_{x_0} \to \widetilde{X}_{x_0}$ とおく．

ここで $\tilde{c}_1 \in \pi_C^{-1}(c_0)$ を任意にとると，$\widetilde{\iota_C^X}(\pi_C^{-1}(c_0)) \subset \pi_X^{-1}(c_0)$ より，$\widetilde{\iota_C^X}(\tilde{c}_1) \in \pi_X^{-1}(c_0)$ である．従って $\tilde{c}_0$ と $\widetilde{\iota_C^X}(\tilde{c}_1)$ はともに，x_0 を始点，c_0 を終点とする X の道のホモトピー類なので，$\gamma_{\tilde{c}_1} := \tilde{c}_0 \cdot \widetilde{\iota_C^X}(\tilde{c}_1)^{-1} \in \pi_1(X, x_0)$ を定めることができる．一方 $\sigma \in S_n^C(\widetilde{X}_{x_0})$ であったことから $\pi_X \circ \sigma : \Delta^n \to C$ の持ち上げ $\sigma_{\tilde{c}_1} : \Delta^n \to \widetilde{C}_{x_0}$ で $\sigma_{\tilde{c}_1}(e_0^n) = \tilde{c}_1$ となるものが唯一つ存在する．これらを合わせて $\sigma_{\tilde{c}_1} \otimes \gamma_{\tilde{c}_1}^{-1} \cdot v \in C_n(C; V_C)$ なる元を考えよう．

このように定めた $\sigma_{\tilde{c}_1} \otimes \gamma_{\tilde{c}_1}^{-1} \cdot v$ は実は $\tilde{c}_1 \in \pi_C^{-1}(c_0)$ の選び方によらない．これを見るために $\tilde{c}_2 \in \pi_C^{-1}(c_0)$ に対し上と同様に $\sigma_{\tilde{c}_2} \otimes \gamma_{\tilde{c}_2}^{-1} \cdot v$ を構成しておく．ここで $\tilde{c}_i \in \widetilde{C}_{x_0}$, $i = 1, 2$ を x_0 を始点とする C の道のホモトピー類とみなして，$\gamma_{\tilde{c}_1, \tilde{c}_2}^C := \tilde{c}_1 \cdot \tilde{c}_2^{-1} \in \pi_1(C, x_0)$ を考える．このとき $D_{\gamma_{\tilde{c}_1, \tilde{c}_2}^C}(\tilde{c}_2) = \tilde{c}_1$ であるから

$$\gamma_{\tilde{c}_1, \tilde{c}_2}^C \cdot \sigma_{\tilde{c}_2} = D_{\gamma_{\tilde{c}_1, \tilde{c}_2}^C} \circ \sigma_{\tilde{c}_2} = \sigma_{\tilde{c}_1} \tag{3.11}$$

となる．一方 $\gamma_{\tilde{c}_1, \tilde{c}_2}^C$ の $\pi_1(\iota_C^X) : \pi_1(C, x_0) \to \pi_1(X, x_0)$ による像を考えると，$\pi_1(\iota_C^X)(\gamma_{\tilde{c}_1, \tilde{c}_2}^C) = \iota_C^X \circ \gamma_{\tilde{c}_1, \tilde{c}_2}^C = \iota_C^X \circ (\tilde{c}_1 \cdot \tilde{c}_2^{-1}) = (\iota_C^X \circ \tilde{c}_1) \cdot (\iota_C^X \circ \tilde{c}_2^{-1}) = \widetilde{\iota_C^X}(\tilde{c}_1) \cdot \widetilde{\iota_C^X}(\tilde{c}_2^{-1})$ である．ここで最後の等式は定義 3.29 の最後の注意より従う．これより

$$\pi_1(\iota_C^X)(\gamma_{\tilde{c}_1, \tilde{c}_2}^C) = \widetilde{\iota_C^X}(\tilde{c}_1) \cdot \widetilde{\iota_C^X}(\tilde{c}_2^{-1}) = \widetilde{\iota_C^X}(\tilde{c}_1) \cdot \tilde{c}_0^{-1} \cdot \tilde{c}_0 \cdot \widetilde{\iota_C^X}(\tilde{c}_2^{-1}) = \gamma_{\tilde{c}_1}^{-1} \cdot \gamma_{\tilde{c}_2}$$

となるから式 (3.11) と合わせて

$$\sigma_{\tilde{c}_1} \otimes \gamma_{\tilde{c}_1}^{-1} \cdot v = \gamma_{\tilde{c}_1, \tilde{c}_2}^C \cdot \sigma_{\tilde{c}_2} \otimes \gamma_{\tilde{c}_1}^{-1} \cdot v = \sigma_{\tilde{c}_2} \otimes \pi_1(\iota_C^X)(\gamma_{\tilde{c}_1, \tilde{c}_2}^C)^{-1} \cdot \gamma_{\tilde{c}_1}^{-1} \cdot v$$
$$= \sigma_{\tilde{c}_2} \otimes \gamma_{\tilde{c}_2}^{-1} \cdot \gamma_{\tilde{c}_1} \cdot \gamma_{\tilde{c}_1}^{-1} \cdot v = \sigma_{\tilde{c}_2} \otimes \gamma_{\tilde{c}_2}^{-1} \cdot v$$

が従う．このことから $\sigma \otimes v \in C_n^C(X; V)$ に対して $\sigma_{\tilde{c}_1} \otimes \gamma_{\tilde{c}_1}^{-1} \cdot v \in C_n(C; V_C)$ を対応させることで well-defined な線形写像を定めることができることがわかった．

次にこれが $C_n(\iota_C^X) : C_n(C; V_C) \to C_n^C(X; V)$ の逆写像であることを見よう．$D_{\gamma_{\tilde{c}_1}} \circ \widetilde{\iota_C^X} \circ \sigma_{\tilde{c}_1} : \Delta^n \to \widetilde{X}_{x_0}$ は $\pi_X \circ \sigma : \Delta^n \to X$ の持ち上げであって $D_{\gamma_{\tilde{c}_1}} \circ \widetilde{\iota_C^X} \circ \sigma_{\tilde{c}_1}(e_0^{n+1}) = D_{\gamma_{\tilde{c}_1}} \circ \widetilde{\iota_C^X}(\tilde{c}_1) = \tilde{c}_0$ を満たす．しかし $\sigma : \Delta^n \to \widetilde{X}_{x_0}$ も同じ性質を満たすので持ち上げの一意性から $\sigma = D_{\gamma_{\tilde{c}_1}} \circ \widetilde{\iota_C^X} \circ \sigma_{\tilde{c}_1}$ となる．すなわち

$$\sigma \otimes v = D_{\gamma_{\tilde{c}_1}} \circ \widetilde{\iota_C^X} \circ \sigma_{\tilde{c}_1} \otimes v = \widetilde{\iota_C^X} \circ \sigma_{\tilde{c}_1} \otimes \gamma_{\tilde{c}_1}^{-1} \cdot v = C_n(\iota_C^X)(\sigma_{\tilde{c}_1} \otimes \gamma_{\tilde{c}_1}^{-1} \cdot v)$$

となって上の写像が $C_n(\iota_C^X) : C_n(C; V_C) \to C_n^C(X; V)$ の逆写像であることがわかる．　　　　$\square$

またこれより以下の系が従うので $C_n^C(X; V)$ は境界写像の制限によってチェイン複体となることがわかる.

系 3.36. 補題 3.35 の記号を引き継ぐ. このとき $\partial_n(C_n^C(X; V)) \subset C_{n-1}^C(X; V)$ が成り立つ.

証明. $(C_n(\iota_C^X))_{n=0,1,\dots}$ はチェイン複体の射なので, $\partial_n(C_n^C(X; V)) = \partial_n \circ C_n(\iota_C^X)(C_n(C; V_C)) = C_{n-1}(\iota_C^X) \circ \partial_n(C_n(C; V_C)) \subset \operatorname{Im} C_{n-1}(\iota_C^X) = C_{n-1}^C(X; V)$. $\square$

補題 3.35 の前半の主張から写像 $\phi_{A\cap B,n}^{A\oplus B} : C_n(A\cap B; V_{A\cap B}) \to C_n(A; V_A) \oplus C_n(B; V_B)$ を $\phi_{A\cap B,n}^{A\oplus B} := C_n(\iota_{A\cap B}^A) \oplus -C_n(\iota_{A\cap B}^B)$ として定めると, これは単射であることがわかる. また $C_n(A + B; V) := C_n^A(X; V) + C_n^B(X; V)$ に対して, 写像 $\phi_{A\oplus B,n}^{A+B} : C_n(A; V_A) \oplus C_n(B; V_B) \to C_n(A + B; V)$ を $\phi_{A\oplus B,n}^{A+B} := C_n(\iota_A^X) + C_n(\iota_B^X)$ と定めると補題の後半の主張からこれは全射となる. ここで系 3.36 と境界写像の $\mathbb{C}$-線形性より $C_n(A + B; V)$ も境界写像の制限によってチェイン複体となることに注意すると, 上の $(\phi_{A\cap B,n}^{A\oplus B})_{n=0,1,\dots}$ と $(\phi_{A\oplus B,n}^{A+B})_{n=0,1,\dots}$ はチェイン複体の射となることを確かめることができる. さらにこれらの合成によって次のようにチェイン複体の短完全列を得ることができる.

命題 3.37. 記号は上の通りとする. このとき

$$\{0\} \to C_n(A \cap B; V_{A\cap B}) \xrightarrow{\phi_{A\cap B,n}^{A\oplus B}} C_n(A; V_A) \oplus C_n(B; V_B)$$
$$\xrightarrow{\phi_{A\oplus B,n}^{A+B}} C_n(A + B; V) \to \{0\}$$

は完全列となる.

証明. 上で見たことから $\operatorname{Im} \phi_{A\cap B,n}^{A\oplus B} = \operatorname{Ker} \phi_{A\oplus B,n}^{A+B}$ を確かめれば十分である. 写像の定義から $\operatorname{Im} \phi_{A\cap B,n}^{A\oplus B} \subset \operatorname{Ker} \phi_{A\oplus B,n}^{A+B}$ であることはわかる. 一方で, $c_A \in C_n(A; V_A)$, $c_B \in C_n(B; V_B)$ を $(c_A, -c_B) \in \operatorname{Ker} \phi_{A\oplus B,n}^{A+B}$ となるようにとっておく. このとき $C_n(\iota_A^X)(c_A) = C_n(\iota_B^X)(c_B)$ が成り立つが, 補題 3.35 より左辺は $C_n^A(X; V)$ に含まれ右辺は $C_n^B(X; V)$ に含まれるので, 両辺は $C_n^{A\cap B}(X; V)$ に含まれることになり,

$$C_n(\iota_A^X)(c_A) = C_n(\iota_B^X)(c_B) \in C_n^{A\cap B}(X; V) \tag{3.12}$$

となる. ここで $\iota_{A\cap B}^X = \iota_A^X \circ \iota_{A\cap B}^A$ より $C_n(\iota_{A\cap B}^X) = C_n(\iota_A^X) \circ C_n(\iota_{A\cap B}^A)$ となることと補題 3.35 から $C_n(\iota_A^X)^{-1}(C_n^{A\cap B}(X; V)) = \operatorname{Im} C_n(\iota_{A\cap B}^A)$ が従うので, 式 (3.12) から $c_A \in \operatorname{Im} C_n(\iota_{A\cap B}^A)$ となる. すなわち $c_{A\cap B} \in C_n(A\cap B; V_{A\cap B})$ があって, $c_A = C_n(\iota_{A\cap B}^A)(c_{A\cap B})$ とできる. また同様に $\sigma_B \otimes v_B$ も $c'_{A\cap B} \in C_n(A \cap B; V_{A\cap B})$ があって, $c_B = C_n(\iota_{A\cap B}^B)(c'_{A\cap B})$ とできる. 再び

補題 3.35 より $C_n(\iota_A^X), C_n(\iota_B^X)$ は単射だったので式 (3.12) より $c'_{A \cap B} = c_{A \cap B}$ となり，結局 $(c_A, -c_B) = \phi_{A \cap B,n}^{A \oplus B}(c'_{A \cap B}) \in \mathrm{Im}\, \phi_{A \cap B,n}^{A \oplus B}$ が従う．よって $\mathrm{Ker}\, \phi_{A \oplus B,n}^{A+B} \subset \mathrm{Im}\, \phi_{A \cap B,n}^{A \oplus B}$ がいえた． $\square$

次の事実は整数係数の特異チェインに関する同様の性質に関する証明[*3] をなぞることで示すことができるが，ここでは証明は省略する．

事実 3.38. 包含写像の作るチェイン複体の射 $(\iota_n\colon C_n(A+B;V) \hookrightarrow C_n(X;V))_{n=0,1,\ldots}$ に対してチェイン複体の射 $(\rho_n\colon C_n(X;V) \to C_n(A+B;V))_{n=0,1,\ldots}$ が存在して $(\iota_n \circ \rho_n)_{n=0,1,\ldots}, (\rho_n \circ \iota_n)_{n=0,1,\ldots}$ それぞれが恒等写像の作るチェイン複体の射とチェインホモトピックとなる．

以上の準備のドで局所係数ホモロジーをマイヤー–ヴィートリス長完全列が以下のように構成できる．

定理 3.39 (局所係数ホモロジーをマイヤー–ヴィートリス長完全列)． 連結な位相多様体 X が空でない開部分空間 A, B 被覆されているとする．このとき V を $\mathbb{C}[\pi_1(X)]$-加群とすると以下のマイヤー–ヴィートリス長完全列 (Mayer–Vietoris long exact sequence) とよばれるホモロジーの長完全列が得られる．

$$\cdots \to H_n(A \cap B; V_{A \cap B}) \to H_n(A; V_A) \oplus H_n(B; V_B) \to H_n(X; V) \to$$
$$H_{n-1}(A \cap B; V_{A \cap B}) \to H_{n-1}(A; V_A) \oplus H_{n-1}(B; V_B) \to H_{n-1}(X; V) \to \cdots$$

証明. 事実 3.38 よりチェイン複体 $C_{\bullet}(A+B;V)$ の n 次ホモロジーは $H_n(X;V)$ と同型となる．この同型を命題 3.37 のチェイン複体の短完全列によって誘導されるホモロジーの長完全列に適用すればよい． $\square$

3.2.6 S^1 上の局所係数ホモロジー

$X = S^1$ を例にとって局所係数ホモロジーを調べてみることにする．2.1.1 節で見たように $s_0 = (1,0) \in S^1 = \{(\cos\theta, \sin\theta) \in \mathbb{R}^2 \mid \theta \in \mathbb{R}\}$ を基点とした基本群 $\pi_1(S^1, s_0)$ はループ $\omega\colon I \ni s \mapsto (\cos 2\pi s, \sin 2\pi s) \in S^1$ によって生成される無限巡回群である．V を n 次元複素ベクトル空間，(ρ, V) を $\pi_1(S^1, s_0)$ のモノドロミー表現とする．このとき群準同型 $\rho\colon \pi_1(S^1, s_0) \to \mathrm{GL}(V)$ は生成元 $\omega \in \pi_1(S^1, s_0)$ の像 $\rho(\omega)$ によって決定される．この $\mathrm{GL}(V)$ は V の基底 $\{v_1, v_2, \ldots, v_n\}$ を一組固定すると n 次正則行列全体のなす群 $\mathrm{GL}_n(\mathbb{C})$ と同一視される．従ってモノドロミー表現 (ρ, V) は正則行列 $M_\rho := \rho(\omega) \in \mathrm{GL}_n(\mathbb{C})$ によって決定される．この正則行列 M_ρ をモノドロミー表現 (ρ, V) の基底 $\{v_1, v_2, \ldots, v_n\}$ における**表現行列**あるいは**モノドロミー行列**とよぶ．

[*3] 例えばハッチャー [16] の Proposition2.21.

上の基底によって V を数ベクトル空間 $\mathbb{C}^n$ と，$\rho(\omega)$ を正則行列 M_ρ と同一視
しておく．$\lambda_1, \lambda_2, \ldots, \lambda_m$ を M_ρ の固有値全体とし，これらは互いに異なると
する．そして V_{λ_i} で固有値 λ_i に関する広義固有空間を表すと，$M_\rho \cdot V_{\lambda_i} \subset V_{\lambda_i}$
より，ベクトル空間としての直和分解 $\mathbb{C}^n = \bigoplus_{i=1}^m V_{\lambda_i}$ は同時に $\mathbb{C}[\pi_1(S^1, s_0)]$-
加群の直和分解を与える．従って命題 3.27 より直和分解

$$H_n(S^1; V) = \bigoplus_{i=1}^m H_n(S^1; V_{\lambda_i})$$

が得られ，$H_n(S^1; V)$ を調べるには各直和成分 $H_n(S^1; V_{\lambda_i})$ を調べればよいこ
とがわかる．

S^1 は 1 次元多様体であるため 1 次以外のホモロジーは次のように容易な構
造をしている．

命題 3.40. 以下が成立する．

$$H_k(S^1; V) \cong \begin{cases} \{0\} & (k \geq 2) \\ V/V^o & (k = 0). \end{cases}$$

ここで V^o は命題 3.24 で定義した V の部分加群である．

証明. 0 次ホモロジーは命題 3.24 で見た通りである．

次に $1 \gg \varepsilon > 0$ を固定し $L_1 := \{(\cos\theta, \sin\theta) \in S^1 \mid \theta \in (-\varepsilon, \pi + \varepsilon)\}$ と
$L_2 := \{(\cos\theta, \sin\theta) \in S^1 \mid \theta \in (-\pi - \varepsilon, \varepsilon)\}$ によって S^1 を被覆しておく．こ
のときマイヤー–ヴィートリス長完全列

$$\cdots \to H_k(L_1 \cap L_2; V_{L_1 \cap L_2}) \to \bigoplus_{i=1,2} H_k(L_i; V_{L_i}) \to H_k(S^1; V) \to$$

$$H_{k-1}(L_1 \cap L_2; V_{L_1 \cap L_2}) \to \bigoplus_{i=1,2} H_{k-1}(L_i; V_{L_i}) \to H_{k-1}(S^1; V) \to \cdots$$

が得られる．このとき各 L^i は 1 点集合 $\{*\}$ とホモトピー同値であるからホモ
トピー不変性から $H_k^{\mathrm{loc}}(L_i; V_{L_i}) \cong H_k^{\mathrm{sing}}(\{*\}; V) \cong H_k^{\mathrm{sing}}(\{*\}; \mathbb{C})^{\oplus n}$ となる．
従って

$$H_k^{\mathrm{loc}}(L_i; V_{L_i}) \cong \begin{cases} \{0\} & (k \neq 0) \\ \mathbb{C}^n & (k = 0) \end{cases}$$

が従う．また $L_1 \cap L_2$ は異なる 2 点からなる集合 $\{*_1, *_2\}$ とホモトピー同値な
ので同様に $H_k^{\mathrm{loc}}(L_1 \cap L_2; V_{L_1 \cap L_2}) \cong H_k^{\mathrm{sing}}(\{*_1, *_2\}; V) \cong H_k(\{*\}; V)^{\oplus 2}$ と
なるから

$$H_k^{\mathrm{loc}}(L_1 \cap L_2; V_{L_1 \cap L_2}) \cong \begin{cases} \{0\} & (k \neq 0) \\ \mathbb{C}^{2n} & (k = 0) \end{cases}$$

を得る．よって上の長完全列より $H_k(S^1; V) = \{0\}$ が $k \geq 2$ で成り立つこと

がわかる. $\qquad\square$

では 1 次ホモロジーを見てみよう. 連結な位相多様体 X と $\mathbb{C}[\pi_1(X)]$-加群 V に対して V の部分加群

$$V^{\mathrm{inv}} := \{v \in V \mid \text{すべての } \gamma \in \pi_1(X) \text{ に対し } \gamma \cdot v = v\}$$

を $\pi_1(X)$ **不変な部分加群**あるいは単に不変部分加群とよぶ.

命題 3.41. 記号は上の通りとする. このとき S^1 上の 1 次局所係数ホモロジーに対して次が成立する.

1. $\lambda_i \neq 1$ ならば $H_1(S_1; V_{\lambda_i}) = \{0\}$.
2. $\lambda_i = 1$ とする. $\sigma_\omega^1 \in S_1(\widetilde{S^1})$ として上で定めた $\omega \in \pi_1(S^1, s_0)$ の持ち上げを一つとる. このとき線形写像

$$F_{\sigma_\omega^1}: V^{\mathrm{inv}} \ni v \mapsto [\sigma_\omega^1 \otimes v] \in H_1(S^1; V_1)$$

は同型写像である.

証明. まず $\lambda_i \neq 1$ と仮定する. このとき $V_{\lambda_i}^o = V_{\lambda_i}$ となる. 実際 V_{λ_i} の基底を一組とって V_{λ_i} を $\mathbb{C}^{n_i}$ と同一視して, M_{λ_i} をモノドロミー行列 M_ρ を V_{λ_i} に制限して得られる行列, I_{n_i} をサイズ n_i の単位行列とすると, $I_{n_i} - M_{\lambda_i}$ は正則行列となる. すなわち, 任意の $v \in V_{\lambda_i}$ は $v = (I_{n_i} - M_{\lambda_i})v'$, $v' \in V_{\lambda_i}$ とできるから, $V_{\lambda_i}^o = V_{\lambda_i}$ がわかる. 従って命題 3.24 より $H_0(S^1; V_{\lambda_i}) = \{0\}$ となって, 命題 3.40 の証明で見たマイヤー–ヴィートリス長完全列

$$\to \bigoplus_{j=1,2} H_1(L_j; (V_{\lambda_i})_{L_j}) \to H_1(S^1; V_{\lambda_i}) \to H_0(L_1 \cap L_2; (V_{\lambda_i})_{L_1 \cap L_2})$$

$$\to \bigoplus_{j=1,2} H_0(L_j; (V_{\lambda_i})_{L_j}) \to H_0(S^1; (V_{\lambda_i})) = \{0\}$$

において $H_1^{\mathrm{loc}}(L_j; (V_{\lambda_i})_{L_j}) \cong H_1^{\mathrm{sing}}(L_j; V_{\lambda_i}) = \{0\}$, $H_0^{\mathrm{loc}}(L_1 \cap L_2; (V_{\lambda_i})_{L_1 \cap L_2}) \cong H_0^{\mathrm{sing}}(L_1 \cap L_2; V_{\lambda_i}) \cong V_{\lambda_i}^{\oplus 2}$, $H_0^{\mathrm{loc}}(L_j; (V_{\lambda_i})_{L_j}) \cong H_0^{\mathrm{sing}}(L_j; V_{\lambda_i}) \cong V_{\lambda_i}$ となることに注意すると $H_1(S_1; V_{\lambda_i}) = \{0\}$ が従う.

次に $\lambda_i = 1$ の場合を考える. 上と同様に V_1 を $\mathbb{C}^{n_1}$ と同一視して M_1 をモノドロミー行列の V_1 への制限とする. このとき線形写像 $f: V \ni v \mapsto (I_{n_1} - M_1)v \in V_1^o$ は全射である. 実際 V^o は $(I_{n_1} - M_1^k)v$, $v \in V$, $k \in \mathbb{Z}_{>0}$, なるベクトルで生成される[4]が, $(I_{n_1} - M_1^k)v = (I_{n_1} - M_1)(I_{n_1} + M_1^2 + \cdots + M_1^{k-1})v \in \mathrm{Im}\, f$ である. また $\mathrm{Ker}\, f = V_1^{\mathrm{inv}} = V^{\mathrm{inv}}$ であるから, 以上より $\dim_\mathbb{C} H_0(S^1; V_1) = \dim_\mathbb{C} V_1 - \dim_\mathbb{C} V_1^o = \dim_\mathbb{C} V^{\mathrm{inv}}$ となることがわかる. 従って上と同様にマイヤー–ヴィートリス長完全列より $\dim_\mathbb{C} H_1(S^1; V_1) =$

---

[4] k が負の整数の場合は $(I_{n_1} - M_1^k)v = (M_1^{-k} - I_{n_1})M_1^k v = (I_{n_1} - M_1^{-k})(-M_1^k v)$ と考えればよい.

$\dim_{\mathbb{C}} V^{\mathrm{inv}}$ が従う．最後に $F_{\sigma^1_\omega}$ が単射であることを見る．$F_{\sigma^1_\omega}(v) = 0$ とする．このとき $v \neq 0$ と仮定して矛盾を導く．$\sigma^1_\omega \otimes v$ のホモロジー類が 0 となることから $\sigma^1_\omega \otimes v - \sum_{i=1}^k c_i(\gamma_i^{-1} \cdot \sigma_i^1 \otimes v_i - \sigma_i^1 \otimes \gamma_i \cdot v_i) \in \mathrm{Im}\, \overline{\partial}_2$ が $\overline{C}_1(S_1; V)$ の中で成り立つような $c_i \in \mathbb{C}$, $\sigma_i^1 \in S_1(\widetilde{S^1}_{s_0})$, $\gamma_i \in \pi_1(S^1, s_0)$, $v_i \in V$ が存在する．ここで $\mathrm{Im}\, \overline{\partial}_2 \subset \mathrm{Ker}\, \partial_1^{\mathbb{C}} \otimes_{\mathbb{C}} V_1$ であることに注意する．ただし $\partial_1^{\mathbb{C}} \colon C_1(\widetilde{S^1}_{s_0}; \mathbb{C}) \to C_0(\widetilde{S^1}_{s_0}; \mathbb{C})$ は境界写像である．従って $J := \{1 \leq i \leq k \mid v_i = v$ かつ $c_j \neq 0\}$ とおくと $(\sigma^1_\omega + \sum_{j \in J} c_j(\gamma_j^{-1} \cdot \sigma_j^1 - \sigma_j^1)) \otimes v \in \mathrm{Ker}\, \partial_1^{\mathbb{C}} \otimes_{\mathbb{C}} V_1$ となり，特に $\sigma^1_\omega + \sum_{j \in J} c_j(\gamma_j^{-1} \cdot \sigma_j^1 - \sigma_j^1) \in \mathrm{Ker}\, \partial_1^{\mathbb{C}}$ である．ここで $\widetilde{S^1}_{s^0}$ を $\mathbb{R}$ と同一視すると $\sigma^1 \in S_1(\widetilde{S^1}) = S_1(\mathbb{R})$ は連続関数 $\sigma^1 \colon [0,1] \to \mathbb{R}$ と思える．そこで $\sigma^1(0)$ を始点 $\sigma^1(1)$ を終点とする $\mathbb{R}$ の 1 単体[*5)]を $\mathrm{seg}(\sigma^1)$ と書いて，$\mathrm{seg}(\sigma^1)$ の符号付き長さを $|\mathrm{seg}(\sigma^1)| := \sigma^1(1) - \sigma^1(0)$ と定めておく．すると各 $j \in J$ に対し $\varepsilon_j \in \{-1, 0, 1\}$ をうまく選ぶことで，$\mathrm{seg}(\sigma^1_w) + \sum_{j \in J} \varepsilon_j(\mathrm{seg}(\gamma_j^{-1}\sigma_j^1) - \mathrm{seg}(\sigma_j^1))$ を $\mathbb{R}$ 内の 1 サイクルとできる．このことから符号付き長さの和は $|\mathrm{seg}(\sigma^1_w)| + \sum_{j \in J} \varepsilon_j(|\mathrm{seg}(\gamma_j^{-1}\sigma_j^1)| - |\mathrm{seg}(\sigma_j^1)|) = 0$ となるが，一方で $|\mathrm{seg}(\gamma_j^{-1}\sigma_j^1)| = |\mathrm{seg}(\sigma_j^1)|$ なのでこれは $|\mathrm{seg}(\sigma^1_w)| = 1 \neq 0$ に矛盾する． $\square$

以後のために上の証明から従う事実を系としておく．

系 3.42. $\mathbb{C}$ 上有限次元な $\mathbb{C}[\pi_1(S^1)]$-加群 V に対して $\dim_{\mathbb{C}} H_1(S^1; V) = \dim_{\mathbb{C}} H_0(S^1; V)$ が成り立つ．

3.2.7 相対ホモロジー

相対ホモロジーを紹介しておこう．X を連結な位相多様体，A をその開集合とする．また V を $\mathbb{C}[\pi_1(X)]$-加群，V_A で包含写像 $\iota_A \colon A \hookrightarrow X$ による V の引き戻しを表すことにする．このとき図式

$$
\begin{array}{ccc}
C_n(A; V_A) & \xrightarrow{C_n(\iota_A)} & C_n(X; V) \\
\downarrow{\partial_n} & & \downarrow{\partial_n} \\
C_{n-1}(A; V_A) & \xrightarrow{C_{n-1}(\iota_A)} & C_{n-1}(X; V)
\end{array}
$$

の可換性から補題 3.3 によって

$$
\begin{array}{ccccccc}
C_n(A; V_A) & \xrightarrow{C_n(\iota_A)} & C_n(X; V) & \xrightarrow{\pi_{(n)}} & \mathrm{Coker}\, C_n(\iota_A) & \longrightarrow & \{0\} \\
\downarrow{\partial_n} & & \downarrow{\partial_n} & & \downarrow{\phi^{\mathrm{coker}}_{(n)}} & & \\
C_{n-1}(A; V_A) & \xrightarrow{C_{n-1}(\iota_A)} & C_{n-1}(X; V) & \xrightarrow{\pi_{(n-1)}} & \mathrm{Coker}\, C_{n-1}(\iota_A) & \longrightarrow & \{0\}
\end{array}
$$

を可換にする線形写像 $\phi^{\mathrm{coker}}_{(n)} \colon \mathrm{Coker}\, C_n(\iota_A) \to \mathrm{Coker}\, C_{n-1}(\iota_A)$ がただ一つ存在し，またこれは $\partial_{n-1} \circ \partial_n = 0$ より $\phi^{\mathrm{coker}}_{(n-1)} \circ \phi^{\mathrm{coker}}_{(n)} = 0$ を満たす．従って

[*5)] 単体的複体の意味での 1 単体．

$C_n(X, A; V) := \operatorname{Coker} C_n(\iota_A)$ は境界写像 $\partial_n := \phi_{(n)}^{\operatorname{coker}}$ によってチェイン複体をなす．このチェイン複体のホモロジーを $H_n(X, A; V)$ と書いて対 (X, A) の V を捩れ係数に持つ**相対ホモロジー**という．

補題 3.35 から $C_n(\iota_A)$ は単射だったので単完全列

$$\{0\} \to C_n(A; V_A) \to C_n(X; V) \to C_n(X, A; V) \to \{0\}$$

が得られ，これはチェイン複体の単完全列をなすのでホモロジーの長完全列

$$\cdots \xrightarrow{\delta_{n+1}} H_n(A; V_A) \to H_n(X; V) \to H_n(X, A; V) \xrightarrow{\delta_n}$$

$$H_{n-1}(A; V_A) \to H_{n-1}(X; V) \to H_{n-1}(X, A; V) \xrightarrow{\delta_{n-1}} \cdots$$

が得られる．

3.3　複素数平面上の局所系のオイラー変換

第 1 章では微分方程式

$$\left(\partial_\zeta - \frac{\beta - \gamma}{\zeta} + \frac{\gamma - \alpha - 1}{\zeta} \right) \phi(\zeta) = 0 \tag{3.13}$$

の解 $\varphi(\beta - \gamma, \gamma - \alpha - 1; \zeta) = \zeta^{\beta-\gamma}(\zeta - 1)^{\gamma-\alpha-1}$ に対するオイラー変換

$$\int_C \varphi(\beta - \gamma, \gamma - \alpha - 1; \zeta)(z - \zeta)^{-\beta} \, d\zeta \tag{3.14}$$

によってガウスの超幾何微分方程式の解空間が生成されることを見た．一方第 2 章で見たように，複素領域の線形微分方程式の解空間によって複素局所系を得ることができる．すなわち，オイラー変換は微分方程式 (3.13) の解のなす局所系からガウスの超幾何微分方程式の解の局所系を与える変換と思うこともできる．この節ではこの局所系の間の変換としてのオイラー変換に対して，局所係数ホモロジーを用いた定式化を与える．

3.3.1　点の配置空間

定義 3.43 (点の配置空間)．X を位相多様体，X^n で X の n 個の直積を表す．このとき X^n の開部分多様体

$$\mathscr{F}_n(X) := \{(x_1, x_2, \ldots, x_n) \in X^n \mid \text{すべての } i \neq j \text{ に対し } x_i \neq x_j\}$$

を X 上の n 点の**配置空間**という．

特にこの 3.3 節では $\mathbb{P}^1$ の異なる $r + 1$ 個の点の集合 $Q_{r+1} := \{a_1, a_2, \ldots, a_{r+1}\}$ の補集合 $\mathbb{P}^1 \backslash Q_{r+1}$ に対しその上の 2 点の配置空間 $\mathscr{F}_2(\mathbb{P}^1 \backslash Q_{r+1})$ を考える．ここで簡単のため一次分数変換によって $a_{r+1} = \infty$ としておく．すると $\mathbb{P}^1 \backslash Q_{r+1} = \mathbb{C} \backslash Q_r$ となるので，結局

$$\mathscr{F}_2(\mathbb{C}\backslash Q_r) = \{(\zeta, z) \in \mathbb{C}^2 \mid \zeta \neq z \text{ かつ } t, z \notin Q_r\}$$

を考えればよいことになる．ここで以後のためにいくつか記号を用意しておく．$\mathscr{F}_2(\mathbb{C}\backslash Q_r)$ において $\mathbb{C}^2$ の第 1 成分，第 2 成分それぞれへの射影 $\mathscr{F}_2(\mathbb{C}\backslash Q_r) \to \mathbb{C}\backslash Q_r$ をそれぞれ pr_ζ, pr_z で表す．また $\mathbb{C}\backslash Q_r$ を pr_ζ, pr_z のそれぞれ値域であることを強調するために $(\mathbb{C}\backslash Q_r)_\zeta$, $(\mathbb{C}\backslash Q_r)_z$ とそれぞれを表すこともある．また $\mathscr{F}_2(\mathbb{C}\backslash Q_r)$ から $\mathbb{C}^\times = \mathbb{C}\backslash\{0\}$ への射影として

$$\pi_{z-\zeta}\colon \mathscr{F}_2(\mathbb{C}\backslash Q_r) \ni (\zeta, z) \longmapsto z - \zeta \in \mathbb{C}^\times$$

なるものを用意しておく．

3.3.2　$\mathbb{C}\backslash Q_r$ 上の局所系のオイラー変換

　オイラー変換 (3.14) は関数 $\varphi(\beta-\gamma, \gamma-\alpha-1; \zeta)$ と冪関数 $\zeta^{-\beta}$ の畳み込み積分によって与えられた．まず冪関数 $\zeta^{-\beta}$ に相当する局所系を考えよう．

　$\mathbb{C}^\times$ の基点 x_0 に関する基本群の 1 次元ベクトル空間 $\mathbb{C}$ における表現

$$\rho\colon \pi_1(\mathbb{C}^\times, x_0) \to \mathrm{GL}_1(\mathbb{C}) = \mathbb{C}^\times$$

を考える．補題 2.12 で見たように $\mathbb{C}^\times$ は S^1 とホモトピー同値であることから決まる基本群の同型 $\pi_1(\mathbb{C}^\times, x_0) \cong \pi_1(S^1, s_0)$ を一つ固定する．事実 2.10 で定義した生成元 $\omega \in \pi_1(S^1, s_0)$ のこの同型による像を同じ記号 $\omega \in \pi_1(\mathbb{C}^\times, x_0)$ で表すことにする．このとき表現 $(\mathbb{C}, \rho)$ は定数 $\sigma := \rho(\omega) \in \mathbb{C}^\times$ によって決定される．

定義 3.44 (クンマーの局所系)．$\pi_1(\mathbb{C}^\times, x_0)$ の 1 次元 $\mathbb{C}$-ベクトル空間における表現 $(\mathbb{C}, \rho)$ に対し $\sigma = \rho(\omega) \in \mathbb{C}^\times$ とおく．このとき $(\mathbb{C}, \rho)$ が定める $\mathbb{C}^\times$ 上の局所系を $\mathcal{K}_\sigma$ と書いて**クンマー (Kummer) の局所系**という．また対応する $\mathbb{C}[\pi_1(\mathbb{C}^\times, x_0)]$-加群を記号 K_σ で表すことにする．

　このクンマー局所系 $\mathcal{K}_\sigma$ は $\sigma = \exp(2\pi i\lambda)$ なる $\lambda \in \mathbb{C}$ に対して定まる $\mathbb{C}^\times$ 上の多価関数 ζ^λ の対応物である．

　次に微分方程式 (3.13) の解空間に相当する局所系として次のものを用意しよう．点 $z_0 = (\zeta_0, z_0) \in \mathscr{F}_2(\mathbb{C}\backslash Q_r)$ を一つ固定する．$\mathcal{L}$ を $(\mathbb{C}\backslash Q_r)_\zeta$ 上の複素局所系，L を対応する $\mathbb{C}[\pi_1((\mathbb{C}\backslash Q_r)_\zeta, \zeta_0)]$-加群とする．

　ではこの 2 つの局所系 $\mathcal{K}_\sigma$, $\mathcal{L}$ を用いてオイラー変換 (3.14) の被積分関数である $\varphi(\beta-\gamma, \gamma-\alpha-1; \zeta)(z-\zeta)^{-\beta}$ に相当する局所系を構成しよう．そのためにまず $\mathbb{C}[\pi_1(X)]$-加群の $\mathbb{C}$ 上のテンソル積を導入する．

定義 3.45 ($\mathbb{C}[\pi_1(X)]$-加群の $\mathbb{C}$ 上のテンソル積)．X を連結な位相多様体，V_1, V_2 を $\mathbb{C}[\pi_1(X)]$-加群，$V_1 \otimes_\mathbb{C} V_2$ を $\mathbb{C}$-ベクトル空間としてのテンソル積とする．このとき $V_1 \otimes_\mathbb{C} V_2$ への $\pi_1(X)$ の作用を

$$\gamma \cdot (v_1 \otimes v_2) := (\gamma \cdot v_1) \otimes (\gamma \cdot v_2), \quad (v_i \in V_i,\, i = 1, 2,\, \gamma \in \pi_1(X))$$

と定めることで $V_1 \otimes_{\mathbb{C}} V_2$ を $\mathbb{C}[\pi_1(X)]$-加群とみなすことができる. これを $\mathbb{C}[\pi_1(X)]$-加群 V_1, V_2 の $\mathbb{C}$ 上のテンソル積といい, 同じ記号 $V_1 \otimes_{\mathbb{C}} V_2$ で表す.

L と K_σ で上の局所系に対応する $\mathbb{C}[\pi_1((\mathbb{C}\backslash Q_r)_\zeta, \zeta_0)]$-加群と $\mathbb{C}[\pi_1(\mathbb{C}^\times, z_0 - \zeta_0)]$-加群を表す. このときこれらを射影 pr_ζ, $\pi_{z-\zeta}$ で引き戻してできる $\mathbb{C}[\pi_1(\mathscr{F}_2(\mathbb{C}\backslash Q_r), z_0)]$-加群の $\mathbb{C}$ 上のテンソル積

$$C_\sigma(L) := \mathrm{pr}_\zeta^*(L) \otimes_{\mathbb{C}} \pi_{z-\sigma}^*(K_\sigma)$$

を考えることができる. これがオイラー変換 (3.14) における関数 $\varphi(\beta - \gamma, \gamma - \alpha - 1; \zeta)(z - \zeta)^{-\beta}$ の対応物である.

最後に積分に相当するものを局所係数ホモロジーを用いて構成する. $z \in (\mathbb{C}\backslash Q_r)_z$ に対して $\mathrm{pr}_z^{-1}(z) = \{(\zeta, z) \in \mathbb{C}^2 \mid \zeta \notin \{a_1, a_2, \ldots, a_r, z\}\}$ であるから単射連続写像

$$\iota_z \colon \mathbb{C}\backslash\{a_1, a_2, \ldots, a_r, z\} \ni \zeta \longmapsto (\zeta, z) \in \mathrm{pr}_z^{-1}(z) \subset \mathscr{F}_2(\mathbb{C}\backslash Q_r)$$

が得られる. 各 $z \in (\mathbb{C}/Q_r)$ に対し $Q_r(z) := \{a_1, a_2, \ldots, a_r, z\}$ とおき, 上の単射 ι_z によって $C_\sigma(L)$ を引き戻すと, $\mathbb{C}\backslash Q_r(z)$ 上の局所係数 1 次ホモロジー

$$H_1(\mathbb{C}\backslash Q_r(z); \iota_z^*(C_\sigma(L)))$$

を定めることができる. この各ホモロジー類がオイラー変換の積分 (3.14) に対応する. さてこの局所係数ホモロジーから $\mathbb{C}\backslash Q_r(z)$ 上の局所系を構成しよう. 半径 $\epsilon \in \mathbb{R}_{>0}$ 中心 $z \in \mathbb{C}$ の $\mathbb{C}$ 内の開円盤 $D_\epsilon(z)$ に対し, その $\mathbb{C}$ 内の閉包を $\overline{D}_\epsilon(z)$ で表すことにする. このとき $\mathbb{C}\backslash Q_r$ の開集合合族として

$$\mathfrak{B} := \{D_\epsilon(z) \mid z \in \mathbb{C}\backslash Q_r,\, \overline{D}_\epsilon(z) \subset \mathbb{C}\backslash Q_r\}$$

を考えるとこれは $\mathbb{C}\backslash Q_r$ の開基となる[*6]. $\mathcal{E}_\sigma(L)$ を $\mathfrak{B}$ の元に $\mathbb{C}$-ベクトル空間を対応させる対応として, $D_\epsilon(z) \in \mathfrak{B}$ に対して

$$\mathcal{E}_\sigma(L)(D_\epsilon(z)) := H_1(\mathbb{C}\backslash Q_r(z); \iota_z^*(C_\sigma(L)))$$

と定める. また $D_{\epsilon'}(z')$, $D_\epsilon(z) \in \mathfrak{B}$ が $D_{\epsilon'}(z') \subset D_\epsilon(z)$ となっているときに制限射を次のように定める. 包含写像 $j_{\epsilon,z} \colon \mathbb{C}\backslash(Q_r \cup D_\epsilon(z)) \hookrightarrow \mathbb{C}\backslash Q_r(z)$ によって線形写像

$$H_1(j_{\epsilon,z}) \colon H_1(\mathbb{C}\backslash(Q_r \cup D_\epsilon(z)); j_{\epsilon,z}^* \circ \iota_z^*(C_\sigma(L))) \longrightarrow$$
$$H_1(\mathbb{C}\backslash Q_r(z); \iota_z^*(C_\sigma(L)))$$

[*6] 開集合 $U \subset \mathbb{C}\backslash Q_r$ に対して $u \in U$ を任意にとると, $D_\epsilon(u) \subset U$ なる $\epsilon > 0$ が存在するが, このとき $0 < \epsilon' < \epsilon$ に対して $\overline{D}_{\epsilon'}(u) \subset D_\epsilon(u) \subset U$ であるから $D_{\epsilon'}(u) \in \mathfrak{B}$ である. よって任意の開集合 $U \subset \mathbb{C}\backslash Q_r$ が $\mathfrak{B}$ の元によって被覆できることがわかる.

が定まるが，補題 2.12 の議論から $j_{\epsilon,z}$ がホモトピー同値写像であること
がわかるので定理 3.34 より $H_1(j_{\epsilon,z})$ は同型である．また 2 つの $\mathfrak{B}$ の元が
$D_{\epsilon'}(z') \subset D_\epsilon(z)$ となっているとき包含写像

$$\phi\colon \mathbb{C}\backslash(Q_r \cup D_\epsilon(z)) \hookrightarrow \mathbb{C}\backslash(Q_r \cup D_{\epsilon'}(z'))$$

はホモトピー同値写像であり，同型

$$\begin{aligned}
H_1(\phi)\colon H_1(\mathbb{C}\backslash(Q_r \cup D_\epsilon(z)); j_{\epsilon,z}^* \circ \iota_z^*(C_\sigma(L))) &\longrightarrow \\
H_1(\mathbb{C}\backslash(Q_r \cup D_{\epsilon'}(z')); j_{\epsilon',z'}^* \circ \iota_z^*(C_\sigma(L)))
\end{aligned}$$

が得られる．これによって $D_\epsilon(z)$ から $D_{\epsilon'}(z')$ への制限射を

$$\rho_{D_{\epsilon'}(z')}^{D_\epsilon(z)} := H_1(j_{\epsilon',z'}) \circ H_1(\phi) \circ H_1(j_{\epsilon,z})^{-1}$$

と定めると対応 $\mathcal{E}_\sigma(L)$ は開基 $\mathfrak{B}$ 上の前層となる．

定義 3.46 (複素局所系のオイラー変換)．$\sigma \in \mathbb{C}^\times$ と $\mathbb{C}\backslash Q_r$ 上の局所系 $\mathcal{L}$ に
対して上で定めた $\mathfrak{B}$ 上の前層 $\mathcal{E}_\sigma(L)$ を考える．このとき $\mathcal{E}_\sigma(L)$ の $\mathbb{C}\backslash Q_r$ の層
としての拡大を同じ記号 $\mathcal{E}_\sigma(L)$ で書いて，$\mathcal{L}$ の σ に関する**オイラー変換**とい
う．また誤解の恐れがない場合は $\mathcal{L}$ に対して $\mathcal{E}_\sigma(L)$ を与える対応のことも同
様にオイラー変換とよぶ．

定義より任意の $U \subset V$ なる $\mathfrak{B}$ の元に対し，制限写像 ρ_U^V は同型なので 2.4.4
節で見た解の層と同様にして $\mathcal{E}_\sigma(L)$ は複素局所系となる．以上より第 1 章で
見た微分方程式 (3.13) の解空間からオイラー変換によってガウスの超幾何微
分方程式の解空間を構成する操作を複素局所系と局所係数ホモロジーを用いて
定式化することができた．

3.3.3 ポッホハンマーサイクル

1.6 節でオイラー変換 (3.14) の積分路としてポッホハンマーの路を用意して
ガウスの超幾何微分方程式の解空間の基底を構成した．この事実を基にして本
節では局所系のオイラー変換 $\mathcal{E}_\sigma(L)$ の $z \in \mathbb{C}\backslash Q_r$ における茎 $\mathcal{E}_\sigma(L)_z$ を考え，
その基底をポッホハンマーの路を用いて構成しよう．

$z \in (\mathbb{C}\backslash Q_r)_z$ を固定し，D を $Q_r(z)$ をその内点として含む $\mathbb{C}$ 内の閉円盤
とすると 2.1.1 節で見たように包含写像 $\iota_D\colon D\backslash Q_r(z) \hookrightarrow \mathbb{C}\backslash Q_r(z)$ はホモト
ピー同値写像である．また $D\backslash Q_r(z)$ は $Q_r(z)$ 内の点の位置によらず同相な $の$
で適当に点を動かして図 3.1 のようになっているとしておく．

ここで $a_1, a_2, \ldots, a_r$ は一つの線分上にあるとしておく．このとき線分 $\overline{a_1a_2}$
の中点を c，また 3 等点を $b_1 := a_2 - (a_2 - a_1)/3$, $b_2 = a_2 - 2(a_2 - a_1)/3$
とおく．このとき $i = 1, 2$ に対して，点 b_i を通り線分 $\overline{zc}$ と平行な直線を l_i,

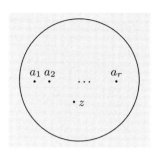

図 3.1

そして D の境界 ∂D と l_i が囲む図形のうち a_i を含むものを V_i とおく. そして $V_i \cap (D \backslash Q_r(z))$ の $D \backslash Q_r(z)$ における内部を U_i とおく. すると U_1, U_2 は $D \backslash Q_r(z)$ の開被覆となる.

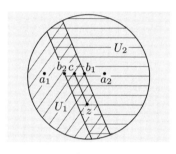

図 3.2

このようにしてマイヤー–ヴィートリス長完全列

$$\cdots \to H_1(U_1 \cap U_2, \iota_z^*(C_\sigma(L))_{U_1 \cap U_2}) \to \bigoplus_{i=1,2} H_1(U_i; \iota_z^*(C_\sigma(L))_{U_i}) \to$$

$$H_1(D \backslash Q_r(z); \iota_z^*(C_\sigma(L))_{U_i}) \to H_0(U_1 \cap U_2, \iota_z^*(C_\sigma(L))_{U_1 \cap U_2}) \to \cdots$$

が得られる. ここで $\iota_z \circ \iota_D \colon D \backslash Q_r(z) \hookrightarrow \mathscr{F}_2(\mathbb{C} \backslash Q_r)$ をあらためて ι_z で表し, また部分空間 $U = U_1, U_2, U_1 \cap U_2$ の包含写像 $\iota_U \colon U \hookrightarrow \mathbb{C} \backslash Q_r(z)$ に対して, $\iota_z^*(C_\sigma(L))_U := (\iota_z \circ \iota_U)^*(C_\sigma(L))$ とした.

まず $H_i(U_1 \cap U_2, \iota_z^*(C_\sigma(L))_{U_1 \cap U_2})$, $i = 1, 2$ について考える. $\pi_1(\mathscr{F}_2(\mathbb{C} \backslash Q_r), \boldsymbol{z}_0)$ の基点 $\boldsymbol{z}_0 = (z_0, \zeta_0)$ は $\zeta_0 \in U_1 \cap U_2$ を満たすとしておく. $U_1 \cap U_2$ は S^1 とホモトピー同値であるから ζ_0 を基点とし z を反時計回りに 1 周するループ ω を $\pi_1(U_1 \cap U_2, \zeta_0) \cong \mathbb{Z}$ の生成元としてとれる.

補題 3.47. 上で定めた $\omega \in \pi_1(U_1 \cap U_2, \zeta_0)$ に対して

$$\omega \cdot c = \sigma c \quad (c \in \iota_z^*(C_\sigma(L))_{U_1 \cap U_2})$$

が成り立つ.

証明. ループ ω は z のみを回るループなので $\mathrm{pr}_\zeta \circ \iota_z \circ \iota_{U_1 \cap U_2}$ による ω の像は定

値の道とホモトピー同値となり，また $\pi_{z-\zeta} \circ \iota_z \circ \iota_{U_1 \cap U_2}$ による像は原点を反時計回りに 1 周するループである．従って $\omega \cdot (l \otimes k) = \omega \cdot l \otimes \omega \cdot k = l \otimes \sigma k = \sigma(l \otimes k)$，$(l \in \mathrm{pr}_\zeta^*(L), k \in \pi_{z-\zeta}^*(K_\sigma))$ が成り立つ． $\qquad \square$

これより命題 3.40 と 3.41 から次が従う．

系 3.48. $i = 0, 1$ に対して以下の等式が成立，

$$\dim_{\mathbb{C}} H_i(U_1 \cap U_2, \iota_z^*(C_\sigma(L))_{U_1 \cap U_2}) = \begin{cases} \dim_{\mathbb{C}} L & (\sigma = 1) \\ 0 & (\sigma \neq 1) \end{cases}.$$

これより $\sigma \neq 1$ のときは上の長完全列から同型

$$\bigoplus_{i=1,2} H_1(U_i; \iota_z^*(C_\sigma(L))_{U_i}) \cong H_1(D \backslash Q_r(z); \iota_z^*(C_\sigma(L))_{U_i})$$

が得られることになる．さらに U_2 は $D \backslash Q_{r-1}(z)$ に同相であることに注意すれば，$H_1(U_1; \iota_z^*(C_\sigma(L))_{U_1})$ の構造がわかれば帰納的に $H_1(D \backslash Q_r(z); \iota_z^*(C_\sigma(L)))$ の構造が決定されることになる．

では仮定 $\sigma \neq 1$ の元で $H_1(U_1; \iota_z^*(C_\sigma(L))_{U_1})$ を考えよう．a_1 の近傍 U_{a_1} と z の近傍 U_z を適当にとり，$U_{a_1} \cap U_z$ は単連結で ζ_0 を含み，また $U_1 = U_{a_1} \cup U_z$ となるようにしておく．そして $a = a_1, z$ に対し ζ_0 を基点として a を反時計回りに 1 周する U_a のループ γ_a を考える．このとき定理 2.13 よりこれらのホモトピー類は自由群 $\pi_1(U_1, \zeta_0)$ の生成元となる．そして補題 3.47 の証明で見たことと同様に γ_z は $\iota_z^*(C_\sigma(L))$ にスカラー σ 倍作用素として作用する．また γ_{a_1} は射影 $\pi_{z-\zeta}$ によって定値の道とホモトピー同値なループに移されるので $\pi_{z-\zeta}^*(K_\sigma)$ には自明に作用する．

定義 3.49 (捩れ係数付きのポッホハンマーサイクル)．$a = a_1, z$ に対しループ γ_a を上のようにとる．U_1 におけるポッホハンマーの路を $[\gamma_z, \gamma_{a_1}] = \gamma_z \cdot \gamma_{a_1} \cdot \gamma_z^{-1} \cdot \gamma_{a_1}^{-1}$ と定める．そして普遍被覆 $\pi_{U_1} : \widetilde{(U_1)}_{\zeta_0} \to U_1$ に対し，始点を 0_{ζ_0} とする $[\gamma_z, \gamma_{a_1}]$ の π_{U_1} に沿っての持ち上げを $\widetilde{[\gamma_z, \gamma_{a_1}]}$ と書く．このとき $c \in \iota_z^*(C_\sigma(L))_{U_1}$ に対して

$$\widetilde{[\gamma_z, \gamma_{a_1}]} \otimes c \in C_1(U_1; \iota_z^*(C_\sigma(L))_{U_1})$$

を捩れ係数 c を持つポッホハンマーサイクルとよぶ．

この定義ではポッホハンマーチェインとよぶべきだが次のように $\widetilde{[\gamma_z, \gamma_{a_1}]} \otimes c$ はサイクルとなっている．

補題 3.50. $c \in \iota_z^*(C_\sigma(L))_{U_1}$ に対して $\widetilde{[\gamma_z, \gamma_{a_1}]} \otimes c \in \mathrm{Ker}\, \partial_1$ が成立．

証明. $\widetilde{(U_1)}_{\zeta_0}$ の道 $\widetilde{[\gamma_z, \gamma_{a_1}]}$ の終点は被覆変換 $D_{[\gamma_z, \gamma_{a_1}]} : \widetilde{(U_1)}_{\zeta_0} \to \widetilde{(U_1)}_{\zeta_0}$ によって $D_{[\gamma_z, \gamma_{a_1}]}(0_{\zeta_0})$ と一致することに注意する．従って $\partial_1(\widetilde{[\gamma_z, \gamma_{a_1}]} \otimes c) =$

$(0_{\zeta_0} - D_{[\gamma_z,\gamma_{a_1}]}(0_{\zeta_0})) \otimes c = 0_{\zeta_0} \otimes c - 0_{\zeta_0} \otimes [\gamma_z,\gamma_{a_1}]^{-1} \cdot c$. ここで γ_z がスカラー作用素であることから γ_{a_1} と γ_z の作用は可換である．従って $[\gamma_z,\gamma_{a_1}]^{-1} \cdot c = (\gamma_z \cdot \gamma_{a_1} \cdot \gamma_z^{-1} \cdot \gamma_{a_1}^{-1})^{-1} \cdot c = (\gamma_z \cdot \gamma_z^{-1} \cdot \gamma_{a_1} \cdot \gamma_{a_1}^{-1})^{-1} \cdot c = c.$ これより $\partial_1([\widetilde{\gamma_z,\gamma_{a_1}}] \otimes c) = 0$ となる． $\qquad\square$

では $H_1(D \backslash Q_r(z); \iota_z^*(C_\sigma(L)))$ が捩れ係数を持つポッホハンマーサイクルによって生成されることを見よう．

定理 3.51. $\sigma \neq 1$ の仮定の元で，線形写像

$$F_{[\gamma_z,\gamma_{a_1}]} : \iota_z^*(C_\sigma(L))_{U_1} \ni c \longmapsto [[\widetilde{\gamma_z,\gamma_{a_1}}] \otimes c] \in H_1(U_1; \iota_z^*(C_\sigma(L))_{U_1})$$

は同型となる．

証明. 簡単のため $V = \iota_z^*(C_\sigma(L))_{U_1}$ とおく．系 3.48 と同様にして $H_i(U_z; V_{U_z}) = \{0\}$, $i = 0, 1$ が得られる．また補題 3.47 と同様に $\gamma_z \cdot v = \sigma v$, $(v \in V)$ が従うので $v_\sigma := (\frac{1}{1-\sigma})v$ とおくと $v = v_\sigma - \gamma_z \cdot v_\sigma \in V^o$．よって命題 3.24 より $H_0(U_1; V) = \{0\}$．従って開被覆 $U_1 = U_{a_1} \cup U_z$ によるマイヤー–ヴィートリス長完全列から完全列

$$\{0\} \to H_1(U_{a_1}; V_{U_{a_1}}) \to H_1(U_1; V) \to$$
$$H_0(U_{a_1} \cap U_z; V_{U_{a_1} \cap U_z}) \to H_0(U_{a_1}; V_{U_{a_1}}) \to \{0\}$$

が得られる．ここで系 3.42 より $\dim_{\mathbb{C}} H_0(U_{a_1}; V_{U_{a_1}}) = \dim_{\mathbb{C}} H_1(U_{a_1}; V_{U_{a_1}})$ であるから，この完全列より $\dim_{\mathbb{C}} H_1(U_1; V) = \dim_{\mathbb{C}} H_0(U_{a_1} \cap U_z; V_{U_{a_1} \cap U_z}) = \dim_{\mathbb{C}} V$ が得られる．従って $F_{[\gamma_z,\gamma_{a_1}]}$ の単射性がわかればよい．

$v \in V$ が $F_{[\gamma_z,\gamma_{a_1}]}(v) = 0$ を満たすとして $v = 0$ を導く．まず命題 3.37 から得られる可換図式

$$
\begin{array}{ccccc}
C_2(U_{a_1} \cap U_z) & \xrightarrow{f_2} & C_2(U_{a_1}) \oplus C_2(U_z) & \xrightarrow{g_2} & C_2(U_{a_1} + U_z) \\
\downarrow{\scriptstyle\partial_2} & & \downarrow{\scriptstyle\partial_2} & & \downarrow{\scriptstyle\partial_2} \\
C_1(U_{a_1} \cap U_z) & \xrightarrow{f_1} & C_1(U_{a_1}) \oplus C_1(U_z) & \xrightarrow{g_1} & C_2(U_{a_1} + U_z) \\
\downarrow{\scriptstyle\partial_1} & & \downarrow{\scriptstyle\partial_1} & & \downarrow{\scriptstyle\partial_1} \\
C_0(U_{a_1} \cap U_z) & \xrightarrow{f_0} & C_0(U_{a_1}) \oplus C_0(U_z) & \xrightarrow{g_0} & C_0(U_{a_1} + U_z)
\end{array}
$$

を考える．ここで簡単のため捩れ係数 V は省略した．また水平の列は完全列で f_i は単射，g_i は全射であった．仮定から $[\widetilde{\gamma_z,\gamma_{a_1}}] \otimes v \in C_1(U_{a_1} + U_z; V) \cap \mathrm{Im}\,\partial_2$ となっているので，g_2 の全射性から $\sigma_2 \in C_2(U_{a_1}; V_{U_{a_1}}) \oplus C_2(U_z; V_{U_z})$ で $\partial_2 \circ g_2(\sigma_2) = [\widetilde{\gamma_z,\gamma_{a_1}}] \otimes v$ なるものが存在する．一方で U_1 の ζ_0 を基点とするループ γ の $\widetilde{(U_1)}_{\zeta_0}$ への持ち上げの内で 0_{ζ_0} を始点とするものを $\widetilde{\gamma}$ と表すとすると，$[\widetilde{\gamma_z,\gamma_{a_1}}] \otimes v = \widetilde{\gamma_z} \otimes v + \widetilde{\gamma_{a_1}} \otimes (\gamma_z^{-1} \cdot v) + \widetilde{\gamma_z^{-1}} \otimes ((\gamma_z \cdot \gamma_{a_1})^{-1} \cdot v) + \widetilde{\gamma_{a_1}^{-1}} \otimes ((\gamma_z \cdot \gamma_{a_1} \cdot \gamma_z^{-1})^{-1} \cdot v) =$

$\left(\widetilde{\gamma_{a_1}} \otimes \sigma^{-1}v + \widetilde{\gamma_{a_1}^{-1}} \otimes (\gamma_{a_1}^{-1} \cdot v)\right) + \left(\widetilde{\gamma_z} \otimes v + \widetilde{\gamma_z^{-1}} \otimes \sigma^{-1}(\gamma_{a_1}^{-1} \cdot v)\right)$ が得られる．これより対応する $C_1(U_{a_1}; V_{U_{a_1}})$, $C_1(U_z; V_{U_z})$ の元も同じ記号で書くと，$g_1\left(\left(\widetilde{\gamma_{a_1}} \otimes \sigma^{-1}v + \widetilde{\gamma_{a_1}^{-1}} \otimes (\gamma_{a_1}^{-1} \cdot v)\right) + \left(\widetilde{\gamma_z} \otimes v + \widetilde{\gamma_z^{-1}} \otimes \sigma^{-1}(\gamma_{a_1}^{-1} \cdot v)\right)\right) = \widetilde{[\gamma_z, \gamma_{a_1}]} \otimes v$ となる．図式の可換性から $\partial_2(\sigma_2)$ に対しても $g_1(\partial_2(\sigma_2)) = \widetilde{[\gamma_z, \gamma_{a_1}]} \otimes v$ が従うので，図式の 2 行目の列の完全性と f_1 の単射性から $\sigma_1 \in C_1(U_{a_1} \cap U_z; V_{U_{a_1} \cap U_z})$ が唯一つあって

$$f_1(\sigma_1) = \left(\widetilde{\gamma_{a_1}} \otimes \sigma^{-1}v + \widetilde{\gamma_{a_1}^{-1}} \otimes (\gamma_{a_1}^{-1} \cdot v)\right)$$
$$+ \left(\widetilde{\gamma_z} \otimes v + \widetilde{\gamma_z^{-1}} \otimes \sigma^{-1}(\gamma_{a_1}^{-1} \cdot v)\right) - \partial_2(\sigma_2) \quad (3.15)$$

が成り立つ．

ここで $\left(\widetilde{\gamma_{a_1}} \otimes \sigma^{-1}v + \widetilde{\gamma_{a_1}^{-1}} \otimes (\gamma_{a_1}^{-1} \cdot v)\right) + \left(\widetilde{\gamma_z} \otimes v + \widetilde{\gamma_z^{-1}} \otimes \sigma^{-1}(\gamma_{a_1}^{-1} \cdot v)\right) \in C_1(U_{a_1}; V_{U_{a_1}}) \oplus C_1(U_z; V_{U_z})$ の境界写像 ∂_1 による像は $C_0(U_{a_1}; V_{U_{a_1}}) \oplus C_0(U_z; V_{U_z})$ において $\left(0_{\zeta_0} \otimes -(1-\sigma^{-1})(1-\gamma_{a_1}^{-1})v\right) + \left(0_{\zeta_0} \otimes (1-\sigma^{-1})(1-\gamma_{a_1}^{-1})v\right)$ と書けるから，命題 3.37 の直前で与えた f_i の定義よりこれは $0_{\zeta_0} \otimes -(1-\sigma^{-1})(1-\gamma_{a_1}^{-1})v \in C_0(U_{a_1} \cap U_z; V_{U_{a_1} \cap U_z})$ の f_0 による像に等しい．一方図式の可換性と f_0 の単射性からこの $0_{\zeta_0} \otimes -(1-\sigma^{-1})(1-\gamma_{a_1}^{-1})v$ は $\sigma_1 \in C_1(U_{a_1} \cap U_z; V_{U_{a_1} \cap U_z})$ の境界写像 ∂_1 による像と一致する．ここで $U_{a_1} \cap U_z$ が単連結であったことから $C_n^{\mathrm{loc}}(U_{a_1} \cap U_z; V_{U_{a_1} \cap U_z}) \cong C_n^{\mathrm{sing}}(U_{a_1} \cap U_z; V_{U_{a_1} \cap U_z})$ となっていることを思い出すと，命題 3.24 の証明で見たように $0_{\zeta_0} \otimes w$, $(w \neq 0)$ は境界写像 ∂_1 の像には入らないので，$\sigma_1 = 0$ かつ $(1-\sigma^{-1})(1-\gamma_{a_1}^{-1})v = 0$ が従う．

今 $\sigma \neq 1$ としていたので $(1-\gamma_{a_1}^{-1})v = 0$ であり，$\sigma_1 = 0$ と式 (3.15) より $\left(\widetilde{\gamma_{a_1}} \otimes \sigma^{-1}v + \widetilde{\gamma_{a_1}^{-1}} \otimes v\right) + \left(\widetilde{\gamma_z} \otimes v + \widetilde{\gamma_z^{-1}} \otimes \sigma^{-1}v\right) - \partial_2(\sigma_2) = 0$ が従う．よって $\left(\widetilde{\gamma_{a_1}} \otimes \sigma^{-1}v + \widetilde{\gamma_{a_1}^{-1}} \otimes v\right) \in C_1(U_{a_1}; V_{U_{a_1}}) \cap \mathrm{Im}\,\partial_2 \subset \mathrm{Ker}\,\partial_1$ となるから，$0 = \partial_1\left(\widetilde{\gamma_{a_1}} \otimes \sigma^{-1}v + \widetilde{\gamma_{a_1}^{-1}} \otimes v\right) = (\widetilde{\gamma_{a_1}}(1) - 0_{\zeta_0}) \otimes (1-\sigma^{-1})v$ より $(1-\sigma^{-1})v = 0$, すなわち $v = 0$ が従う． $\square$

以上よりオイラー変換の茎 $\mathcal{E}_\sigma(L)_z$ は $\sigma \neq 1$ のときは捩れ係数を持つポッホハンマーサイクル $\widetilde{[\gamma_z, \gamma_{a_i}]} \otimes c$, $c \in \iota_z^*(C_\sigma(L))$ によって生成されることがわかった．すなわちガウスの超幾何関数の場合に 1.6 節で見た事実を $\mathbb{C} \backslash Q_r(z)$ 上の局所定数層に対して定式化したことになる．

3.3.4 カッツのミドルコンボリューション

局所係数ホモロジーを用いて，多価関数の積分として定義されたオイラー変換の対応物を与えることができた．ただしこのオイラー変換はある種の「ムダ」を含んでいる．というのも，$f(\zeta)$ のオイラー変換

$$F_C(z) = \int_{\gamma_a} f(\zeta)(z-\zeta)^\mu \, d\zeta$$

として特に積分路 γ_a を中心 a 半径 r の円周としたものを考えよう. すると $f(\zeta)$ が $\zeta = a$ の近傍で正則であったならばコーシーの積分定理から $|z-a| > r$ ではこの積分は消えてしまう. カッツ (Katz) はオイラー変換からこのような自明な関数を取り除く操作を考案し, それをミドルコンボリューションとよんだ. ここではこれを紹介しよう.

$D_r^*(a) = \{z \in \mathbb{C} \mid 0 < |z-a| < r\}$ を中心 a 半径 r の穴あき開円盤として, V を $\mathbb{C}[\pi_1(D_r^*(a))]$-加群とする. このとき命題 2.90 で見たように, $D_r^*(a)$ で正則な関数は $\pi_1(D_r^*(a))$ の作用が自明なベクトル, すなわち V^{inv} に相当する[*7]. 従って a の周りを反時計回りに1周する $D_r^*(a)$ のループを γ_a とおけば, 捻れチェイン $\gamma_a \otimes v$ $(v \in V^{\mathrm{inv}})$ が上の自明な積分に相当する. ここで $D_r^*(a)$ が S^1 とホモトピー同値であったことから, 命題 3.41 よりこれらの捻れチェインは $H^1(D_r^*(a), V)$ によってパラメーター付けされることがわかる. すなわちオイラー変換から上の自明な積分を取り除くには, $\mathbb{P}^1$ 上の各 $a_i \in Q_{r+1} = \{a_1, \ldots, a_r, a_{r+1} = \infty\}$ における穴あき円盤 $D_{r_i}^*(a_i)$ 上の1次ホモロジーの寄与をオイラー変換から取り除けばよいことになる. この操作は相対ホモロジーを考えることで次のように定式化される.

$U \in \mathfrak{B}$ に対して $a_i \in Q_{r+1}$ を中心とした穴あき円盤 $D_{\rho_i}^*(a_i)$ を考える. ただし $a_{r+1} = \infty$ に対しては $D_{\rho_{r+1}}^*(\infty) := \{z \in \mathbb{C} \mid |z| > 1/\rho_{r+1}\}$ とする. ここで $U, D_{\rho_i}^*(a_i)$ のうちのどの2つも互いに交点を持たないとする. この条件を満たせば $H^1(D_{\rho_i}^*(a_i), C_\sigma(L)_{D_{\rho_i}^*(a_i)})$ は ρ_i の取り方には依存しないことに注意しておく. そして $D_{Q_{r+1}} := \bigsqcup_{i=1}^{r+1} D_{\rho_i}^*(a_i)$ とおくと相対ホモロジーに付随した長完全列

$$\cdots \to H_1(D_{Q_{r+1}}; C_\sigma(L)_{D_{Q_{r+1}}}) \to H_1(\mathbb{C}\backslash Q_r(z); C_\sigma(L))$$
$$\to H_1(\mathbb{C}\backslash Q_r(z), D_{Q_{r+1}}; C_\sigma(L)) \to \cdots$$

が得られる. ただし z は U の中心とする. この上で $U \in \mathfrak{B}$ に対してベクトル空間

$$\mathrm{Im}(H_1(\mathbb{C}\backslash Q_r(z); C_\sigma(L)) \to H_1(\mathbb{C}\backslash Q_r(z), D_{Q_{r+1}}; C_\sigma(L)))$$
$$\cong \mathrm{Coker}(H_1(D_{Q_{r+1}}; C_\sigma(L)_{D_{Q_{r+1}}}) \to H_1(\mathbb{C}\backslash Q_r(z); C_\sigma(L)))$$

を対応させることで $\mathfrak{B}$ 上の前層を得ることができる. これを $\mathcal{MC}_\sigma(L)$ とおく.

定義 3.52 (カッツのミドルコンボリューション). $\sigma \in \mathbb{C}^\times$ と $\mathbb{C}\backslash Q_r$ 上の局所

[*7] さらに $D_r^*(a)$ で有界な正則関数を考えればリーマンの除去可能定理から $D_r(a)$ 上の正則関数と思うことができる.

系 $\mathcal{L}$ に対して上で定めた $\mathfrak{B}$ 上の前層 $\mathcal{MC}_\sigma(L)$ を $\mathbb{C} \backslash Q_r$ 上の層へ拡大したものを同じ記号で表し，$\mathcal{L}$ の σ に関するミドルコンボリューション，あるいは $\mathcal{L}$ とクンマー局所系 $\mathcal{K}_\sigma$ のミドルコンボリューションという[*8)]．

この章ではミドルコンボリューションの定義のみを与え，詳しい性質などは紹介できなかった．そちらに関しては是非原論文であるカッツ [12]，フェルクライン [31] やデットヴァイラー–ライター [8] を参照して欲しい．また原岡 [15] にミドルコンボリューションに関する優れた解説があるので，進んで勉強する際は是非そちらも参照して欲しい．また局所係数ホモロジーを多価関数の積分の類似物として与えたが，実際にはホモロジーのみでなくその双対にあたるコホモロジーを考え，それらのペアリングをとることで積分と対応付けることができる．こうしたホモロジーとコホモロジーのペアリングとして超幾何関数などを構成する方法については青本–喜多 [1]，吉田 [35] を参照して欲しい．

---

*8)　カッツはより一般にクンマー局所系に限らない局所系と $\mathcal{L}$ とのミドルコンボリューションの定義を与えている．

第 4 章
フックス型微分方程式とオイラー変換

1.5 節でガウスの超幾何関数の満たす微分方程式を与えた．そこではガウスの超幾何関数が冪関数 $\phi_0(\beta - \gamma, \gamma - \alpha - 1; z) = z^{\beta - \gamma}(z - 1)^{\gamma - \alpha - 1}$ のオイラー変換によって得られることを用いて，$\phi_0(\beta - \gamma, \gamma - \alpha - 1; z)$ の満たす微分方程式からガウスの超幾何関数の満たす微分方程式を構成した．本章では複素領域に確定特異点を持つ線形微分方程式に対してこの手続きを適用する方法について解説しよう．

この章の主な内容は，微分方程式の確定特異点に関してはフォースター [10] を，フックス型微分方程式や大久保型微分方程式のオイラー変換やミドルコンボリューションに関してはデットヴァイラー–ライター [9]，原岡 [15]，大島 [24] を参考にした．

4.1 接空間と余接空間

複素多様体に定義される接空間と余接空間についての基本事項を駆け足で復習し，多様体上の微分方程式を定義する．

4.1.1 接束と余接束

M を n 次元複素多様体，$(U_\alpha, \phi_\alpha)_{\alpha \in A}$ をその局所座標系とする．$z = (z_1, z_2, \ldots, z_n) \in \mathbb{C}^n$ の第 i 成分への射影を $\mathrm{pr}_i(z) := z_i$ と書き，各 $\alpha \in A$ に対して $z_i^\alpha := \mathrm{pr}_i \circ \phi_\alpha : U_\alpha \to \mathbb{C}$ と定めると，$\phi_\alpha : U_\alpha \to \mathbb{C}^n$ は

$$
\begin{array}{ccc}
U_\alpha & \longrightarrow & \mathbb{C}^n \\
u & \longmapsto & (z_1^\alpha(u), z_2^\alpha(u), \ldots, z_n^\alpha(u))
\end{array}
$$

と表すことができる．ここで各 z_i^α を局所座標 ϕ_α の第 i 成分という．このとき正則関数 $f : U_\alpha \to \mathbb{C}$ に対して，z_i^α による導関数を

$$\frac{\partial}{\partial z_i^\alpha} f := \left(\frac{\partial}{\partial z_i} (f \circ \phi_\alpha^{-1}) \right) \circ \phi_\alpha$$

によって定める．ここで $\frac{\partial}{\partial z_i}$ は $z = (z_1, z_2, \ldots, z_n) \in \mathbb{C}^n$ の第 i 成分における通常の微分である．

定義 4.1 (局所座標の間のヤコビ行列)．$U_\alpha \cap U_\beta \neq \emptyset$ であるとき正則関数 $z_i^\alpha : U_\alpha \cap U_\beta \to \mathbb{C}$ の z_j^β による導関数 $\frac{\partial z_i^\alpha}{\partial z_j^\beta} : U_\alpha \cap U_\beta \to \mathbb{C}$ を考えることができる．そしてこれらを各 (i,j) 成分に持つ行列値正則写像を

$$
\begin{array}{cccc}
J_{\alpha,\beta}: & U_\alpha \cap U_\beta & \longrightarrow & M_n(\mathbb{C}) \\[2mm]
& u & \longmapsto &
\begin{pmatrix}
\frac{\partial z_1^\alpha}{\partial z_1^\beta}(u) & \frac{\partial z_1^\alpha}{\partial z_2^\beta}(u) & \cdots & \frac{\partial z_1^\alpha}{\partial z_n^\beta}(u) \\
\frac{\partial z_2^\alpha}{\partial z_1^\beta}(u) & \frac{\partial z_2^\alpha}{\partial z_2^\beta}(u) & \cdots & \frac{\partial z_2^\alpha}{\partial z_n^\beta}(u) \\
\vdots & \vdots & \ddots & \vdots \\
\frac{\partial z_n^\alpha}{\partial z_1^\beta}(u) & \frac{\partial z_n^\alpha}{\partial z_2^\beta}(u) & \cdots & \frac{\partial z_n^\alpha}{\partial z_n^\beta}(u)
\end{pmatrix}
\end{array}
$$

と定めて局所座標 (U_α, ϕ_α), (U_β, ϕ_β) の間の**ヤコビ (Jacobi) 行列**という．

注意 4.2. 上でさらに $U_\alpha \cap U_\beta \cap U_\gamma \neq \emptyset$ となっている場合を考えると，微積分におけるヤコビ行列の連鎖律と同様にして

$$J_{\alpha,\beta} \cdot J_{\beta,\gamma} = J_{\alpha,\gamma}$$

が成立することが確かめられる．従って特に $\gamma = \alpha$ の場合は

$$J_{\alpha,\beta} \cdot J_{\beta,\alpha} = J_{\alpha,\alpha} = E_n$$

となるので，$u \in U_\alpha \cap U_\beta$ に対して $J_{\alpha,\beta}(u)$ は可逆行列であって，その逆行列は $J_{\beta,\alpha}(u)$ で与えられる．すなわちヤコビ行列は正則写像 $J_{\alpha,\beta} : U_\alpha \cap U_\beta \to \mathrm{GL}_n(\mathbb{C})$ と考えることができる．

位相空間としての直和 $\bigsqcup_{\alpha \in A} (U_\alpha \times \mathbb{C}^n)$ において同値関係 $\sim_{\tan}$ を次のように定義する．すなわち $(u_i, v_i) \in U_{\alpha_i} \times \mathbb{C}^n$, $i = 1, 2$, に対して $(u_1, v_1) \sim_{\tan} (u_2, v_2)$ であるというのを，

$$u_1 = u_2 = u, \text{ かつ，} v_2 = J_{\alpha_2, \alpha_1}(u) v_1$$

が成り立つこととする．またこの双対にあたる同値関係 $\sim_{\cot}$ を

$$u_1 = u_2 = u, \text{ かつ，} {}^t J_{\alpha_2, \alpha_1}(u) v_2 = v_1$$

によって同様に定める．ここで ${}^t X$ で $X \in M_n(\mathbb{C})$ の転置行列を表す．

定義 4.3 (接束，余接束)．直和空間 $\bigsqcup_{\alpha \in A} (U_\alpha \times \mathbb{C}^n)$ に対して上の同値関係による商空間をそれぞれ

$$TM := \bigsqcup_{\alpha \in A}(U_\alpha \times \mathbb{C}^n)/\sim_{\tan}, \quad T^*M := \bigsqcup_{\alpha \in A}(U_\alpha \times \mathbb{C}^n)/\sim_{\cot}$$

と書いて，TM を M の**接束**，T^*M を**余接束**という．

TM と T^*M は以下で見るように自然に複素多様体の構造を持つ．

補題 4.4. 開部分集合 $U \subset U_{\alpha_1} \cap U_{\alpha_2}$ に対して，写像

$$\Phi_{\alpha_2,\alpha_1} \colon U \times \mathbb{C}^n \ni (u,v) \longmapsto (u, J_{\alpha_2,\alpha_1}(u)v) \in U \times \mathbb{C}^n$$

は正則な同相写像である．

証明. 定義より Φ_{α_2,α_1} は正則で特に連続．注意 4.2 よりその逆写像は Φ_{α_1,α_2} で与えられる．よって Φ_{α_2,α_1} は正則な同相写像である． $\qquad\square$

TM における商写像を $q_{\tan} \colon \bigsqcup_{\alpha \in A}(U_\alpha \times \mathbb{C}^n) \to TM$ と書くと $q_{\tan}$ は $U_\alpha \times \mathbb{C}^n$ 上で単射となるが，さらに次がわかる．

補題 4.5. $(q_{\tan})|_{U_\alpha \times \mathbb{C}^n}$ は単射連続開写像である．

証明. $W \subset U_\alpha \times \mathbb{C}^n$ を開部分集合として，$q_{\tan}^{-1}(q_{\tan}(W))$ の勝手な元 $w = (u,v) \in U_\beta \times \mathbb{C}^n$ を考える．このとき u の開近傍 $U \subset U_\alpha$ と $J_{\alpha,\beta}(u)v$ の開近傍 $V \subset \mathbb{C}^n$ を $U \times V \subset W$ となるようにとることができる．すると補題 4.4 より $\Phi_{\beta,\alpha}(U \times V) \subset U_\beta \times \mathbb{C}^n$ は開集合であって $w \in \Phi_{\beta,\alpha}(U \times V) \subset q_{\tan}^{-1}(q_{\tan}(W))$ となる．よって $q_{\tan}^{-1}(q_{\tan}(W))$ は開集合，すなわち $q_{\tan}(W)$ は開集合である． $\qquad\square$

これより $U_\alpha \times \mathbb{C}^n$ は $q_{\tan}$ によって TM の開集合へ同相に移されることとなる．

補題 4.6. TM はハウスドルフ空間である．

証明. 異なる 2 点 $w_i \in TM$, $i = 1,2$ に対して，$w_i \in q_{\tan}(U_{\alpha_i} \times \mathbb{C}^n)$ なる $\alpha_i \in A$ と，$q_{\tan}(u_i,v_i) = w_i$ となる $(u_i,v_i) \in U_{\alpha_i} \times \mathbb{C}^n$ をとっておく．$u_1 \neq u_2$ ならば M がハウスドルフ空間であることから，u_i の U_{α_i} における開近傍 U_i を $U_1 \cap U_2 = \emptyset$ となるようにとれる．このとき $q_{\tan}(U_i \times \mathbb{C}^n)$, $i = 1,2$ は共通部分を持たず，また補題 4.5 より w_i の開近傍である．一方で $u_1 = u_2$ の場合を考えよう．補題 4.4 より $(u_1,v_1),(u_2,v_2) \in U_{\alpha_1} \times \mathbb{C}^n$ と考えてよい．$U_{\alpha_1} \times \mathbb{C}^n$ はハウスドルフ空間だったので補題 4.5 より w_1 と w_2 は分離可能である． $\qquad\square$

また局所座標系は次のように定義される．写像

$$\begin{array}{rccc} \phi_\alpha \times \mathrm{id}_{\mathbb{C}^n} \colon & U_\alpha \times \mathbb{C}^n & \longrightarrow & \mathbb{C}^n \times \mathbb{C}^n \\ & (u,v) & \longmapsto & (\phi_\alpha(u), v) \end{array}$$

によって $U_\alpha \times \mathbb{C}^n$ は $\mathbb{C}^n \times \mathbb{C}^n = \mathbb{C}^{2n}$ の開集合に同相となるので, $(q_{\tan}(U_\alpha \times \mathbb{C}^n), (\phi_\alpha \times \mathrm{id}_{\mathbb{C}^n}) \circ ((q_{\tan})|_{U_\alpha \times \mathbb{C}^n})^{-1})_{\alpha \in A}$ を商空間 TM の正則な局所座標系とできる. T^*M に関しても商写像 $q_{\mathrm{cot}} \colon \bigsqcup_{\alpha \in A}(U_\alpha \times \mathbb{C}^n) \to T^*M$ に関する同様の議論より複素多様体となる.

4.1.2 接空間と余接空間

上で見た通り $U_\alpha \times \mathbb{C}^n$ は TM, T^*M の開集合と同相となるのでこれらを同一視して同じ記号 $U_\alpha \times \mathbb{C}^n$ でしばしば表す. $\mathbb{C}^n$ の標準基底 e_i, $i = 1, 2, \ldots, n$ を第 i 成分のみ 1 でその他は 0 であるベクトルとして定める. このとき $U_\alpha \times \mathbb{C}^n \subset TM$ と見た際は $\mathbb{C}^n$ の標準基底は $\frac{\partial}{\partial z_i^\alpha} := e_i$ と表し, $U_\alpha \times \mathbb{C}^n \subset T^*M$ と見た際は $dz_i^\alpha := e_i$ と表して TM と T^*M で区別することととする.

定義 4.7 (正則ベクトル場, 正則微分形式). 各 $U_\alpha \times \mathbb{C}^n$ の第 1 成分への射影から正則写像 $\pi_{\tan} \colon TM \to M$, $\pi_{\mathrm{cot}} \colon T^*M \to M$ がそれぞれ定まる. このとき開集合 $U \subset M$ に対して集合

$$\Theta_M(U) := \{\chi \colon U \to TM \text{ (正則写像)} \mid \pi_{\tan} \circ \chi = \mathrm{id}_U\},$$

$$\Omega_M(U) := \{\xi \colon U \to T^*M \text{ (正則写像)} \mid \pi_{\tan} \circ \xi = \mathrm{id}_U\}$$

を対応させる対応 Θ_M, Ω_M はそれぞれ層をなす. ここで $\Theta_M(U)$ の元を U 上の**正則ベクトル場**, $\Omega_M(U)$ の元を U 上の**正則微分形式**という.

注意 4.8. Θ_M, Ω_M を集合の圏に値を持つ層として定義したが, $\chi_1, \chi_2 \in \Theta_M(U)$, $u \in U_\alpha \cap U$ に対し,

$$((a \cdot_\alpha \chi_1) +_\alpha (b \cdot_\alpha \chi_2))(u) :=$$

$$q_{\tan}|_{U_\alpha \times \mathbb{C}^n} \left(a(q_{\tan}|_{U_\alpha \times \mathbb{C}^n})^{-1}(\chi_1(u)) + b(q_{\tan}|_{U_\alpha \times \mathbb{C}^n})^{-1}(\chi_2(u)) \right) \quad (4.1)$$

と定めると, これは $U_\alpha \cap U$ から TM への正則写像となる. また $u \in U_\alpha \cap U_\beta \cap U$ に対して

$$J_{\beta,\alpha}(u)\left(a(q_{\tan}|_{U_\alpha \times \mathbb{C}^n})^{-1}(\chi_1(u)) + b(q_{\tan}|_{U_\alpha \times \mathbb{C}^n})^{-1}(\chi_2(u)) \right)$$

$$= a J_{\beta,\alpha}(u)(q_{\tan}|_{U_\alpha \times \mathbb{C}^n})^{-1}(\chi_1(u)) + b J_{\beta,\alpha}(u)(q_{\tan}|_{U_\alpha \times \mathbb{C}^n})^{-1}(\chi_2(u))$$

$$= a(q_{\tan}|_{U_\beta \times \mathbb{C}^n})^{-1}(\chi_1(u)) + b(q_{\tan}|_{U_\beta \times \mathbb{C}^n})^{-1}(\chi_2(u))$$

が成り立つので, $((a \cdot_\alpha \chi_1) +_\alpha (b \cdot_\alpha \chi_2))(u) = ((a \cdot_\beta \chi_1) +_\beta (b \cdot_\beta \chi_2))(u)$ が得られる. これにより U 上で well-defined な和 $+ := +_\alpha = +_\beta$ とスカラー倍 $\cdot := \cdot_\alpha = \cdot_\beta$ が定義できるので, well-defined な $\pi_{\tan}$ の正則な切断 $a\chi_1 + b\chi_2 \colon U \to TM$ が定まる. これより Θ_M は $\mathbb{C}$-ベクトル空間の圏に値を持つ層とみなすことができる.

同様にして $f \in \mathcal{O}_M(U)$, $\chi \in \Theta_M(U)$ に対して各点 u での積 $f(u) \cdot \chi(u) \in TM$ をスカラー $f(u) \in \mathbb{C}$ 倍によって定めることができるので $\Theta_M(U)$ は $\mathcal{O}_M(U)$-加群の構造を持つことがわかる.

以上のことは Ω_M に関しても同様である.

$\chi \in \Theta_M(U)$, $\xi \in \Omega_M(U)$ は $U \cap U_\alpha \neq \emptyset$ なる $\alpha \in A$ を決めると $U \cap U_\alpha$ 上では正則写像

$$
\begin{array}{rccc}
\chi|_{U \cap U_\alpha} : & U \cap U_\alpha & \longrightarrow & U_\alpha \times \mathbb{C}^n \\
& u & \longmapsto & (u, (\chi_1^\alpha(u), \chi_2^\alpha(u), \ldots, \chi_n^\alpha(u)))
\end{array}, \quad (4.2)
$$

$$
\begin{array}{rccc}
\xi|_{U \cap U_\alpha} : & U \cap U_\alpha & \longrightarrow & U_\alpha \times \mathbb{C}^n \\
& u & \longmapsto & (u, (\xi_1^\alpha(u), \xi_2^\alpha(u), \ldots, \xi_n^\alpha(u)))
\end{array} \quad (4.3)
$$

とみなせるので,しばしば

$$
\chi(u) = \sum_{i=1}^n \chi_i^\alpha(u) \frac{\partial}{\partial z_i^\alpha}, \qquad \xi(u) = \sum_{i=1}^n \xi_i^\alpha(u)\, dz_i^\alpha \quad (u \in U \cap U_\alpha)
$$

という記法を用いる.またこのとき $\mathbb{C}^n$ の標準内積を用いて $\langle \chi, \xi \rangle_u^\alpha := \sum_{i=1}^n \chi_i^\alpha(u)\xi_i^\alpha(u) \in \mathbb{C}$ $(u \in U \cap U_\alpha)$ と定めると, $u \in U_\alpha \cap U_\beta \cap U$ に対してはヤコビ行列が標準内積で互いに打消し合い, $\langle \chi, \xi \rangle_u^\alpha = \sum_{i=1}^n \chi_i^\alpha(u)\xi_i^\alpha(u) = \sum_{i=1}^n \chi_i^\beta(u)\xi_i^\beta(u) = \langle \chi, \xi \rangle_u^\beta$ となる.従って $\langle \chi, \xi \rangle_u := \langle \chi, \xi \rangle_u^\alpha = \langle \chi, \xi \rangle_u^\beta$ とおくと $\mathcal{O}_M(U)$-加群としての双線形写像

$$
\begin{array}{rccc}
\langle\ ,\ \rangle : & \Theta_M(U) \times \Omega_M(U) & \longrightarrow & \mathcal{O}_M(U) \\
& (\chi, \xi) & \longmapsto & U \ni u \mapsto \langle \chi, \xi \rangle_u \in \mathbb{C}
\end{array}
$$

が定まる.

定義 4.9 (接空間, 余接空間). 層 Θ_M, Ω_M それぞれの $m \in M$ における茎 $\Theta_{M,m}$, $\Omega_{M,m}$ のなすベクトル空間を

$$
T_m M := \Theta_{M,m} = \pi_{\tan}^{-1}(m), \quad T_m^* M := \Omega_{M,m} = \pi_{\cot}^{-1}(m)
$$

と書いて m における M の **接空間**, **余接空間**という.

$X_m \in T_m M$, $X_m^* \in T_m^* M$ に対して $m \in U_\alpha$ なる $\alpha \in A$ と $\chi_m = X_m$, $\xi_m = X_m^*$ なる $\chi \in \Theta_M(U_\alpha)$, $\xi \in \Omega_M(U_\alpha)$ をとり,

$$
X_m = \sum_{i=1}^n \chi(m) \frac{\partial}{\partial z_i^\alpha}, \qquad X_m^* = \sum_{i=1}^n \xi(m)\, dz_i^\alpha
$$

としばしば表す.また上の双線形形式 $\langle\ ,\ \rangle_m$ によって $T_m^* M$ は $T_m M$ の双対ベクトル空間 $\mathrm{Hom}_{\mathbb{C}}(T_m M, \mathbb{C})$ と同一視され, このとき $T_m^* M$ の基底 dz_i^α, $i = 1, 2, \ldots, n$ は $T_m M$ の基底 $\frac{\partial}{\partial z_i^\alpha}$, $i = 1, 2, \ldots, n$ の双対基底となる.

4.1.3 接空間，余接空間の間に誘導される写像

M_i, $i = 1, 2$ を n_i 次元複素多様体，$(U_\alpha^{(i)}, \phi_\alpha^{(i)})_{\alpha \in A^{(i)}}$ をそれぞれの局所座標系，$f \colon M_1 \to M_2$ を正則写像とする．$\alpha_1 \in A^{(1)}$ に対して，$f^{-1}(U_{\alpha_2}^{(2)}) \cap U_{\alpha_1}^{(1)} \neq \emptyset$ なる $\alpha_2 \in A^{(2)}$ をとり，合成写像

$$f_j^{(\alpha_2, \alpha_1)} := z_j^{\alpha_2} \circ f \colon f^{-1}(U_{\alpha_2}^{(2)}) \cap U_{\alpha_1}^{(1)} \xrightarrow{f} U_{\alpha_2}^{(2)} \xrightarrow{z_j^{\alpha_2}} \mathbb{C}$$

を考える．このとき $z_k^{\alpha_1}$ による導関数 $\dfrac{\partial f_j^{(\alpha_2, \alpha_1)}}{\partial z_k^{\alpha_1}}$ によって写像 $Tf^{(\alpha_2, \alpha_1)} \colon U_{\alpha_1}^{(1)} \times \mathbb{C}^{n_1} \to U_{\alpha_2}^{(2)} \times \mathbb{C}^{n_2}$ を

$$
\begin{array}{ccc}
U_{\alpha_1}^{(1)} \times \mathbb{C}^{n_1} & \longrightarrow & U_{\alpha_2}^{(2)} \times \mathbb{C}^{n_2} \\
\left(u, \displaystyle\sum_{k=1}^{n_1} a_k \dfrac{\partial}{\partial z_k^{\alpha_1}} \right) & \longmapsto & \left(f(u), \displaystyle\sum_{k=1}^{n_1} a_k \sum_{j=1}^{n_2} \dfrac{\partial f_j^{(\alpha_2, \alpha_1)}}{\partial z_k^{\alpha_1}}(u) \dfrac{\partial}{\partial z_j^{\alpha_2}} \right)
\end{array}
$$

と定めることができる．これは各 $u \in U_{\alpha_1}^{(1)}$ に対して，

$$
\begin{pmatrix} a_1 \\ a_2 \\ \vdots \\ a_{n_1} \end{pmatrix} \longmapsto
\begin{pmatrix}
a_1 \frac{\partial f_1^{(\alpha_2, \alpha_1)}}{\partial z_1^{\alpha_1}}(u) + a_2 \frac{\partial f_1^{(\alpha_2, \alpha_1)}}{\partial z_2^{\alpha_1}}(u) + \cdots + a_{n_1} \frac{\partial f_1^{(\alpha_2, \alpha_1)}}{\partial z_{n_1}^{\alpha_1}}(u) \\
a_1 \frac{\partial f_2^{(\alpha_2, \alpha_1)}}{\partial z_1^{\alpha_1}}(u) + a_2 \frac{\partial f_2^{(\alpha_2, \alpha_1)}}{\partial z_2^{\alpha_1}}(u) + \cdots + a_{n_1} \frac{\partial f_2^{(\alpha_2, \alpha_1)}}{\partial z_{n_1}^{\alpha_1}}(u) \\
\vdots \\
a_1 \frac{\partial f_{n_2}^{(\alpha_2, \alpha_1)}}{\partial z_1^{\alpha_1}}(u) + a_2 \frac{\partial f_{n_2}^{(\alpha_2, \alpha_1)}}{\partial z_2^{\alpha_1}}(u) + \cdots + a_{n_1} \frac{\partial f_{n_2}^{(\alpha_2, \alpha_1)}}{\partial z_{n_1}^{\alpha_1}}(u)
\end{pmatrix}
$$

というように，$f_i^{(\alpha_1, \alpha_2)}$ の u におけるベクトル $(a_1, a_2, \ldots, a_{n_1}) \in \mathbb{C}^{n_1}$ に関する方向微分係数を与える写像に他ならない．

またここで $\dfrac{\partial f_j^{(\alpha_2, \alpha_1)}}{\partial z_k^{\alpha_1}}$ を各 (k, j) 成分とするヤコビ行列を

$$J(f; (\alpha_2, \alpha_1)) := \left(\dfrac{\partial f_j^{(\alpha_2, \alpha_1)}}{\partial z_k^{\alpha_1}} \right)_{\substack{j=1,2,\ldots,n_2, \\ k=1,2,\ldots,n_1}}$$

とおくと，写像 $Tf^{(\alpha_2, \alpha_1)}$ は

$$
\left(u, \begin{pmatrix} a_1 \\ a_2 \\ \vdots \\ a_{n_1} \end{pmatrix} \right) \longmapsto \left(f(u), J(f; (\alpha_2, \alpha_1))(u) \begin{pmatrix} a_1 \\ a_2 \\ \vdots \\ a_{n_1} \end{pmatrix} \right) \tag{4.4}
$$

と表すことができる．このとき微積分におけるヤコビ行列の連鎖律と同様にして次の事実が従う[*1]．

事実 4.10. $M^{(i)}$, $i = 1, 2, 3$ を n_i 次元複素多様体，$(U_\alpha^{(i)}, \phi_\alpha^{(i)})_{\alpha \in A^{(i)}}$ をそれぞれの局所座標系とする．$f \colon M_1 \to M_2$, $g \colon M_2 \to M_3$ を正則写像とする．

[*1]　証明は松本 [19] の系 9.6.1 や演習問題 9.4 を参照．

$(\alpha_1, \alpha_2, \alpha_3) \in A^{(1)} \times A^{(2)} \times A^{(3)}$ を

$$g^{-1}(U_{\alpha_3}^{(3)}) \cap U_{\alpha_2}^{(2)} \neq \emptyset, \quad f^{-1}(g^{-1}(U_{\alpha_3}^{(3)}) \cap U_{\alpha_2}^{(2)}) \cap U_{\alpha_1}^{(1)} \neq \emptyset$$

が成り立つようにとる．このとき

$$J(g \circ f; (\alpha_3, \alpha_1))(u) = J(g, (\alpha_3, \alpha_2))(f(u)) \cdot J(f, (\alpha_2, \alpha_1))(u)$$

が $u \in f^{-1}(g^{-1}(U_{\alpha_3}^{(3)}) \cap U_{\alpha_2}^{(2)}) \cap U_{\alpha_1}^{(1)}$ に対して成立する．上式の右辺の $\cdot$ は行列の積を表す．

　この事実から直ちに次のことが従う．

補題 4.11. $(\alpha_1, \alpha_2), (\beta_1, \beta_2) \in A^{(1)} \times A^{(2)}$ が $U_{\alpha_i} \cap U_{\beta_i} \neq \emptyset$, $i = 1, 2$, $f^{-1}(U_{\alpha_2}^{(2)}) \cap U_{\alpha_1}^{(1)} \neq \emptyset$, $f^{-1}(U_{\beta_2}^{(2)}) \cap U_{\beta_1}^{(1)} \neq \emptyset$ を満たすとする．このとき $\left(u, \sum_{k=1}^{n_1} a_k \frac{\partial}{\partial z_k^{\alpha_1}} \right) \in U_{\alpha_1}^{(1)} \times \mathbb{C}^{n_1}$, $\left(v, \sum_{k=1}^{n_1} b_k \frac{\partial}{\partial z_k^{\alpha_1}} \right) \in U_{\beta_1}^{(1)} \times \mathbb{C}^{n_1}$ が関係 $\sim_{\tan}$ によって同値ならば，

$$Tf^{(\alpha_2, \alpha_1)} \left(u, \sum_{k=1}^{n_1} a_k \frac{\partial}{\partial z_k^{\alpha_1}} \right) \sim_{\tan} Tf^{(\beta_2, \beta_1)} \left(v, \sum_{k=1}^{n_1} b_k \frac{\partial}{\partial z_k^{\alpha_1}} \right)$$

が成り立つ．

証明. $U_{\alpha_1} \cap U_{\beta_1}$ から $U_{\alpha_2} \cap U_{\beta_2}$ への写像の等式 $f \circ \phi_{\beta_1}^{-1} \circ \phi_{\beta_1} = \phi_{\alpha_2}^{-1} \circ \phi_{\alpha_2} \circ f$ からヤコビ行列の等式

$$J(f \circ \phi_{\beta_1}^{-1} \circ \phi_{\beta_1}; (\beta_2, \alpha_1))(u) = J(\phi_{\alpha_2}^{-1} \circ \phi_{\alpha_2} \circ f; (\beta_2, \alpha_1))(u) \quad (u \in U_{\alpha_1} \cap U_{\beta_1})$$

が得られる．写像 $f \circ \phi_{\beta_1}^{-1} \circ \phi_{\beta_1}$ を $\phi_{\beta_1}: U_{\alpha_1} \cap U_{\beta_1} \to U_\gamma := \phi_{\beta_1}(U_{\beta_1}) \subset \mathbb{C}^{n_1}$ と $f \circ \phi_{\beta_1}^{-1}: U_\gamma \to U_{\beta_2}$ の合成写像と見ると，事実 4.10 より上式の左辺は

$$\begin{aligned}
J(f \circ \phi_{\beta_1}^{-1} \circ \phi_{\beta_1}; (\beta_2, \alpha_1))(u) & \\
&= J(f \circ \phi_{\beta_1}^{-1}; (\beta_2, \gamma))(\phi_{\beta_1}(u)) \cdot J(\phi_{\beta_1}; (\gamma, \alpha_1))(u) \\
&= J(f; (\beta_2, \beta_1))(u) \cdot J_{\beta_1, \alpha_1}(u)
\end{aligned}$$

と書ける．同様にして右辺も $J(\phi_{\alpha_2}^{-1} \circ \phi_{\alpha_2} \circ f; (\beta_2, \alpha_1))(u) = J_{\beta_2, \alpha_2}(u) \cdot J(f; (\alpha_2, \alpha_1))(u)$ と書ける．以上より等式

$$J(f; (\beta_2, \beta_1))(u) \cdot J_{\beta_1, \alpha_1}(u) = J_{\beta_2, \alpha_2}(u) \cdot J(f; (\alpha_2, \alpha_1))(u)$$

が得られ，これを $Tf^{(\alpha_2, \alpha_1)}$ のヤコビ行列による表示式 (4.4) に適用すれば補題が従う． $\qquad \square$

　この補題より $Tf^{(\alpha_2, \alpha_1)}$ たちによって well-defined な正則写像

$$Tf: TM_1 \longrightarrow TM_2$$

が定まることがわかる. またこれは図式

$$
\begin{array}{ccc}
TM_1 & \xrightarrow{\ Tf\ } & TM_2 \\
\downarrow{\scriptstyle \pi_{\tan}} & & \downarrow{\scriptstyle \pi_{\tan}} \\
M_1 & \xrightarrow{\ f\ } & M_2
\end{array}
$$

を可換にすることから, Tf を $T_m M_1 = \pi_{\tan}^{-1}(m)$, $m \in M_1$ に制限することで線形写像

$$(Tf)_m : T_m M_1 \longrightarrow T_{f(m)} M_2$$

が得られ, さらに $\xi \in T^*_{f(m)} M_2$ に対して $(T^*f)_m(\xi) \in T^*_m M_1$ を

$$((T^*f)_m(\xi), X)_m := (\xi, (Tf)_m(X))_{f(m)} \quad (X \in T_m M_1)$$

によって定めることで双対空間の間の線形写像

$$(T^*f)_m : T^*_{f(m)} M_2 \longrightarrow T^*_m M_1$$

が得られる.

注意 4.12. 上で定めた写像たちが以下のように関手的である. すなわち M_i, $i = 1, 2, 3$ を複素多様体 $f : M_1 \to M_2$, $g : M_2 \to M_3$ を正則写像とすると,

$$
\begin{aligned}
& T(g \circ f) = Tg \circ Tf, \\
& T(g \circ f)_m = (Tg)_{f(m)} \circ (Tf)_m, \quad (m \in M_1), \\
& T^*(g \circ f)_m = (T^*f)_m \circ (T^*g)_{f(m)}, \quad (m \in M_1)
\end{aligned}
$$

が成立することが事実 4.10 を用いて確かめることができる.

4.1.4 多様体の上の微分方程式

定義 4.13 (外微分). $T^*\mathbb{C}$ を $\mathbb{C} \times \mathbb{C}\, dz = \{(x, \xi\, dz) \mid x, \xi \in \mathbb{C}\}$ と同一視して, $\mathbb{C} \ni u \mapsto (u, 1 \cdot dz) \in T^*\mathbb{C}$ で定まる $\mathbb{C}$ 上の正則微分形式を単に $dz \in \Omega_{\mathbb{C}}(\mathbb{C})$ と書くことにする. このとき複素多様体 M の開集合 U 上の正則写像 $f : U \to \mathbb{C}$ に対して $df \in \Omega_M(U)$ を

$$df : U \ni u \longmapsto (T^*f)_u(dz(f(u))) \in T^*M$$

によって定め, f の **外微分** という.

外微分を多様体 M の局所座標系 (U_α, ϕ_α) を用いて明示的に書いてみよう. $U_0 = \mathbb{C}$, $\mathrm{id}_{\mathbb{C}} : U_0 \to \mathbb{C}$ は複素多様体 $\mathbb{C}$ の局所座標系となるので, 正則関数 $f : M \to \mathbb{C}$ の $U_\alpha \subset M$, $U_0 \subset \mathbb{C}$ におけるヤコビ行列は

$$J(f; (\alpha, 0)) = \left(\frac{\partial f}{\partial z_1^\alpha}, \frac{\partial f}{\partial z_2^\alpha}, \ldots, \frac{\partial f}{\partial z_n^\alpha} \right)$$

と表される. このとき $\chi(u) = \sum_{i=1}^{n} \chi_i(u) \frac{\partial}{\partial z_i^{\alpha}} \in \Theta_M(U_\alpha)$ に対して

$$\langle \chi(u), df(u) \rangle_u = \langle \chi(u), (T^*f)_u(dz(f(u))) \rangle_u = \langle (Tf)_u(\chi(u)), dz(f(u)) \rangle_{f(u)}$$

$$= \left\langle J(f; (\alpha, 0))(u) \cdot \begin{pmatrix} \chi_1(u) \\ \chi_2(u) \\ \vdots \\ \chi_n(u) \end{pmatrix}, 1 \right\rangle_{\mathbb{C}} = \sum_{i=1}^{n} \chi_i(u) \frac{\partial f}{\partial z_i^{\alpha}}(u)$$

が成り立つので,

$$df(u) = \sum_{i=1}^{n} \frac{\partial f}{\partial z_i^{\alpha}}(u) \, dz_i^{\alpha}$$

と書けることがわかる. ここで $\langle \ , \ \rangle_{\mathbb{C}^n}$ で $\mathbb{C}^n$ の標準内積を表す. すなわち外微分とは $U_\alpha \subset M$ の局所座標 z_i^{α} における全微分に他ならない.

このことから外微分がライプニッツ則

$$d(fg)(u) = df(u)g(u) + f(u)dg(u) \quad (f, g \in \mathcal{O}_M(U), \, u \in U)$$

を満たすことは直ちに従い, また次のような多様体上の微分方程式を考えることは定義 2.72 の拡張として自然なものと思える.

定義 4.14 (多様体上の微分方程式). U を複素多様体 M の開集合, $M_n(\Omega_M(U))$ を各成分が $\Omega_M(U)$ の元からなる n 次正方行列の空間とする. $\mathcal{O}_M(U)^n$ で $\mathcal{O}_M(U)$ を成分とする n 次元縦ベクトルの空間を表す. このとき $A \in M_n(\Omega_M(U))$ に対して正則関数 $\omega \in \mathcal{O}_M(U)^n$ が

$$d\omega = Aw \tag{4.5}$$

を満たすとき ω を微分方程式 (4.5) の解という. ここで $d\omega$ はベクトル ω の各成分の外微分を成分とするベクトルであり, また $\Omega_M(U)$ の $\mathcal{O}_M(U)$-加群の構造によって n 次元縦ベクトル ω と行列 A の積が定義され, $Aw \in \Omega_M(U)^n$, すなわち Aw は正則微分形式を成分とする n 次元縦ベクトルである.

$\mathcal{O}_M(U)^n$ は自然に自由 $\mathcal{O}_M(U)$-加群とみなすことができる. $\mathrm{GL}_n(\mathcal{O}_M(U))$ によって $X \in M_n(\mathcal{O}_M(U))$ であって $\det X \in \mathcal{O}_M(U)$ が U 上常に 0 でないもの全体のなす群を表す. すると $X \in \mathrm{GL}_n(\mathcal{O}_M(U))$ は $\mathcal{O}_M(M)^n$ に行列とベクトルの積として作用して, $\mathcal{O}_M(U)$-加群としての自己同型を与える. では $w \in \mathcal{O}_M(U)^n$ が微分方程式 (4.5) であるとして, $Xw, X \in \mathrm{GL}_n(\mathcal{O}_M(U))$ が満たす微分方程式を考えてみる. 外微分のライプニッツ則より

$$d(Xw) = (dX)w + Xdw(u) = (dX)w + XAw$$
$$= (XAX^{-1} + (dX)X^{-1})Xw.$$

と Xw の満たす微分方程式が w の方程式から得られる．このようにして得られる Xw, $X \in \mathrm{GL}_n(\mathcal{O}_M(U))$ の満たす微分方程式と，もとの w の満たす微分方程式は次のようにしばしば同一視される．

定義 4.15 (微分方程式の同型)．$A, B \in M_n(\Omega_M(U))$ を係数とする微分方程式 $d\omega = A\omega$ と $d\omega = B\omega$ に対して

$$B = XAX^{-1} + (dX)X^{-1}$$

を満たす $X \in \mathrm{GL}_n(\mathcal{O}_M(U))$ が存在するときこれらの微分方程式は U 上で同型であるということにする．

4.2 確定特異点と局所モノドロミー行列

4.2.1 複素領域の微分方程式の普遍被覆への持ち上げ

2.4 節と同様に領域 $X \subset \mathbb{C}$ 上で $A(z) \in M_n(\mathcal{O}_{\mathbb{C}}(X))$ が定める微分方程式

$$\frac{d}{dz}w(z) = A(z)w(z) \tag{4.6}$$

を考えて，$\mathrm{Sol}_{A(z)}^{\widetilde{X}}$ を定義 2.84 で定めた普遍被覆 $\pi_X : \widetilde{X} \to X$ 上の微分方程式 (4.6) の解空間とする．この微分方程式は定義 4.14 で定めた多様体 X 上の微分方程式として

$$dw(z) = A(z)w(z)\,dz \tag{4.7}$$

と書き直すことができる．このとき $A(z)\,dz \in M_n(\Omega_X(X))$ に対して $\widetilde{A}(x) := (T^*\pi_X)_x(A(\pi_X(x))\,dz) \in T_x^*\widetilde{X}$ とおくことで，普遍被覆 $\widetilde{X}$ 上の微分方程式

$$d\tilde{w}(x) = \widetilde{A}(x)\tilde{w}(x) \quad (x \in \widetilde{X}) \tag{4.8}$$

を考えることができる．これを微分方程式 (4.6) の普遍被覆 $\widetilde{X}$ への**持ち上げ**，あるいは π_X による**引き戻し**という．ここで，命題 2.71 より π_X は正則写像であったので，$\widetilde{A}(x) \in M_n(\Omega_{\widetilde{X}}(\widetilde{X}))$ となっていることに注意しておく．以下で見るように $\mathrm{Sol}_{A(z)}^{\widetilde{X}}$ はこの $\widetilde{X}$ へ持ち上げた微分方程式の解空間となっている．

命題 4.16. 微分方程式 (4.6) の普遍被覆 $\widetilde{X}$ の解空間 $\mathrm{Sol}_{A(z)}^{\widetilde{X}}$ は $\widetilde{X}$ 上の微分方程式 (4.8) の大域解全体の空間と一致する．

証明. $\mathcal{S}ol_{\widetilde{A}(x)}(\widetilde{X})$ を微分方程式 4.8 の大域解全体の空間とすると，これは高々 n 次元の $\mathbb{C}$-ベクトル空間となることが系 2.74 と同様にしてわかる．従って系 2.86 より $\mathrm{Sol}_{A(z)}^{\widetilde{X}} \subset \mathcal{S}ol_{\widetilde{A}(x)}(\widetilde{X})$ を示せば十分である．定理 2.88 より $f \in \mathrm{Sol}_{A(z)}^{\widetilde{X}}$，$U \in \mathfrak{D}_X$ と $u_0 \in U$ を任意にとると，各 $\gamma \in \{\alpha \in \widetilde{X} \mid \alpha(1) = u_0\}$

に対して $f|_{U_\gamma} = f_\gamma \circ \pi_X|_{U_\gamma}$ を満たす $f_\gamma \in \mathcal{S}ol_{A(z)}(U)$ が唯一つ存在する．このとき注意 4.12 で見た関手性から

$$
\begin{aligned}
df(u) &= (T^*f)_u(dz(f(u))) = (T^*(f_\gamma \circ \pi_X|_{U_\gamma}))_u(dz(f(u))) \\
&= (T^*\pi_X)_u \circ (T^*f_\gamma)_{\pi_X(u)}(dz(f_\gamma(\pi_X(u)))) = (T^*\pi_X)_u(df_\gamma(\pi_X(u))) \\
&= (T^*\pi_X)_u(A(\pi_X(u))f_\gamma(\pi_X(u))) \\
&= \widetilde{A}(u)f(u) \quad (u \in U_\gamma)
\end{aligned}
$$

となり，$\widetilde{X}$ はこのような U_γ で被覆されるので $f \in \mathcal{S}ol_{\widetilde{A}(x)}(\widetilde{X})$ がわかる． $\square$

4.2.2　局所モノドロミー行列と確定特異点

$X = D_r^*(c)$ として中心 $c \in \mathbb{C}$ 半径 r の穴あき円盤の場合を考える．2.4.5 節で見たように，微分方程式 (4.6) の普遍被覆 $\widetilde{D_r^*(c)}$ 上の解空間 $\mathrm{Sol}_{A(z)}^{\widetilde{D_r^*(c)}}$ に対して $\mathbb{C}$-ベクトル空間の圏 $\mathbf{Vec}_\mathbb{C}$ におけるモノドロミー表現

$$
\rho_{A(z)} \colon \pi_1(D_r(c)^\times) \to \mathrm{GL}(\mathrm{Sol}_{A(z)}^{\widetilde{D_r^*(c)}})
$$

が定まる．とくに $\sigma \in \mathrm{Deck}(\widetilde{D_r^*(c)}/D_r^*(c))$ を 2.2.4 節で定めた被覆変換群の生成元とすると定理 2.34 における同型 $\mathrm{Deck}(\widetilde{D_r^*(c)}/D_r^*(c)) \cong \pi_1(D_r^*(c))$ によって $\sigma \in \pi_1(D_r^*(c))$ とみなすと，$\rho_{A(z)}(\sigma) \in \mathrm{GL}(\mathrm{Sol}_{A(z)}^{\widetilde{D_r^*(c)}})$ が決まる．

定義 4.17 (局所モノドロミー行列)．$\mathrm{Sol}_{A(z)}^{\widetilde{D_r^*(c)}}$ の $\mathbb{C}$-ベクトル空間としての基底を一つとり，その基底に関する $\rho_{A(z)}(\sigma)$ の表現行列を微分方程式 (4.6) の $z = c$ における**局所モノドロミー行列**という．

任意の可逆行列 $A \in \mathrm{GL}_n(\mathbb{C})$ に対して，それをモノドロミー行列として持つ $D_r^*(c)$ 上の微分方程式が存在する．これは例えば次のように示すことができる．まず $A \in M_n(\mathbb{C})$ に対して行列を指数に持つ指数関数を

$$
\exp(Az) := \sum_{k=0}^\infty \frac{A^k}{k!} z^k
$$

と行列係数の形式冪級数として定義する．これは微分方程式

$$
\frac{d}{dz}X(z) = AX(z) \quad (X(z) \in M_n(\mathcal{O}_\mathbb{C}(\mathbb{C})))
$$

の初期値 $X(0) = E_n$ を満たすただ一つの解であるから定理 2.73 の証明から $\exp(Az)$ は $\mathbb{C}$ 上で広義一様に収束する．すなわち $\exp(Az)$ はこの微分方程式の $\mathbb{C}$ 上の基本解行列となるので，命題 2.76 より $\exp(Az) \in \mathrm{GL}_n(\mathcal{O}_\mathbb{C}(\mathbb{C}))$ がわかる．また $A, B \in M_n(\mathbb{C})$ が $AB = BA$ を満たすならば通常の $\exp(z)$ の場合と同様にして $\exp((A+B)z) = \exp(Az)\exp(Bz)$ が成立することもわかる．従って例えば A がジョルダン細胞

$$A = J(\lambda; n) := \begin{pmatrix} \lambda & 1 & & & \\ & \lambda & 1 & & \\ & & \ddots & \ddots & \\ & & & \lambda & 1 \\ & & & & \lambda \end{pmatrix}$$

である場合は $A = \lambda E_n + N_n$ とスカラー行列 λE_n と冪零行列 N_n の和になり，λE_n と N_n の積は可換なので，$\exp(Az) = \exp((\lambda E_n + N_n)z) = \exp(\lambda E_n z) \cdot \exp(N_n z)$ と書ける．さらに $(N_n)^{n-1} = 0$ に注意すると，

$$\exp(Az) = e^{\lambda z} \left(\sum_{k=0}^{n-1} \frac{(N_n)^k}{k!} z^k \right)$$

と書けることがわかる．またこれより

$$\det(\exp(Az)) = (e^{\lambda z})^n = e^{n\lambda z} = e^{\operatorname{tr} Az} \tag{4.9}$$

もわかる．特に $z = 1$ とおくと $\exp(A)$ のジョルダン (Jordan) 標準形は $J(e^\lambda; n)$ となることから，任意のジョルダン細胞が $\exp(A)$ の形で書けることになるので，$M_n(\mathbb{C}) \ni A \mapsto \exp(A) \in \mathrm{GL}_n(\mathbb{C})$ が全射となることがわかる．さらに式 (4.9) より一般の $A \in M_n(\mathbb{C})$ に対しても

$$\det(\exp(A)) = e^{\operatorname{tr} A}$$

となることもわかる．

さてここで $A \in M_n(\mathbb{C})$ に対して $A = \exp(2\pi i T)$ を満たす $T \in M_n(\mathbb{C})$ を一つ選び，$D_r^*(c)$ 上の微分方程式

$$dw(z) = \frac{T}{z-c} w(z) dz \tag{4.10}$$

を考える．2.2.4 節のように $\widetilde{D_r^*(c)}$ を $\mathbb{C}$ の部分空間と見て，被覆写像を $\pi_{\widetilde{D_r^*(c)}} \colon \widetilde{D_r^*(c)} \ni x \mapsto z = e^x + c \in D_r^*(c)$ で与える．そして $T^* \widetilde{D_r^*(c)}$ を $\widetilde{D_r^*(c)} \times \mathbb{C} dx$ と同一視しておく．すると $dz = e^x dx$ より微分方程式 (4.10) の $\widetilde{D_r^*(c)}$ への持ち上げは

$$(d\tilde{w})_x = \frac{T}{e^x} e^x dx \tag{4.11}$$

と書ける．$\exp(Tx)$ はこの微分方程式の基本解行列となることから，命題 4.16 より，$\exp(Tx)$ の各列ベクトルが $\mathrm{Sol}_{\frac{T}{z-c}}^{\widetilde{D_r^*(c)}}$ の基底であることがわかる．さらに写像 $\exp_T \colon \mathbb{C} \ni x \to \exp(Tx) \in \mathbb{C}^\times$ と，$\mathrm{Deck}(\widetilde{D_r^*(c)}/D_r^*(c))$ の生成元 σ に対し

$$\sigma^*(\exp_T)(x) := \exp_T \circ \sigma(x) = \exp(T(x + 2\pi i)) = \exp_T(x) \cdot \exp(2\pi i T)$$

となることより，微分方程式 (4.10) の局所モノドロミー行列は $A = \exp(2\pi i T)$ である．

このように任意の可逆行列が (4.10) の形の微分方程式の局所モノドロミー行列として得られることがわかったが，さらに $D_r^*(c)$ 上の任意の微分方程式は (4.10) の形の微分方程式と同型であることを次のよう示すことができる．

定理 4.18. $X = D_r^*(c)$ として微分方程式 (4.6) を考え，$A \in \mathrm{GL}_n(\mathbb{C})$ を局所モノドロミー行列とする．このとき $T \in M_n(\mathbb{C})$ を $A = \exp(-2\pi i T)$ となるようにとると，この微分方程式 (4.6) は

$$\frac{d}{dz} w(z) = \frac{T}{z - c} w(z)$$

と $D_r^*(c)$ 上で同型である．

証明. $c = 0$ として考える．$X(x)$ を微分方程式 (4.6) の $\widetilde{D_r^*(0)}$ への持ち上げの基本解行列で $\sigma^*(X)(x) := X(\sigma(x)) = X(x)A^{-1}$ を満たすものとする．そこで $\overline{Y}(x) = X(x)\exp(-Tx)$ とおくと，$\sigma^*(\overline{Y})(x) = X(\sigma(x))\exp(-T\sigma(x)) = X(x)A^{-1}\exp(-2\pi i T)\exp(-Tx) = \overline{Y}(x)$ を得る．従って命題 2.90 より $Y(z) \in \mathrm{GL}_n(\mathcal{O}_\mathbb{C}(D_r^*(0)))$ で $\pi_{D_r^*(0)}^*(Y) = \overline{Y}$ を満たすものが唯一つ存在する．これより微分方程式

$$\frac{d}{dz} w(z) = \left(Y(z)A(z)Y(z)^{-1} - Y(z)\frac{d}{dz}Y(z) \right) w(z)$$

は $\exp(Tx)$ を $\widetilde{D_r^*(0)}$ 上の基本解行列として持つことになるので，この微分方程式は $\frac{d}{dz} w(z) = \frac{T}{z} w(z)$ に等しい． $\square$

定義 4.19 (確定特異点). 定理 4.18 において同型を引き起こす $Y(z) \in \mathrm{GL}_n(\mathcal{O}_\mathbb{C}(D_r^*(c)))$ に対して $z = c$ は孤立特異点なので真性特異点か極のいずれかである．特に $z = c$ が $Y(z)$ 極となる，すなわち $Y(z)$ を $D_r(c)$ 上有理型とできるとき $z = c$ は微分方程式 (4.6) の**確定特異点**とよばれる．

4.2.3 第一種特異点

定義 4.20 (第一種特異点). $D_r^*(c)$ 上の微分方程式 $\frac{d}{dz} w(z) = A(z)w(z)$, $A(z) \in M_n(\mathcal{O}_\mathbb{C}(D_r^*(c)))$ の係数行列 $A(z)$ が $z = c$ で高々 1 位の極を持つとき，$z = c$ をこの微分方程式の**第一種特異点**という．また特に $A(z)$ の z^{-1} の係数行列を微分方程式 $\frac{d}{dz} w(z) = A(z)w(z)$ の $z = c$ における**留数行列**という．

定理 4.21. 第一種特異点は確定特異点である．

これを示すために補題をいくつか用意する．

補題 4.22. $f \in \mathcal{O}_\mathbb{C}(D_r^*(0))$ と $0 < r_0 < r$ を固定する．このとき $M \geq 0$ に

対して不等式

$$\left|\frac{d}{dz}f(z)\right| \le \frac{M}{\rho}\,|f(z)| \quad (0 < |z| = \rho \le r_0)$$

が成立するならば，$z = \rho e^{i\theta}$ と極座標で書いたとき不等式

$$\left|f(\rho e^{i\theta})\right| \le \left(\frac{\rho}{r_0}\right)^{-M}\left|f(r_0 e^{i\theta})\right| \quad (0 < \rho \le r_0,\,\theta \in \mathbb{R})$$

が成立する．

証明． まず $z = \rho e^{i\theta}$ とおくと，$\frac{d}{dz}f = \frac{1}{e^{i\theta}}\frac{\partial}{\partial\rho}f$ より $\left|\frac{d}{dz}f\right| = \left|\frac{\partial}{\partial\rho}f\right|$ となることに注意する．これより

$$\left|\frac{\partial}{\partial\rho}|f|^2\right| = \left|\bar{f}\frac{\partial}{\partial\rho}f + f\frac{\partial}{\partial\rho}\bar{f}\right|$$

$$\le |\bar{f}| \cdot \left|\frac{d}{dz}f\right| + |f| \cdot \left|\frac{d}{dz}\bar{f}\right| = 2|f| \cdot \left|\frac{d}{dz}f\right|$$

$$\le \frac{2M}{\rho}|f|^2$$

が従う．このとき

$$\frac{\partial}{\partial\rho}\log|f|^2 = \frac{\frac{\partial}{\partial\rho}|f|^2}{|f|^2} \ge -\frac{2M}{\rho}$$

となることから，両辺の区間 $[\rho, r_0]$ の定積分を考えると

$$\log\frac{\left|f(r_0 e^{i\theta})\right|^2}{\left|f(\rho e^{i\theta})\right|^2} \ge -2M\log\frac{r_0}{\rho},$$

が得られ，これは求める不等式 $\left|f(\rho e^{i\theta})\right| \le (\frac{\rho}{r_0})^{-M}\left|f(r_0 e^{i\theta})\right|$ を導く． $\square$

補題 4.23. $z = c$ で 1 位の極を持つ行列係数の正則関数 $A(z) = \sum_{i=-1}^{\infty} A_i z^i \in M_n(\mathcal{O}_{\mathbb{C}}(D_r^*(c)))$，$B \in M_n(\mathbb{C})$ に対して，$X(z) \in M_n(\mathcal{O}_{\mathbb{C}}(D_r^*(c)))$ が微分方程式

$$\frac{d}{dz}X(z) = -X(z)A(z) + \frac{B}{z}X(z) \tag{4.12}$$

を満たすとすると，$X(z)$ は $z = c$ を高々極に持つ．

証明． 簡単のため $c = 0$ として考える．行列 $C = (c_{i,j}) \in M_n(\mathbb{C})$ のノルムを $\|C\| := \left(\sum_{i,j}|c_{i,j}|^2\right)^{\frac{1}{2}}$ によって定める．このとき仮定より任意の $0 < r_0 < r$ に対して $M > 0$ があって不等式

$$\left\|\frac{d}{dz}X(z)\right\| \le \frac{M}{\rho}\|X(z)\| \quad (0 < |z| = \rho \le r_0)$$

が成立する．従って補題 4.22 より $z = \rho e^{i\theta}$ と極座標で書くと不等式

$$\left\|X(\rho e^{i\theta})\right\| \le \left\|X(r_0 e^{i\theta})\right\|\left(\frac{\rho}{r_0}\right)^{-M}$$

が得られる．これより $X(z)$ は原点に M 以下の位数の極を持つ． $\square$

定理 **4.21** の証明. $c = 0$ として証明する. 微分方程式

$$\frac{d}{dz}w(z) = A(z)w(z) \quad A(z) \in M_n(\mathcal{O}_\mathbb{C}(D_r^*(0))) \tag{4.13}$$

の係数行列が $z = 0$ で高々 1 の極を持つとする. 定理 4.18 よりある $T \in M_n(\mathbb{C})$ があってこの微分方程式は $\frac{d}{dz}w(z) = \frac{T}{z}w(z)$ に $D_r^*(0)$ 上で同型である. すなわち $X(z) \in \mathrm{GL}_n(\mathcal{O}_\mathbb{C}(D_r^*(0)))$ があって

$$X(z)A(z)X(z)^{-1} + \left(\frac{d}{dz}X(z)\right)X(z)^{-1} = \frac{T}{z}$$

が成立する. これは微分方程式 $\frac{d}{dz}X(z) = -X(z)A(z) + \frac{T}{z}X(z)$ と書き直せるので, 補題 4.23 より $X(z)$ は $D_r(0)$ で有理型, すなわち $z = 0$ は微分方程式 (4.13) の確定特異点である. □

一般に微分方程式の局所モノドロミー行列を決定するのは難しいが, 第一種特異点の場合はある仮定のもとでは以下のように局所モノドロミー行列を容易に決定することができる.

定理 **4.24.** 微分方程式

$$\frac{d}{dz}w(z) = A(z)w(z) \quad (A(z) \in M_n(\mathcal{O}_\mathbb{C}(D_r^*(c)))) \tag{4.14}$$

は $z = c$ で第一種特異点を持つとする. $A(z)$ の $z = c$ でのローラン展開 $A(z) = \sum_{i=-1}^\infty A_i(z-c)^i$ において $(z-c)^{-1}$ の係数行列 A_{-1} の異なる固有値の集合を $\{\lambda_1, \lambda_2, \ldots, \lambda_m\}$ とおく. このとき $\lambda_i - \lambda_j \notin \mathbb{Z}$ が全ての $i \neq j$ で成立するならば, 微分方程式 (4.14) は

$$\frac{d}{dz}w(z) = \frac{A_{-1}}{z}w(z)$$

と $D_r^*(c)$ 上で同型である. 特に $z = c$ での局所モノドロミー行列として $\exp(2\pi i A_{-1})$ がとれる.

これを示すためにいくつか補題を用意する.

補題 **4.25.** $w(z) = \sum_{i=k}^\infty w_i z^i$ を n 次元縦ベクトル $w_i \in \mathbb{C}^n$ を係数に持つ形式的ローラン級数とする. $A \in M_n(\mathbb{C})$ に対して $w(z)$ が微分方程式

$$\frac{d}{dz}w(z) = \frac{A}{z}w(z)$$

を満たすならば, $w(z)$ はローラン多項式, すなわち整数 $N \geq k$ が存在して $w(z) = \sum_{i=k}^N w_i z^i$ という有限和でなければならない.

証明. 微分方程式の両辺の z^{i-1} の係数を比較すると

$$iw_i = Aw_i,$$

すなわち i が A の固有値で w_i がその固有ベクトルであるか，$w_i = 0$ のいずれかとなる．よって A の固有値が有限個であることより補題が従う． □

補題 4.26. $A, B \in M_n(\mathbb{C})$ それぞれの固有値全体の集合 $\mathrm{eig}(A)$，$\mathrm{eig}(B)$ が $\mathrm{eig}(A) \cap \mathrm{eig}(B) = \emptyset$ を満たすとする．このとき線形写像

$$F_{A,B} \colon M_n(\mathbb{C}) \ni X \longmapsto AX - XB \in M_n(\mathbb{C})$$

は同型である．

証明. 適当な座標変換により

$$B = \begin{pmatrix} b_{11} & b_{12} & \cdots & b_{1n} \\ & b_{22} & \cdots & b_{2n} \\ & & \ddots & \vdots \\ & & & b_{nn} \end{pmatrix}$$

と B が上三角行列となっている場合を考えれば十分である．ここで $X = (\boldsymbol{x}_1 \boldsymbol{x}_2 \cdots \boldsymbol{x}_n) \in M_n(\mathbb{C})$ の各列ベクトル $\boldsymbol{x}_i$ を縦に並べ変えて $\widetilde{X} := {}^t(\boldsymbol{x}_1, \boldsymbol{x}_2, \dots, \boldsymbol{x}_n) \in \mathbb{C}^{n^2}$ とすることで，$F_{A,B}$ は線形写像 $\widetilde{F}_{A,B} \colon \mathbb{C}^{n^2} \to \mathbb{C}^{n^2}$ とみなすことができる．このとき $\mathbb{C}^{n^2}$ の標準基底に関する線形写像 $\widetilde{F}_{A,B}$ の表現行列は

$$\begin{pmatrix} A - b_{11}E_n & & & \\ b_{12}E_n & A - b_{22}E_n & & \\ \vdots & & \ddots & \\ b_{1n}E_n & \cdots & b_{(n-1)\,n}E_n & A - b_{nn}E_n \end{pmatrix}$$

なので仮定よりこれは正則行列である．よって $F_{A,B}$ は同型となる． □

定理 4.24 の証明. $c = 0$ として証明する．微分方程式 (4.14) が $\frac{d}{dz}w(z) = \frac{A_{-1}}{z}w(z)$ と同型となるには $X(z) \in \mathrm{GL}_n(\mathcal{O}_{\mathbb{C}}(D_r^*(0)))$ があって

$$\frac{d}{dz}X(z) = -X(z)A(z) + \frac{A_{-1}}{z}X(z) \tag{4.15}$$

が成立することが必要かつ十分である．まず形式冪級数 $X(z) = \sum_{i=0}^{\infty} X_i z^i$，$X_i \in M_n(\mathbb{C})$ が微分方程式 (4.15) を満たすと仮定する．このとき両辺の z^{i-1} の係数を比較すると

$$iX_i = -X_i A_{-1} + A_{-1} X_i + \sum_{j=0}^{i-1} A_j X_{i-j-1}$$

となる．従って特に $X_0 = I_n$ とおくと $i = 0$ の式は満たされ，また $i \geq 1$ の式は

$$X_i(A_{-1} + i) - A_{-1}X_i = \sum_{j=0}^{i-1} A_j X_{i-j-1} \qquad (4.16)$$

と書き直せる. 仮定から $A_{-1} + i$ と A_{-1} は $i \geq 1$ では共通の固有値を持たないので, 補題 4.26 より, X_j, $j < i$ が決まれば式 (4.16) によって X_i が一意的に決まる. 従って $X_0 = E_n$, $X_1, X_2, \ldots$, と帰納的に X_i が決めることで $X(z) = \sum_{i=0}^{\infty} X_i z^i$, $X_0 = I_n$ が一意的に定まることがわかった.

次にこの形式解 $X(z)$ が収束することを示す. 微分方程式 (4.15) は $X(z) = (\boldsymbol{x}_1(z)\boldsymbol{x}_2(z)\cdots\boldsymbol{x}_n(z))$ の縦ベクトルを並べ変えてできる $\mathbb{C}^{n^2}$ を値域とする関数 $\tilde{X}(z) := {}^t(\boldsymbol{x}_1(z), \boldsymbol{x}_2(z), \ldots, \boldsymbol{x}_n(z))$ の満たす微分方程式ともみなすことができる. この微分方程式は $z = 0$ を第一種特異点に持つので, 定理 4.21 より $z = 0$ を極とする $Y(z) \in \mathrm{GL}_{n^2}(\mathcal{O}_{\mathbb{C}}(D_r^*(0)))$ と $T \in M_{n^2}(\mathbb{C})$ があって $Y(z)$ によって $\frac{d}{dz}w(z) = \frac{T}{z}w(z)$ に同型となる. 従って $Y(z)$ の $z = 0$ でのローラン展開によって得られる級数の積 $Z(z) := Y(z)\tilde{X}(z)^{*2)}$ は微分方程式 $\frac{d}{dz}w(z) = \frac{T}{z}w(z)$ を満たす. このとき補題 4.25 より $Z(z)$ のローラン多項式となる. 従って $Y(z)^{-1} \in \mathrm{GL}_n(\mathcal{O}_{\mathbb{C}}(D_r^*(0)))$ も $z = 0$ で有理型であることに注意すると冪級数の等式 $\tilde{X}(z) = Y(z)^{-1}Z(z)$ より $\tilde{X}(z)$ の収束, すなわち $X(z)$ の収束がわかる.

最後に $X(z) \in \mathrm{GL}_n(\mathcal{O}_{\mathbb{C}}(D_r^*(0)))$ となることを示す. $X(z)$ は定数項が単位行列なのでスカラー係数の形式冪級数と同様の議論から逆行列 $X(z)^{-1}$ が行列係数の形式冪級数として存在することがわかる. この $X(z)^{-1}$ は

$$\frac{d}{dz}X(z)^{-1} = -A(z)X(z)^{-1} + X(z)^{-1}\frac{A_{-1}}{z}$$

を満たすので上と同様の議論から $X(z)^{-1}$ は $D_r^*(0)$ で収束する. $\qquad \square$

4.3　フックス型微分方程式のオイラー変換

1.5 節では命題 1.18 によってオイラー変換が引き起こす微分作用素の間の変換を導入し, これを用いて 1 階の微分方程式からガウスの超幾何関数の満たす微分方程式を導いた. この微分作用素の変換は, デットヴァイラーとライターによって確定特異点型微分方程式, 特に正規フックス型方程式とよばれる微分方程式に対する変換として定式化された. これは局所系に対するカッツのミドルコンボリューションの類似といえるものであり, 本節ではこの変換の紹介をする.

---

*2)　一般にローラン級数の積は well-defined ではないが, ここでは $\tilde{X}(Z)$, $Y(Z)$ ともにローラン展開の主要部は有限項級数なので積が定義できる.

4.3.1 複素射影直線上の正規フックス型微分方程式

定義 4.27 (正規フックス型微分方程式)． D を複素射影直線 $\mathbb{P}^1$ の有限部分集合として，$\mathbb{P}^1 \backslash D$ 上の微分方程式

$$dw(z) = A(z)w(z) \quad (A(z) \in M_n(\Omega_{\mathbb{P}^1 \backslash D}(\mathbb{P}^1 \backslash D)))$$

を考える．ここですべての $a \in D$ が第一種特異点であるとき，この微分方程式は**正規フックス型**といわれる．なお以下簡単のため正規フックス型微分方程式を単にフックス型微分方程式，あるいはフックス型方程式とよぶことにする．

フックス型方程式 $dw(z) = A(z)w(z)$ の特異点集合 D の中で $\mathbb{C} \subset \mathbb{P}^1$ 内の点全体を $D^o := D \backslash \{\infty\}$ とおくと $A(z)$ は D^o で高々 1 位の極を持つので

$$A(z) = \sum_{a \in D^o} \frac{A_a}{z - a} \, dz + \sum_{i=0}^{\infty} A_i^{(0)} z^i \, dz, \quad (A_a, A_i^{(0)} \in M_n(\mathbb{C})),$$

と表すことができる．また $\sum_{i=0}^{\infty} A_i^{(0)} z^i$ は整関数である．ここで $A(z)$ の $z = \infty \in \mathbb{P}^1$ での様子を見てみよう．$z = 1/\omega$ とおいて，$dz = -\frac{d\omega}{\omega^2}$ に注意すると

$$A(z) = \sum_{a \in D^o} \frac{A_a}{1/\omega - a} \left(-\frac{d\omega}{\omega^2} \right) + \sum_{i=0}^{\infty} A_i^{(0)} \omega^{-i} \left(-\frac{d\omega}{\omega^2} \right)$$

となり，右辺の $\omega = 0$ でのローラン展開の主要部は

$$-\sum_{i=0}^{\infty} \frac{A_i^{(0)}}{\omega^{i+2}} - \frac{\sum_{a \in D^o} A_a}{\omega}$$

であることがわかる． しかしフックス型であるという仮定から $A(z)$ は $z = \infty$，すなわち $\omega = 0$ で高々 1 位の極となるので $A_i^{(0)} = 0,\ i = 0, 1, \ldots,$ となり，また $\omega = 0$，すなわち $z = \infty$ での留数を成分とする行列は $A_\infty := -\sum_{a \in D^o} A_a$ で与えられることがわかる．結局フックス型方程式は

$$dw = \sum_{a \in D^o} \frac{A_a}{z - a} w \, dz, \quad (A_a \in M_n(\mathbb{C}))$$

という形で表せることがわかった．これをフックス型方程式の**標準型**という．また各 $a \in D^o$ において A_a を $z = a$ での留数行列，また $A_\infty = -\sum_{a \in D^o} A_a$ を $z = \infty$ での留数行列という．

4.3.2 大久保型微分方程式

1.5 節で見たようにガウスの超幾何関数の満たす微分方程式

$$\left[z(z-1)\partial_z^2 + ((\alpha + \beta + 1)z - \gamma)\partial_z + \alpha\beta \right] \phi(z) = 0$$

は 1 階の微分方程式

$$\left[\partial_\zeta - \left(\frac{\beta - \gamma}{\zeta} + \frac{\gamma - \alpha - 1}{\zeta - 1}\right)\right]\psi(\zeta) = 0 \qquad (4.17)$$

から微分作用素のオイラー変換

$$\partial_\zeta \mapsto \partial_z, \quad \vartheta_\zeta \mapsto \vartheta_z + (\beta - 1)$$

によって得ることができた．ただしそこでは微分作用素のオイラー変換が適用可能となるように，微分方程式から ζ を消去して

$$(\vartheta_\zeta + 1)(\vartheta_\zeta - (\beta - \alpha - 1)) - \partial_\zeta(\vartheta_\zeta - (\beta - \gamma))\psi(\zeta) = 0$$

という ∂_ζ と ϑ_ζ と定数のみからなる方程式に変形する必要があった．そのうえでオイラー変換を適用することでガウスの微分方程式を得ることができた．

この一連の操作をフックス型方程式において定式化をするために次のような微分方程式を導入する．

定義 4.28（大久保型微分方程式）．行列 $A, T \in M_n(\mathbb{C})$ を考え，特に T は対角行列とする．このとき微分方程式

$$(zE_n - T)\partial_z w = Aw$$

を **大久保型微分方程式** という．また単に大久保型方程式とよぶこともある．

大久保型微分方程式は次のようにフックス型方程式に変形できる．$A = (a_{i,j})$ と成分表示し，また対角行列 T の各 (i,i) 成分を t_i と書くことにする．このとき大久保方程式の両辺に左から $(zE_n - T)^{-1}$ をかけると

$$\partial_z w = (zE_n - T)^{-1} Aw = \begin{pmatrix} \frac{a_{11}}{z-t_1} & \frac{a_{12}}{z-t_1} & \cdots & \frac{a_{1n}}{z-t_1} \\ \frac{a_{21}}{z-t_2} & \frac{a_{22}}{z-t_2} & \cdots & \frac{a_{2n}}{z-t_2} \\ \vdots & \vdots & \ddots & \vdots \\ \frac{a_{n1}}{z-t_n} & \frac{a_{n2}}{z-t_n} & \cdots & \frac{a_{nn}}{z-t_n} \end{pmatrix} w$$

$$= \sum_{i=1}^n \frac{A^{[i]}}{z - t_i} w$$

となる．ただし $A^{[i]} \in M_n(\mathbb{C})$ は i 行目が A と等しくその他の行は 0 である行列とする．また変形の仕方からもとの大久保型方程式と変形後のフックス型方程式の解空間は等しいことがわかる．

さて大久保型方程式の左辺の微分作用素は

$$(zE_n - T)\partial_z = \vartheta_z E_n - T\partial_z$$

となるため，大久保型方程式は ∂_z と ϑ_z と定数のみからなるフックス型方程式といえる．従って大久保型方程式のオイラー変換を次のように考えることができる．

定義 4.29 (大久保型方程式のオイラー変換). 複素数 $\beta \in \mathbb{C}$ に対して，大久保型方程式

$$[(\vartheta_z E_n - T\partial_z) - A]w = 0$$

の ∂_z を ∂_z に，ϑ_z を $\vartheta_z + (\beta - 1)$ に取り替えてできる微分方程式 $[((\vartheta_z + (\beta - 1))E_n - T\partial_z) - A]w = 0$ すなわち

$$(zE_n - T)\partial_z w = (A - (\beta - 1)E_n)w$$

を与える対応を，β による**大久保型方程式のオイラー変換**という．

4.3.3 フックス型微分方程式のオイラー変換

前節で大久保方程式はフックス型方程式の一種であることを見たが，逆に一般のフックス型方程式も少し拡大して大久保方程式に変形することができる．$w(z)$ をフックス型方程式

$$\partial_z w = \sum_{a \in D^o} \frac{A_a}{z - a} w \quad (A_a \in M_n(\mathbb{C})) \tag{4.18}$$

の解だとして，また $D^o = \{a_1, a_2, \ldots, a_r\}$ と各要素を表しておく．このとき $\mathbb{C}^{n \cdot r}$ に値を持つ関数 $w^r(z) = {}^t(w(z)\,w(z)\,\cdots\,w(z))$ は微分方程式

$$\partial_z w^r(z) = \begin{pmatrix} A_{a_1} & A_{a_2} & \cdots & A_{a_r} \\ A_{a_1} & A_{a_2} & \cdots & A_{a_r} \\ \vdots & \vdots & \ddots & \vdots \\ A_{a_1} & A_{a_2} & \cdots & A_{a_r} \end{pmatrix} \begin{pmatrix} \frac{E_n}{z - a_1} & & & \\ & \frac{E_n}{z - a_2} & & \\ & & \ddots & \\ & & & \frac{E_n}{z - a_r} \end{pmatrix} w^r(z) \tag{4.19}$$

の解となる．さらにこの微分方程式は次のように大久保方程式と同型であることがわかる．(4.19) の右辺の係数行列関数を $A(z)$ とおき，また

$$g(z) = \begin{pmatrix} \frac{E_n}{z - a_1} & & & \\ & \frac{E_n}{z - a_2} & & \\ & & \ddots & \\ & & & \frac{E_n}{z - a_r} \end{pmatrix} \text{ とおくと，}$$

$$g(z)A(z)g(z)^{-1} + g'(z)g(z)^{-1}$$

$$= \begin{pmatrix} \frac{E_n}{z - a_1} & & & \\ & \frac{E_n}{z - a_2} & & \\ & & \ddots & \\ & & & \frac{E_n}{z - a_r} \end{pmatrix} \begin{pmatrix} A_{a_1} - E_n & A_{a_2} & \cdots & A_{a_r} \\ A_{a_1} & A_{a_2} - E_n & \cdots & A_{a_r} \\ \vdots & \vdots & \ddots & \vdots \\ A_{a_1} & A_{a_2} & \cdots & A_{a_r} - E_n \end{pmatrix}$$

となるので右辺を $\widetilde{A}(z)$ とおくと微分方程式 (4.19) は $\partial_z \tilde{w} = \widetilde{A}(z)\tilde{w}$ と同型である．さらにこの方程式の両辺に $g(z)^{-1}$ を左からかけることで大久保型方

程式

$$
\left(zE_{n\cdot r} - \begin{pmatrix} a_1 E_n & & & \\ & a_2 E_n & & \\ & & \ddots & \\ & & & a_r E_n \end{pmatrix} \right) \partial_z \tilde{w} =
$$

$$
\begin{pmatrix} A_{a_1} - E_n & A_{a_2} & \cdots & A_{a_r} \\ A_{a_1} & A_{a_2} - E_n & \cdots & A_{a_r} \\ \vdots & \vdots & \ddots & \vdots \\ A_{a_1} & A_{a_2} & \cdots & A_{a_r} - E_n \end{pmatrix} \tilde{w} \quad (4.20)
$$

が得られる．この大久保型方程式をフックス型方程式 (4.18) の**大久保化**とよぶことにしよう．

注意 4.30. $U \subset \mathbb{C} \backslash D^o$ を任意の開円盤とし，U におけるフックス型方程式 (4.18) 解空間を $\mathrm{F}(U)$，大久保化 (4.20) の解空間を $\mathrm{O}(U)$ とおく．また $\mathrm{O}(U)$ の次のような部分空間 $\mathrm{O}^{\mathrm{diag}}(U)$ を考える．

$$
\left\{ \tilde{w}^r(z) = \begin{pmatrix} \tilde{w}_1(z) \\ \tilde{w}_2(z) \\ \vdots \\ \tilde{w}_r(z) \end{pmatrix} \in \mathrm{O}(U) \;\middle|\; \begin{array}{l} \tilde{w}_i(z) \text{ は } \mathbb{C}^n \text{ に値を持つ関数で} \\ (z - a_1)\tilde{w}_1(z) = \cdots = (z - a_r)\tilde{w}_r(z) \\ \text{を満たす．} \end{array} \right\}.
$$

このとき

$$
F(U) \ni w(z) \longmapsto \begin{pmatrix} \frac{w(z)}{z - a_1} \\ \vdots \\ \frac{w(z)}{z - a_r} \end{pmatrix} \in \mathrm{O}^{\mathrm{diag}}(U)
$$

は $\mathbb{C}$-ベクトル空間としての同型写像となる．この同型写像のもとで，大久保化 (4.20) はフックス型方程式 (4.18) を，その解空間を含むように拡大したものと思うことができる．

さらにここで大久保化 (4.20) の $\beta \in \mathbb{C}$ によるオイラー変換

$$
\left(zE_{n\cdot r} - \begin{pmatrix} a_1 E_n & & & \\ & a_2 E_n & & \\ & & \ddots & \\ & & & a_r E_n \end{pmatrix} \right) \partial_z \tilde{w} =
$$

$$
\begin{pmatrix} A_{a_1} - \beta E_n & A_{a_2} & \cdots & A_{a_r} \\ A_{a_1} & A_{a_2} - \beta E_n & \cdots & A_{a_r} \\ \vdots & \vdots & \ddots & \vdots \\ A_{a_1} & A_{a_2} & \cdots & A_{a_r} - \beta E_n \end{pmatrix} \tilde{w}
$$

を考えると，これに対応してフックス型方程式

$$\partial_z \tilde{w} =$$

$$\begin{pmatrix} \frac{E_n}{z-a_1} & & & \\ & \frac{E_n}{z-a_2} & & \\ & & \ddots & \\ & & & \frac{E_n}{z-a_r} \end{pmatrix} \begin{pmatrix} A_{a_1} - \beta E_n & A_{a_2} & \cdots & A_{a_r} \\ A_{a_1} & A_{a_2} - \beta E_n & \cdots & A_{a_r} \\ \vdots & \vdots & \ddots & \vdots \\ A_{a_1} & A_{a_2} & \cdots & A_{a_r} - \beta E_n \end{pmatrix} \tilde{w}$$

$$(4.21)$$

が得られる．この一連の操作でフックス型方程式 (4.18) から新たなフックス型方程式 (4.21) を与える対応を $\beta \in \mathbb{C}$ による**フックス型方程式のオイラー変換**という．

4.3.4　フックス型微分方程式のミドルコンボリューション

前節で導入したフックス型方程式のオイラー変換だが，局所系のオイラー変換と同様に一般に無駄を含んでいる．例えば式 (4.21) の右辺の定数部分

$$A_\beta := \begin{pmatrix} A_{a_1} - \beta E_n & A_{a_2} & \cdots & A_{a_r} \\ A_{a_1} & A_{a_2} - \beta E_n & \cdots & A_{a_r} \\ \vdots & \vdots & \ddots & \vdots \\ A_{a_1} & A_{a_2} & \cdots & A_{a_r} - \beta E_n \end{pmatrix}$$

に着目して $\mathfrak{l} := \operatorname{Ker} A_\beta \subset \mathbb{C}^{n \cdot r}$ とおく．このとき $\mathfrak{l}$ に値を持つ関数 $w_{\mathfrak{l}}(z)$ が微分方程式 (4.21) を満たすとすると

$$\partial_z w_{\mathfrak{l}}(z) = \begin{pmatrix} \frac{E_n}{z-a_1} & & & \\ & \frac{E_n}{z-a_2} & & \\ & & \ddots & \\ & & & \frac{E_n}{z-a_r} \end{pmatrix} A_\beta w_{\mathfrak{l}}(z) = 0$$

であるから $w_{\mathfrak{l}}(z)$ は定数となってしまう．

また $\operatorname{Ker} A_{a_i} \subset \mathbb{C}^n$ に対して，数ベクトル空間 $\mathbb{C}^{n \cdot r}$ を $\mathbb{C}^n$ が r 個縦に並んだベクトルの集まりと見て，$\mathbb{C}^{n \cdot r}$ の部分空間

$$\mathfrak{k}_i := \begin{pmatrix} 0 \\ \vdots \\ \operatorname{Ker} A_{a_i} \\ \vdots \\ 0 \end{pmatrix}$$

を i 番目を $\operatorname{Ker} A_{a_i}$，それ以外を 0 とすることで定める．このとき $\mathfrak{k}_i$ に値を持つ関数 $w_{\mathfrak{k}_i}(z)$ が (4.21) を満たすとすると

$$\partial_z w_{\mathfrak{k}_i}(z) = \frac{-\beta}{z - a_i} w_{\mathfrak{k}_i}(z)$$

となって，これも求積可能な自明な微分方程式となってしまう．

デットヴァイラーとライターはこれらの自明な部分空間を取り除くことで，カッツのミドルコンボリューションのフックス型方程式における対応物を次のように定式化した．$M_{n \cdot r}(\mathbb{C})$ を $n \times n$ 行列を一つのブロックとして，このブロックを成分とする $r \times r$ 行列とみなす．そして

$$
A_\beta^{[a_i]} := \begin{pmatrix} 0 & \cdots & 0 & \cdots & 0 \\ \vdots & & \vdots & & \vdots \\ A_{a_1} & \cdots & A_{a_i} - \beta E_n & \cdots & A_{a_r} \\ \vdots & & \vdots & & \vdots \\ 0 & \cdots & 0 & \cdots & 0 \end{pmatrix}
$$

をブロック行列としての i 行目が A_β と等しく，その他は 0 である行列とする．このとき微分方程式 (4.21) は

$$
\partial_z \tilde{w} = \sum_{i=1}^r \frac{A_\beta^{[a_i]}}{z - a_i} \tilde{w}
$$

と書き換えられる．ここで $\mathfrak{l}, \mathfrak{k}_j, j = 1, 2, \ldots, r$ は $A_\beta^{[a_i]}$-不変部分空間であるから，$A_\beta^{[a_i]}$ は線形変換

$$
\widehat{A_\beta^{[a_i]}} : \mathbb{C}^{n \cdot r} / (\mathfrak{l} + \bigoplus_{j=1}^r \mathfrak{k}_j) \to \mathbb{C}^{n \cdot r} / (\mathfrak{l} + \bigoplus_{j=1}^r \mathfrak{k}_j)
$$

を引き起こす．この商空間の適当な基底による表現行列も同じ $\widehat{A_\beta^{[a_i]}}$ で表すと，新たなフックス型方程式

$$
\partial_z \hat{w} = \sum_{a \in D^o} \frac{\widehat{A_\beta^{[a]}}}{z - a} \hat{w} \tag{4.22}
$$

が得られる．このようにフックス型方程式 (4.18) から新たなフックス型方程式 (4.22) を与える対応を $\beta \in \mathbb{C}$ によるフックス型方程式のミドルコンボリューションとよぶ．

ここで紹介したフックス型方程式のミドルコンボリューションだが，3.3 節で定義した複素局所系のミドルコンボリューションと密接な関係がある．というのもフックス型方程式に対して，その解の層を考えることで，フックス型方程式のミドルコンボリューションと局所系のミドルコンボリューションを結びつけることができることが知られている．この事実に関してはデットヴァイラー–ライター [9] を参照して欲しい．また大久保方程式に対しても，このミドルコンボリューションと同等の操作が横山 [34] によって与えられている．

第 5 章
フックス型微分方程式のモジュライ
空間と箙の表現

　これまでにオイラー変換を中心にして，ガウスの超幾何関数，モノドロミー表現，局所系，ホモロジー，フックス型微分方程式など様々なものを紹介してきた．本書の最後となるこの章では，オイラー変換と箙の表現との関係について見て行きたい．

　この章では，多様体論，代数幾何学，代数群の作用，不変式論，シンプレクティック幾何学，箙の表現論など，非常に多くの数学の分野からの道具が必要となる．特に代数幾何学，代数群の作用や不変式論に関しては，本書で一から準備をすることはできなかったため，いくつかの事実をそのまま借用した．各節で適宜参考文献を挙げていくので是非そちらも参照して欲しい．

5.1 部分多様体，商多様体

　以後の節で箙の表現のモジュライ空間や，フックス型方程式のモジュライ空間をリー群の作用による商多様体として導入する．そのために，ここで多様体の部分多様体，商多様体に関する基礎事項を復習しておこう．この節の内容は主にウェドホーン (Wedhorn) [32] を参考にした．

5.1.1 逆関数定理

　U を $\mathbb{C}^n$ の開集合，$f: U \to \mathbb{C}^n$ を正則写像として，$\boldsymbol{z} = (z_1, z_2, \ldots, z_n)$ で $\mathbb{C}^n$ の点を表し，また $f(\boldsymbol{z}) = (f_1(\boldsymbol{z}), f_2(\boldsymbol{z}), \ldots, f_m(\boldsymbol{z}))$ と f を $\mathbb{C}^m$ の各成分に分解して書く．そして f のヤコビ行列を $J(f) := \left(\frac{\partial f_j}{\partial z_k}\right)_{\substack{j=1,2,\ldots,m, \\ k=1,2,\ldots,n}}$ と定める．ただし j を行成分，k を列成分を表す指数とした．

　一方で各 f_j を $f_j = u_j + iv_j$, z_k を $z_k = x_k + iy_k$ と，実部と虚部に分けておくと，f を $U \subset \mathbb{R}^{2n}$ から $\mathbb{R}^{2n}$ への関数と見たときのヤコビ行列を

$$J_{\mathbb{R}}(f) := \left(\begin{pmatrix} \frac{\partial u_j}{\partial x_k} & \frac{\partial u_j}{\partial y_k} \\ \frac{\partial v_j}{\partial x_k} & \frac{\partial v_j}{\partial y_k} \end{pmatrix} \right)_{\substack{j=1,2,\ldots,n, \\ k=1,2,\ldots,n}}$$

とブロック行列として定めることができる．このとき

$$2u_j = f_j + \bar{f}_j,\ 2iv_j = f_j - \bar{f}_j,\ 2u_k = z_k + \bar{z}_k,\ 2iy_k = z_k - \bar{z}_k$$

であり，またヤコビ行列の連鎖律から

$$J_{\mathbb{R}}(f) =$$
$$\left(\begin{pmatrix} \frac{\partial u_j}{\partial f_k} & \frac{\partial u_j}{\partial \bar{f}_k} \\ \frac{\partial v_j}{\partial f_k} & \frac{\partial v_j}{\partial \bar{f}_k} \end{pmatrix} \right) \left(\begin{pmatrix} \frac{\partial f_j}{\partial z_k} & \frac{\partial f_j}{\partial \bar{z}_k} \\ \frac{\partial \bar{f}_j}{\partial z_k} & \frac{\partial \bar{f}_j}{\partial \bar{z}_k} \end{pmatrix} \right) \left(\begin{pmatrix} \frac{\partial z_j}{\partial x_k} & \frac{\partial z_j}{\partial y_k} \\ \frac{\partial \bar{z}_j}{\partial x_k} & \frac{\partial \bar{z}_j}{\partial y_k} \end{pmatrix} \right) \left(\begin{pmatrix} \frac{\partial u_j}{\partial f_k} & \frac{\partial u_j}{\partial \bar{f}_k} \\ \frac{\partial v_j}{\partial f_k} & \frac{\partial v_j}{\partial \bar{f}_k} \end{pmatrix} \right)$$

が従う．さらに f が正則関数であることからコーシー–リーマンの関係式に注意すると

$$\det J_{\mathbb{R}}(f) = \det \begin{pmatrix} J(f) & 0 \\ 0 & \overline{J(f)} \end{pmatrix}$$

が成り立つことがわかる．こうした準備のもと，実数関数における逆関数定理を用いて正則関数の逆関数定理を次のように示すことができる．

定理 5.1 (逆関数定理)．記号は上の通りとする．$u \in U$ において $\det J(f)(u) \neq 0$ であると仮定する．このとき u の近傍 $U_1 \subset U$ と $f(u)$ の近傍 $U_2 \subset \mathbb{C}^n$ が存在して，制限写像 $f|_{U_1}$ は複素多様体 U_1 と U_2 の間の同型を与える．

証明． $\det J(f)(u) \neq 0$ より $\det J_{\mathbb{R}}(f)(u) \neq 0$ が従うので実数関数における逆関数定理から u の近傍 $U_1 \subset U$ と $f(u)$ の近傍 $U_2 \subset \mathbb{C}^n$ が存在して，$f|_{U_1}$ は U_1 と U_2 の間の C^∞ 級微分同相となる．従って $(f|_{U_1})^{-1}$ が正則写像であることがわかればよい．以下 $f|_{U_1}$ を単に f，$(f|_{U_1})^{-1}$ を単に f^{-1} と表すことにする．このとき f が正則関数であったことから

$$0 = \frac{\partial f^{-1} \circ f}{\partial \bar{z}_i} = \sum_{j=1}^{n_2} \frac{\partial f^{-1}}{\partial z_j} \cdot \frac{\partial f_j}{\partial \bar{z}_i} + \sum_{j=1}^{n_2} \frac{\partial f^{-1}}{\partial \bar{z}_j} \cdot \frac{\partial \bar{f}_j}{\partial \bar{z}_i}$$
$$= \sum_{j=1}^{n_2} \frac{\partial f^{-1}}{\partial \bar{z}_j} \cdot \frac{\partial \bar{f}_j}{\partial \bar{z}_i}$$

が得られる．ここで $\frac{\partial \bar{f}_j}{\partial \bar{z}_i}$ が $\overline{J(f)}$ の (j,i) 成分であることに注意すると，$\det \overline{J(f)(u)} = \overline{\det J(f)(u)} \neq 0$ より $\frac{\partial f^{-1}}{\partial \bar{z}_j} = 0,\ j = 1, 2, \ldots, n$ が U_2 で成り立つので，f^{-1} が正則であることがわかる． □

逆関数定理の応用として次の定理は重要である．

定理 5.2． 記号は 4.1.3 節のものに従うとする．$f \colon M_1 \to M_2$ を n_i 次元複素多様体 M_i，$i = 1, 2$ の間の正則写像とする．ここで点 $m \in M_1$ の近傍 U

において，$u \in U$ での接空間の間の線形写像 $Tf_u \colon T_u M_1 \to T_{f(u)} M_2$ の階数が一定であると仮定する．すなわち非負整数 $l \le \min(n_1, n_2)$ があって，すべての $u \in U$ で $\operatorname{rank} Tf_u = l$ であるとする．このとき M_i の適当な座標近傍系 $(U_\alpha^{(i)}, \phi_\alpha^{(i)})_{\alpha \in A^{(i)}}$, $i = 1, 2$ において，$m \in U_{\alpha_1}^{(1)}$, $f(m) \in U_{\alpha_2}^{(2)}$ なる $(\alpha_1, \alpha_2) \in A^{(1)} \times A^{(2)}$ があって，

$$(f_1^{(\alpha_2, \alpha_1)}, f_2^{(\alpha_2, \alpha_1)}, \ldots, f_{n_2}^{(\alpha_2, \alpha_1)}) = (z_1^{\alpha_1}, z_2^{\alpha_1}, \ldots, z_l^{\alpha_1}, 0, \ldots, 0)$$

が U_{α_1} 上で成立する．

証明. $(U_\alpha^{(i)}, \phi_\alpha^{(i)})_{\alpha \in A^{(i)}}$ を M_i, $i = 1, 2$ の座標近傍系として，$m \in U_{\alpha_1}^{(1)}$, $f(m) \in U_{\alpha_2}^{(2)}$ なる $(\alpha_1, \alpha_2) \in A^{(1)} \times A^{(2)}$ を一組とる．このとき仮定より $z_1^{\alpha_i}, \ldots, z_{n_i}^{\alpha_i}$, $i = 1, 2$ の順序を適当に入れ替えることで，$J(f; (\alpha_2, \alpha_1))$ の l 次の主小行列式

$$\det J^{[l]}(f; (\alpha_2, \alpha_1)) := \left(\frac{\partial f_j^{(\alpha_2, \alpha_1)}}{\partial z_k^{\alpha_1}} \right)_{\substack{j = 1, 2 \ldots, l, \\ k = 1, 2, \ldots, l}}$$

が $U_{\alpha_1} \cap U$ で常に 0 とならないようにできる．従って $\phi \colon U_{\alpha_1} \cap U \to \mathbb{C}^{n_1}$ を

$$\phi(u) := (f_1^{(\alpha_2, \alpha_1)}(u), \ldots, f_l^{(\alpha_2, \alpha_1)}(u), z_{l+1}^{\alpha_1}(u), \ldots, z_{n_1}^{\alpha_1}(u))$$

と定めると，$U_{\alpha_1} \cap U$ 上で常に $\det J(\phi) = \det J^{[l]}(f; (\alpha_2, \alpha_1)) \ne 0$ となる．従って逆関数定理から u の開近傍 $U_\beta \subset U_{\alpha_1} \cap U$ があって ϕ は U_β から $\phi(U_\beta)$ への複素多様体としての同型を与える．従って $(U_\alpha^{(1)}, \phi_\alpha^{(1)})_{\alpha \in A^{(1)}}$ に (U_β, ϕ) を付け加えて M_1 の同値な局所座標系を得ることができる．

では局所座標 (U_β, ϕ) で $f \colon M_1 \to M_2$ がどのように書けるか見てみよう．(U_β, ϕ) の座標成分を $z_1^\beta, \ldots, z_{n_1}^\beta$ とおくと ϕ の定義より

$$(z_1^\beta, \ldots, z_l^\beta, z_{l+1}^\beta, \ldots, z_{n_1}^\beta) = (f_1^{(\alpha_2, \beta)}, \ldots, f_l^{(\alpha_2, \beta)}, z_{l+1}^{\alpha_1}, \ldots, z_{n_1}^{\alpha_1})$$

が $f^{-1}(U_{\alpha_2}^{(2)}) \cap U_\beta$ で成立している．以後 $U_\beta \subset f^{-1}(U_{\alpha_2}^{(2)})$ となるように U_β を取り替えておく．このときヤコビ行列は

$$J(f, (\alpha_2, \beta)) = \begin{pmatrix} E_l & 0 \\ * & \left(\frac{\partial f_j^{(\alpha_2, \beta)}}{\partial z_k^\beta} \right)_{\substack{j = l+1, \ldots, n_2, \\ k = l+1, \ldots, n_1}} \end{pmatrix}$$

となる．ϕ は同型射であることからヤコビ行列の階数を変えないので U_β 上で $\operatorname{rank} J(f, (\alpha_2, \beta)) = \operatorname{rank} J(f, (\alpha_2, \alpha_1)) = l$ であるから，

$$\frac{\partial f_j^{(\alpha_2, \beta)}}{\partial z_k^\beta} = 0, \quad j = l+1, \ldots, n_2,\ k = l+1, \ldots, n_1 \tag{5.1}$$

が従う．

ここで連結開集合 $V_0 \subset \mathbb{C}^l$, $V_1 \subset \mathbb{C}^{n_1-l}$, $V_2 \subset \mathbb{C}^{n_2-l}$ をうまくとり，また U_β を適当に取り替えることで，$\phi(U_\beta) = V_0 \times V_1$ が成り立つようにして，また $U_\gamma \subset U_{\alpha_2}$ を $\phi_{\alpha_2}^{(2)}(U_\gamma) = V_0 \times V_2$, かつ $f(U_\beta) \subset U_\gamma$ となるようにとっておく．

このとき式 (5.1) より $j = l+1, \ldots, n_2$, $k = l+1, \ldots, n_1$ において $f_j^{(\alpha_2, \beta)}$ は z_k^β に依存しない．従って $f_{V_0, V_2} := \mathrm{pr}_{V_2} \circ \phi_{\alpha_2}^{(2)} \circ f \circ \phi^{-1} : V_0 \times V_1 \to V_2$ は V_0 上の正則写像と思うことができる．ただし $\mathrm{pr}_{V_2} : V_0 \times V_2 \to V_2$ は V_2 成分への射影とした．ここで

$$\psi: \quad V_0 \times V_2 \quad \longrightarrow \quad \mathbb{C}^{n_2}$$
$$(v_0, v_2) \quad \longmapsto \quad (v_0, v_2 - f_{V_0, V_2}(v_0))$$

と定めると，これは $V_0 \times V_2$ から $\psi(V_0 \times V_2)$ への複素多様体としての同型を与える．従って $\phi_\gamma := \psi \circ \phi_{\alpha_2}^{(2)}|_{U_\gamma}$ とおくと，$(U_\alpha^{(2)}, \phi_\alpha^{(2)})_{\alpha \in A^{(2)}}$ に (U_γ, ϕ_γ) を付け加えて M_2 の同値な局所座標系が得られ，さらに (U_β, ϕ), (U_γ, ϕ_γ) における f の表示は

$$U_\beta \xrightarrow{\phi_{\alpha_2}^{(2)} \circ f} V_0 \times V_2 \xrightarrow{\psi} \mathbb{C}^{n_2}$$
$$u \mapsto ((z_j^\beta(u)), f_{V_0, V_2}((z_j^\beta(u)))) \mapsto ((z_j^\beta(u)), 0)$$

となり，求めるものが得られた． $\qquad\square$

定義 5.3 (正則写像の階数)．複素多様体の射 $f : M_1 \to M_2$ の $m \in M_1$ における**階数**とは線形写像 $Tf_m : T_m M_1 \to T_{f(m)} M_2$ の階数のことと定め，$\mathrm{rank}_m f$ で表す．

複素多様体の射の階数に関して次の命題は以後有用である．

命題 5.4. 複素多様体の射 $f : M_1 \to M_2$ と正整数 r に対して $\{m \in M_1 \mid \mathrm{rank}_m f \geq r\}$ は M_1 の開集合である．

証明. $m_0 \in M_1$ が $\mathrm{rank}_{m_0} f \geq r$ であると仮定する．このとき m_0 の局所座標 $(U_{\alpha_1}^{(1)}, \phi_{\alpha_1}^{(1)})$ と $f(m_0)$ の局所座標 $(U_{\alpha_2}^{(2)}, \phi_{\alpha_2}^{(2)})$ をとっておく．このときヤコビ行列 $J(f; (\alpha_1, \alpha_2))$ の r 小行列式の一つを $J^{(r)}$ と書くと $U_{\alpha_1} \ni u \mapsto J^{(r)}(u) \in \mathbb{C}$ は連続写像なので，この写像による 0 の逆像は $U_{\alpha_1}^{(1)}$ の閉集合である．従って，$U_{\alpha_1}^{(1)}$ の中で $J(f; (\alpha_1, \alpha_2))$ の全ての r 小行列式が 0 となる点のなす部分集合を U_0 とおくと，これは $U_{\alpha_1}^{(1)}$ の閉集合となる．従って開集合 $V_{m_0} := U_{\alpha_1}^{(1)} \backslash U_0$ によって $m_0 \in V_0 \subset \{m \in M_1 \mid \mathrm{rank}_m f \geq r\}$ とできることがわかるので，$\{m \in M_1 \mid \mathrm{rank}_m f \geq r\}$ は開集合である． $\qquad\square$

5.1.2 部分多様体

定義 5.5 (部分多様体)．n 次元複素多様体 M の部分集合 N が l 次元部分複素多様体であるとは

1. $l = n$ のときは，N が M の開集合となること，
2. $0 \le l < n$ のときは，N の任意の点 n に対して n を含む M の適当な座標近傍 (U_n, ϕ_n) とその成分表示 $z_1, \ldots, z_n$ があって，

$$N \cap U_n = \{u \in U \mid z_{l+1}(u) = \cdots = z_n(u) = 0\}$$

が成り立つことである.

N を n 次元複素多様体 M の l 次元部分多様体としよう. $l = n$ のときは N は M の開集合なので $(U_\alpha, \phi_\alpha)_{\alpha \in A}$ を M の局所座標系とすると，$U'_\alpha := N \cap U_\alpha$, $\phi'_\alpha := \phi_\alpha|_{U'_\alpha}$ とおくことで $(U'_\alpha, \phi'_\alpha)_{\alpha \in A}$ が N の n 次元の正則な局所座標系を定めることがわかる. 一方 $0 \le l < n$ のときは，$\mathbb{C}^n$ の第 1 成分から第 l 成分までへの射影を $\mathrm{pr}^l \colon \mathbb{C}^n \to \mathbb{C}^l$ とおいて，$n \in N$ に対して $U'_n := N \cap U_n$, $\phi'_n := \mathrm{pr}^l \circ \phi_n|_{U'_n}$ とおくことで，$(U'_n, \phi'_n)_{n \in N}$ が N の l 次元の正則な局所座標系を定める.

定義 5.6 (正則点，正則値). 複素多様体の射 $f \colon M \to N$ が $m \in M$ において誘導する線形写像 $Tf_m \colon T_m M \to T_{f(m)} N$ が全射となるとき，m を f の**正則点**という. また，$n \in N$ の f による逆像 $f^{-1}(n)$ の点が全て f の正則点からなるとき，n を f の**正則値**という.

定理 5.2 の応用として正則値の逆像が部分多様体であることを次のように示すことができる.

命題 5.7. $f \colon M_1 \to M_2$ を複素多様体の射，$n \in M_2$ は f の正則値とする. このとき $f^{-1}(n)$ は空でなければ M の $n_1 - n_2$ 次元の部分多様体となる. ただし，n_i, $i = 1, 2$ は M_i の次元を表す.

証明. Tf_m が全射となることから，$n_1 \ge n_2$ であることに注意しておく. $m \in f^{-1}(n)$ において Tf_m は全射となるので命題 5.4 より，m の近傍 U があって任意の $u \in U$ で Tf_u は全射となる. 従って定理 5.2 で見たように，M_i の局所座標系 $(U^{(i)}_{\alpha_i}, \phi^{(i)}_{\alpha_i})_{A^{(i)}}$ で $m \in U^{(1)}_{\alpha_1}$, $f(m) \in U^{(2)}_{\alpha_2}$ なる $(\alpha_1, \alpha_2) \in A^{(1)} \times A^{(2)}$ があって，

$$\phi^{(1)}_{\alpha_1} = (f_1^{(\alpha_2, \alpha_1)}, \ldots, f_{n_2}^{(\alpha_2, \alpha_1)}, z^{\alpha_1}_{n_2+1}, \ldots, z^{\alpha_1}_{n_1})$$

かつ，$f_i^{(\alpha_2, \alpha_1)}(m) = \mathrm{pr}_i \circ \phi^{(2)}_{\alpha_2}(n) = 0$, $i = 1, 2, \ldots, n_2$ となるようなものがとれる. このとき

$$U^{(1)}_{\alpha_1} \cap f^{-1}(n) = \{u \in U^{(1)}_{\alpha_1} \mid z^{\alpha_1}_1(u) = \cdots = z^{\alpha_1}_{n_2}(u) = 0\}$$

となることから，$f^{-1}(n)$ が M_1 の部分多様体となることがわかる. $\qquad\square$

定義 5.8 (沈め込み). 複素多様体の射 $f \colon M \to N$ が $m \in M$ において誘導する線形写像 $Tf_m \colon T_m M \to T_{f(m)} N$ が全射となるとき，f を**点 m での沈め**

込みという．また f が M の全ての点での沈め込みとなるときは単に f を**沈め込み**という．

次に沈め込みのいくつかの大事な性質を紹介しよう．

命題 5.9. 沈め込みは開写像である．

証明. $f\colon M_1 \to M_2$ を沈め込みとする．n_i を M_i の次元とすると $n_1 \geq n_2$ となっていることに注意しておく．このとき定理 5.2 より，$m \in M_1$ に対して m を含む局所座標 $(U_{\alpha_1}^{(1)}, \phi_{\alpha_1}^{(1)})$ と $f(m)$ を含む局所座標 $(U_{\alpha_2}^{(2)}, \phi_{\alpha_2}^{(2)})$ があって

$$
\phi_{\alpha_2}^{(2)} \circ f|_{U_{\alpha_1}^{(1)}} = (f_1^{(\alpha_2, \alpha_1)}(u), \ldots, f_{n_2}^{(\alpha_2, \alpha_1)}(u))
$$
$$
= (z_1^{\alpha_1}(u), \ldots, z_{n_2}^{\alpha_1}(u))
$$

が U_{α_1} で成り立つ．すなわち $\mathbb{C}^{n_1}$ の第 1 から第 n_2 成分までへの射影を $\mathrm{pr}_{n_2}\colon \mathbb{C}^{n_1} \to \mathbb{C}^{n_2}$ としたとき，

$$
\phi_{\alpha_2}^{(2)} \circ f|_{U_{\alpha_1}^{(1)}} = \mathrm{pr}_{n_2} \circ \phi_{\alpha_1}^{(1)} \tag{5.2}
$$

が成立する．このとき $\phi_{\alpha_i}^{(i)}$ は同相写像で，pr_{n_2} が開写像なので，$f|_{U_{\alpha_1}^{(1)}}$ が開写像であることがわかる．M_1 はこのような $U_{\alpha_1}^{(1)}$ で被覆されるので f は開写像である． □

命題 5.10. 複素多様体の射 $f\colon M_1 \to M_2$ は点 $m \in M_1$ での沈め込みとする．このとき $f(m)$ のある近傍 V において f の正則な切断が存在する．すなわち正則写像 $g\colon U \to M_2$ で $f \circ g = \mathrm{id}_U$ なるものが存在する．

さらに $(Tf)_m\colon T_m M_1 \to T_{f(m)} M_2$ が全単射となるとき，m のある近傍 U において $f|_U$ は U と $f(U)$ の間の複素多様体の同型を与える．

証明. f は沈め込みなので命題 5.9 で見たように，m を含む局所座標 $(U_{\alpha_1}^{(1)}, \phi_{\alpha_1}^{(1)})$ と $f(m)$ を含む局所座標 $(U_{\alpha_2}^{(2)}, \phi_{\alpha_2}^{(2)})$ があって式 (5.2) より $\phi_{\alpha_2}^{(2)} \circ f|_{U_{\alpha_1}^{(1)}} = \mathrm{pr}_{n_2} \circ \phi_{\alpha_1}^{(1)}$ が成り立つ．従って包含写像 $\mathrm{inc}_{n_2}\colon \mathbb{C}^{n_2} \hookrightarrow \mathbb{C}^{n_1}$ に対して，$g := (\phi_{\alpha_1}^{(1)})^{-1} \circ \mathrm{inc}_{n_2} \circ \phi_{\alpha_2}^{(2)}\colon U_{\alpha_2}^{(2)} \to U_{\alpha_1}^{(1)}$ とおくと，

$$
f|_{U_{\alpha_1}^{(1)}} \circ g = (\phi_{\alpha_2}^{(2)})^{-1} \circ \mathrm{pr}_{n_2} \circ \phi_{\alpha_1}^{(1)} \circ (\phi_{\alpha_1}^{(1)})^{-1} \circ \mathrm{inc}_{n_2} \circ \phi_{\alpha_2}^{(2)}
$$
$$
= (\phi_{\alpha_2}^{(2)})^{-1} \circ \mathrm{id}_{\mathbb{C}^{n_2}} \circ \phi_{\alpha_2}^{(2)} = \mathrm{id}_U
$$

が得られる．

特に Tf_m が全単射のときは $n_1 = n_2$ より式 (5.2) は $\phi_{\alpha_2}^{(2)} \circ f|_{U_{\alpha_1}^{(1)}} = \mathrm{id}_{\mathbb{C}^{n_1}} \circ \phi_{\alpha_1}^{(1)}$ となるので，$f_{U_{\alpha_1}} = (\phi_{\alpha_2}^{(2)})^{-1} \circ \phi_{\alpha_1}^{(1)}$ となりこれは複素多様体の同型である． □

この命題のように $(Tf)_m \colon T_m M_1 \to T_{f(m)} M_2$ が線形同型となる場合は，$f \colon M_1 \to M_2$ は m の近傍では複素多様体の同型射となるが，M_1 全体では一般に同型を与えない．では f が M_1 とその像 $f(M_1) \subset M_2$ の間の同型射となる条件を考えてみよう．

定義 5.11 (はめ込み，埋め込み)．複素多様体の射 $f \colon M \to N$ が $m \in M$ において誘導する線形写像 $Tf_m \colon T_m M \to T_{f(m)} N$ が単射となるとき，f を点 m での**はめ込み**という．また f が M の全ての点でのはめ込みとなるときは単に f を**はめ込み**という．特にはめ込み $f \colon M \to N$ が位相的埋め込み写像でもあるとき f を**埋め込み**という．

命題 5.12. $f \colon M_1 \to M_2$ を複素多様体の間の埋め込みとする．このとき $f(M_1)$ は M_2 の部分多様体で，f によって M_1 と $f(M_1)$ は複素多様体として同型となる．

証明. 仮定より任意の $m \in M_1$ で Tf_m の階数は n_1 で一定なので，$m \in M_1$ の座標近傍 (U_β, ϕ)，$f(m) \in M_2$ の座標近傍 (U_γ, ϕ_γ) を定理 5.2 の証明と同じようにとると，$f(U_\beta) \cap U_\gamma = \{u \in U_\gamma \mid z^\gamma_{n_1+1}(u) = \cdots = z^\gamma_{n_2}(u) = 0\}$ となる．また仮定より $f(U_\beta)$ は M_2 の相対位相における $f(M_1)$ の開集合であるので，M_2 の開集合 U があって $f(U_\beta) = f(M_1) \cap U$ となっている．従って $U'_\gamma := U \cap U_\gamma$，$\phi'_\gamma := \phi_\gamma|_{U'_\gamma}$ とおいて M_2 の局所座標 $(U'_\gamma, \phi'_\gamma)$ を定めると，$f(M_1) \cap U'_\gamma = f(M_1) \cap U \cap U_\gamma = f(U_\beta) \cap U_\gamma = \{u \in U_\gamma \mid z^\gamma_{n_1+1}(u) = \cdots = z^\gamma_{n_2}(u) = 0\}$ となって，$f(M_1)$ が M_2 の部分多様体であることがわかり，また f は M_1 から $f(M_1)$ への複素多様体としての射となる．さらに $f^{-1} \colon f(M_1) \to M_1$ も埋め込みであるから f は M_1 と $f(M_1)$ の複素多様体としての同型となることがわかる． $\square$

最後に M の部分多様体 N_1 と N_2 の共通集合 $N_1 \cap N_2$ が再び M の部分多様体となるための条件について考えてみる．

定義 5.13. N_i，$i = 1, 2$ を複素多様体 M の部分多様体，$\iota_i \colon N_i \hookrightarrow M$ を包含写像とする．$n \in N_i$ において誘導される単射線形写像 $(T\iota_i)_n \colon T_n N_i \hookrightarrow T_n M$ によって $T_n N_i$ を $T_n M$ の部分空間とみなしておく．このとき $n \in N_1 \cap N_2$ において

$$T_n N_1 + T_n N_2 = T_n M$$

が成り立つとき N_1 と N_2 は点 n で**横断的に交わる**という．また全ての $n \in N_1 \cap N_2$ でこれらが横断的に交わるとき単に N_1 と N_2 は**横断的に交わる**という．

命題 5.14. n 次元複素多様体 M の l_i 次元部分多様体 N_i，$i = 1, 2$ は横断的に交わっているとする．このとき $N_1 \cap N_2$ は N_i，$i = 1, 2$ の部分多様体とな

り，またこれより M の部分多様体となる．

証明. N_2 は M の部分多様体であることから $p \in N_2$ を含む局所座標 (U_p, ϕ_p) とその成分 $z_1, \ldots, z_m$ があって $N_2 \cap U_p = \{u \in U_p \mid z_{l_2+1}(u) = \cdots = z_n(u) = 0\}$ となる．このとき $\mathbb{C}^n$ の第 $l_2 + 1$ から第 n 成分への射影を $\mathrm{pr}^{(n-l_2)} \colon \mathbb{C}^n \to \mathbb{C}^{n-l_2}$ と書くと，$N_2 \cap U_p$ は $\phi_p^{(n-l_2)} := \mathrm{pr}^{(n-l_2)} \circ \phi_p \colon U_p \to \mathbb{C}^{n-l_2}$ の 0 の逆像 $(\phi_p^{(n-l_2)})^{-1}(0)$ に等しい．このことから $u \in N_2 \cap U_p$ に対し $T_u N_2 \subset \mathrm{Ker}(T\phi_p^{(n-l_2)})_u$ となるが両辺の次元を比較して

$$\mathrm{Ker}(T\phi_p^{(n-l_2)})_u = T_u N_2 \tag{5.3}$$

が従う．

またこのとき包含写像を $\iota_1 \colon N_1 \hookrightarrow M$ と書くと，$N_1 \cap U_p \xrightarrow{\iota_1} U_p \xrightarrow{\phi_p^{(n-l_2)}} \mathbb{C}^{n-l_2}$ の 0 の逆像 $(\phi_p^{(n-l_2)} \circ \iota_1)^{-1}(0)$ が $N_1 \cap (N_2 \cap U_p)$ と等しい．ここで $v \in N_1 \cap U_p$ において $(T\iota_1)_v \colon T_v N_1 \to T_v U_p = T_v M$ は $T_v N_1$ から $T_v M$ への包含写像であることを思い出すと，$w \in N_1 \cap (N_2 \cap U_p)$ に対して $T(\phi_p^{(n-l_2)} \circ \iota_1)_w = T(\phi_p^{(n-l_2)})_w \circ T(\iota_1)_w$ は式 (5.3) と $T_w M = T_w N_1 + T_w N_2$ より全射となる．よって命題 5.7 より $N_1 \cap (N_2 \cap U_p)$ は $N_2 \cap U_p$ の部分多様体となるので，このことから $N_1 \cap N_2$ は N_2 の部分多様体であることが従う． $\square$

5.1.3 商多様体

複素多様体 M の元たちの間に同値関係 $\sim$ が定まっているとき，その商位相空間 $M/\sim$ が再び複素多様体になるための条件を考えよう．特にこの節ではセール (Serre) の教科書 [27] の方針に従って，次のゴドマン (Godement) による定理を紹介する．

定理 5.15 (ゴドマン). M の同値関係 $\sim$ によって $M \times M$ の部分集合を

$$R := \{(m_1, m_2) \in M \times M \mid m_1 \sim m_2\}$$

と定義する．ここで R が $M \times M$ の閉部分多様体であって，$M \times M$ の第 1 成分への射影 pr_1 に対して $\mathrm{pr}_1|_R \colon R \to M$ が全射な沈め込みであると仮定する．このとき商位相空間 $M/\sim$ には複素多様体の構造が入り，商写像 $p \colon M \to M/\sim$ は沈め込みとなる．

定理の証明の前に，$M/\sim$ の複素多様体としての構造の入れ方は同型を除いてただ一通りであることに注意しておく．

命題 5.16. M を複素多様体，N を位相空間，$f \colon M \to N$ を全射連続写像とする．このとき f が沈め込みとなるような N の複素多様体としての構造は

高々一通りしか存在しない.

証明. N_i, $i = 1, 2$ を n_i 次元複素多様体であって位相空間としては N であるものとする. また連続写像 $f: M \to N$ は $N = N_i$, $i = 1, 2$ によって N を複素多様体とみなしたとき, いずれの場合も沈め込みとなっているとする. このとき命題 5.9 の式 (5.2) で見たように $m \in M$ を含む M 局所座標 $(U_{\alpha_1}^{(1)}, \phi_{\alpha_1}^{(1)})$, $f(m)$ を含む N_1 の局所座標 $(U_{\alpha_2}^{(2)}, \phi_{\alpha_2}^{(2)})$ と N_2 の局所座標 $(U_{\alpha_2'}^{(2)}, \phi_{\alpha_2'}^{(2)})$ があって,

$$\phi_{\alpha_2}^{(2)} \circ f|_{U_{\alpha_1}^{(1)}} = \mathrm{pr}_{n_1} \circ \phi_{\alpha_1}, \quad \phi_{\alpha_2'}^{(2)} \circ f|_{U_{\alpha_1}^{(1)}} = \mathrm{pr}_{n_2} \circ \phi_{\alpha_1}$$

が成り立つ. 従って $V := f(U_{\alpha_1}^{(1)}) \subset U_{\alpha_2}^{(2)} \cap U_{\alpha_2'}^{(2)}$ とおくと,

$$\phi_{\alpha_2}^{(2)} \circ (\phi_{\alpha_2'}^{(2)}|_V)^{-1} \circ \mathrm{pr}_{n_2} \circ \phi_{\alpha_1} = \mathrm{pr}_{n_1} \circ \phi_{\alpha_1}$$

が得られる. $\phi_{\alpha_2}^{(2)} \circ (\phi_{\alpha_2'}^{(2)}|_V)^{-1}$ と ϕ_{α_1} は同相写像であるからこの等式から $n_1 = n_2$ と $\phi_{\alpha_2}^{(2)} \circ (\phi_{\alpha_2'}^{(2)}|_V)^{-1} = \mathrm{id}_{\mathbb{C}^{n_1}}$ が従う. すなわち $\phi_{\alpha_2}^{(2)} \circ (\phi_{\alpha_2'}^{(2)}|_V)^{-1}$ は正則関数である. このことから id_N によって N_1 と N_2 の間の複素多様体として同型射が得られることがわかる. $\square$

では定理をいくつかの補題に分けて証明していこう. 以下定理の記号や仮定は引き継ぐものとする.

補題 5.17. 商写像 $p: M \to M/\!\sim$ は開写像である.

証明. 部分集合 $U \subset M$ に対し $p^{-1}(p(U)) = \{x \in M \mid x \sim y$ を満たす $y \in U$ が存在する$\}$ であるから, $p^{-1}(p(U)) = \mathrm{pr}_1((M \times U) \cap R)$ が成り立つ. また $\mathrm{pr}_1|_R$ は沈め込みで命題 5.9 より開写像となるので, U が開集合ならば $p^{-1}(p(U))$ も開集合となり, p が商写像であったことから $p(U)$ は開集合である. $\square$

補題 5.18. 商空間 $M/\!\sim$ はハウスドルフ空間である.

証明. 対角線集合 $\Delta_{M/\sim}$ が $(M/\!\sim) \times (M/\!\sim)$ の閉集合であることを示せばよい. 補題 5.17 より $p \times p: M \times M \to (M/\!\sim) \times (M/\!\sim)$ は全射開写像であり, また $R = (p \times p)^{-1}(\Delta_{M/\sim})$ は仮定より閉集合なので $\Delta_{M/\sim}$ は閉集合である. $\square$

次の 2 つの補題が定理の証明の鍵となる. すなわち定理は局所的には正しい, より正確には, 任意の $m \in M$ に対してある近傍 U として $p: U \to U/\!\sim$ が定理の帰結を満足するようにできることを確かめよう.

補題 5.19. $m_0 \in M$ に対して m_0 の開近傍 U と U の部分多様体 N と次を満たす複素多様体の射 $r: U \to N$ が存在する. すなわち, 任意の $u \in U$ に対

し $r(u)$ が N の中で u と同値な唯一の点である.

証明. $m, n \in M$ に対して $T_{(m,n)}(M \times M) \cong T_n M \oplus T_m M$ と自然に分解できるので,包含写像 $R \to M \times M$ によって $T_{(m_0,m_0)}R \subset T_{m_0}M \oplus T_{m_0}M$ とみなしておく.ここで $T_{m_0}M$ の部分空間 $L := \{\xi \in T_{m_0}M \mid (\xi, 0) \in T_{(m_0,m_0)}R\}$ を考えよう.M の部分多様体 $\widetilde{N}$ を $m_0 \in \widetilde{N}$ であって $L \oplus T_{m_0}\widetilde{N} = T_{m_0}M$ を満たすようにとってくる.ここで $\Sigma := (\widetilde{N} \times M) \cap R$ とおくと Σ は R の部分多様体である.なぜならば,$\mathrm{pr}_1|_R : R \to M$ が沈め込みであることから,$T_{(s_1,s_2)}R + (T_{s_1}\widetilde{N} \oplus T_{s_2}M) = T_{s_1}M \oplus T_{s_2}M$ が任意の $(s_1, s_2) \in \Sigma$ で成り立つので命題 5.14 より Σ が R の部分多様体であることがわかる.

次に $M \times M$ の第 2 成分への射影 pr_2 に対し $(T\mathrm{pr}_2|_\Sigma)_{(m_0,m_0)} : T_{(m_0,m_0)}\Sigma \to T_{m_0}M$ が同型写像であることを示す.まず $\mathrm{pr}_1|_R$ が沈め込みであることから,同値関係の対称律より $\mathrm{pr}_2|_R : R \to M$ も沈め込みであることに注意しておく.従って $\eta \in T_{m_0}(M)$ に対して $(\xi, \eta) \in T_{(m_0,m_0)}R$ なる $\xi \in T_{m_0}M$ が存在する.この ξ を直和分解 $L \oplus T_{m_0}\widetilde{N} = T_{m_0}M$ に沿って $\xi = \xi_1 + \xi_2$ と分解しておく.このとき $\xi_1 \in L$ に対し L の定義より $(\xi_1, 0) \in T_{(m_0,m_0)}R$ となっている.従って $(\xi_2, \eta) \in T_{m_0}\widetilde{N} \oplus T_{m_0}M$ は $(\xi_2, \eta) = (\xi, \eta) - (\xi_1, 0) \in T_{(m_0,m_0)}R$ とも書けるから,$(\xi_2, \eta) \in T_{(m_0,m_0)}\Sigma$ がわかり,これより $(T\mathrm{pr}_2|_\Sigma)_{(m_0,m_0)}$ が全射であることが従う.一方 $(\xi, \eta) \in \mathrm{Ker}(T\mathrm{pr}_2|_\Sigma)_{(m_0,m_0)}$ であるとすると,$\eta = 0$ より $(\xi, 0) \in T_{(m_0,m_0)}\Sigma$ となる.すなわち $(\xi, 0) \in T_{(m_0,m_0)}R$ かつ $\xi \in T_{m_0}\widetilde{N}$ が成り立つが,これは $\xi \in L \cap T_{m_0}\widetilde{N} = \{0\}$ を意味するので,$\xi = 0$ となる.よって $(T\mathrm{pr}_2|_\Sigma)_{(m_0,m_0)}$ が単射であることもわかった.

$(T\mathrm{pr}_2|_\Sigma)_{(m_0,m_0)}$ が同型であることがわかったので,m_0 の開近傍 V, W があって $\mathrm{pr}_2 : \Sigma \cap (W \times W) \to V$ が複素多様体の同型となるようにできる.f をこの逆写像とすると $f(m) = (r(m), m)$ と表すことができる.ここで $r := \mathrm{pr}_1 \circ f : V \to \widetilde{N}$ とおいた.今 $V \subset W$ となっていることに注意すると $m \in V \cap \widetilde{N}$ は $r(m) = m$ を満たす.なぜならこのとき $(m, m), (r(m), m)$ はともに $\Sigma \cap (W \times W)$ の点で pr_2 での値が等しいので同じ点でなけらばならない.

最後に $U := \{m \in V \mid r(m) \in V \cap \widetilde{N}\}$,$N := U \cap \widetilde{N}$ とおいたとき $r : U \to N$ が well-defined で,また求める写像になっていることを示す.まず $U = r^{-1}(V \cap \widetilde{N})$ より U は開集合であることに注意しておく.次に $r(U) \subset N$ を確かめよう.$m \in U$ とすると $r(m) \in V \cap \widetilde{N}$ となるが,上の注意よりこのとき $r(r(m)) = r(m)$ が成り立つ.従って $r(m) \in U$ となるから,$r(m) \in U \cap \widetilde{N} = N$ が従う.次に $m \in U$ に対して $r(m)$ が m と同値な唯一の N の点であることを示す.$n \in N$ が $m \in U$ と同値であるとは $(n, m) \in (N \times U) \cap R$ となることである.一方 $N, U \subset V \subset W$,$N \subset \widetilde{N}$ であったから $(N \times U) \cap R \subset \Sigma \cap (W \times W)$.従って $(n, m), (r(m), m)$ は

$\Sigma \cap (W \times W)$ の 2 点で pr_2 の値が等しいので同じ点となって, $n = r(m)$ が得られた. $\square$

補題 5.20. $r : U \to N$ を補題 5.19 のようにとる. このとき $U/\sim$ は複素多様体となる.

証明. 補題 5.19 で見たように, $m \in V \cap \widetilde{N}$ は $r(m) = m$ を満たす. ここで $N \subset V \cap \widetilde{N}$ であったので $r|_N = \mathrm{id}_N$, すなわち包含写像を $\iota : N \hookrightarrow U$ と書くと $r \circ \iota = \mathrm{id}_N$ となる. これより r は全射沈め込みである.

一方で補題 5.19 より商空間の普遍性から図式

$$
\begin{array}{ccc}
U & \xrightarrow{\ r\ } & N \\
{\scriptstyle p}\downarrow & \nearrow {\scriptstyle b} & \\
U/\sim & &
\end{array}
$$

を可換にする全単射連続写像 $b : U/\sim \to N$ が存在する. 今 r は沈め込みなので命題 5.9 より開写像となって, b も開写像である. よって b は同相. この同相写像 b によって $U/\sim$ と N を同一視することで $U/\sim$ を複素多様体とすることができる. $\square$

以上を踏まえて最後に定理の証明を与える.

定理 5.15 の証明. まず補題 5.18 より $M/\sim$ はハウスドルフ空間である. 補題 5.19, 5.20 より M の開被覆 $(U_i)_{i \in I}$ で $p(U_i)$ が複素多様体であって $p|_{U_i} : U_i \to p(U_i)$ が沈め込みとなっているようなものが存在する. 補題 5.17 より $p(U_i \cap U_j)$ は $p(U_i)$ と $p(U_j)$ の開集合であるから, 空集合でなければそれぞれの部分多様体とみなすことができる. 一方 $p|_{U_i \cap U_j} : U_i \cap U_j \to p(U_i \cap U_j)$ は沈め込みであったので, 命題 5.16 より $p(U_i \cap U_j)$ を $p(U_i)$ の部分多様体, あるいは $p(U_j)$ の部分多様体と見たものはいずれも同型である. 従って $M/\sim$ は開被覆 $(p(U_i))_{i \in I}$ を貼り合わせることで複素多様体となる. $\square$

最後に商多様体 $M/\sim$ が商空間としての普遍性を満たすことを見ておく.

命題 5.21. 複素多様体 M の上の同値関係 $\sim$ は定理 5.15 の条件を満たすとして, $p : M \to M/\sim$ を商写像とする. また複素多様体の射 $f : M \to N$ は, $m_1 \sim m_2$ なる任意の $m_1, m_2 \in M$ に対し $f(m_1) = f(m_2)$ を満たすとする. このとき図式

$$
\begin{array}{ccc}
M & \xrightarrow{\ f\ } & N \\
{\scriptstyle p}\downarrow & \nearrow {\scriptstyle \tilde{f}} & \\
M/\sim & &
\end{array}
$$

を可換にする複素多様体の射 $\tilde{f} : M/\sim \to N$ が唯一つ存在する.

証明. 位相空間の商空間の普遍性より上の図式を可換にする連続写像

$\tilde{f} : M/\sim \to N$ がただ一つ存在する．これが正則写像であることを見ればよい．定理 5.15 より p は全射沈め込みだったので，命題 5.10 より任意の $m \in M/\sim$ に対してある近傍 U と正則写像 $q : U \to M$ があって $p \circ q = \mathrm{id}_U$ とできる．図式の可換性から $\tilde{f}|_U = f \circ q$ となるので $\tilde{f}|_U$ は正則．よって $\tilde{f}$ は正則である． □

5.1.4 固有写像

位相空間の間の固有写像を導入し，その主要な性質について解説する．この節の内容はブルバキ (Bourbaki) [3]，スタックプロジェクト [29] を参考にした．

定義 5.22 (固有写像)．　$f : X \to Y$ を位相空間 X, Y の間の連続写像とする．このとき任意の位相空間 Z に対して $\mathrm{id}_Z \times f : Z \times X \to Z \times Y$ が閉写像となるとき，f は**固有写像**とよばれる．

連続写像 $f : X \to Y$ が固有写像となるための必要十分条件をいくつか紹介しよう．まず管の補題 (tube lemma) とよばれる次の命題を用意する．

命題 5.23 (管の補題)．　$A_i \subset X_i$, $i = 1, 2$ を位相空間 X_i のコンパクト部分集合とする．開集合 $U \subset X_1 \times X_2$ を $A_1 \times A_2 \subset U$ となるようにとる．このとき開集合 $V_i \subset X_i$ が存在して $A_i \subset V_i$ であって $V_1 \times V_2 \subset U$ となるようにできる．

証明．　$a^{(i)} \in A_i$ に対して開集合 $V^{(i)}_{(a^{(1)}, a^{(2)})} \subset X_i$ を $(a^{(1)}, a^{(2)}) \in V^{(1)}_{(a^{(1)}, a^{(2)})} \times V^{(2)}_{(a^{(1)}, a^{(2)})} \subset U$ となるようにとる．A_1 はコンパクトであったので，$a^{(2)} \in A_2$ に対して有限点列 $a^{(1)}_1, \ldots, a^{(1)}_n \in A_1$ があって $A_1 \subset V^{(1)}_{(a^{(1)}_1, a^{(2)})} \cup \cdots \cup V^{(1)}_{(a^{(1)}_n, a^{(2)})}$ とできる．従って

$$A_1 \times \{a^{(2)}\} \subset \left(V^{(1)}_{(a^{(1)}_1, a^{(2)})} \cup \cdots \cup V^{(1)}_{(a^{(1)}_n, a^{(2)})} \right) \times \left(V^{(2)}_{(a^{(1)}_1, a^{(2)})} \cap \cdots \cap V^{(2)}_{(a^{(1)}_n, a^{(2)})} \right)$$

とできるので，右辺の第一成分を $V^{(1)}_{a^{(2)}}$，第 2 成分を $V^{(2)}_{a^{(2)}}$ とおくと，$A_1 \times \{a^{(2)}\} \subset V^{(1)}_{a^{(2)}} \times V^{(2)}_{a^{(2)}} \subset U$ となっている．さらに A_2 がコンパクトであることから有限点列 $a^{(2)}_1, \ldots, a^{(2)}_m \in A_2$ があって $A_2 \subset V^{(2)}_{a^{(2)}_1} \cup \cdots \cup V^{(2)}_{a^{(2)}_m}$ とできるので，$A_1 \times A_2 \subset (V^{(1)}_{a^{(2)}_1} \cap \cdots \cap V^{(1)}_{a^{(2)}_m}) \times (V^{(2)}_{a^{(2)}_1} \cup \cdots \cup V^{(2)}_{a^{(2)}_m}) \subset U$ となって求めるものが得られた． □

次のコンパクト集合の特徴付けは以後重要な役割を果たす．

補題 5.24．　位相空間 X に対して，X がコンパクト空間であるための必要十分条件は任意の位相空間 Z に対して射影 $\mathrm{pr}_1 : Z \times X \to Z$ が閉写像となるこ

とである.

証明. まず X がコンパクトでないと仮定する. このとき X の無限開被覆 $X = \bigcup_{i \in I} U_i$ で, どの有限個の U_i たちでも X が被覆できないものが存在する. Z を I と I の空でない有限部分集合全体からなる集合とする. I の有限部分集合 K に対して Z の部分集合を $U_K := \{J \in Z \mid K \subset J\}$ と定める. そしてこのような U_K と $Z \backslash \{I\}$ の部分集合全体のなす Z の部分集合族 $\mathfrak{B}$ の生成する位相を考えて Z を位相空間としておく. このとき $\mathfrak{B}$ は開集合の基底となっている. また, $\{I\}$ は開集合とならないことに注意しておく. というのも I の有限部分集合 K に対して $\{I\} \subsetneq U_K$ であるが, I の任意の近傍 $V \in \mathfrak{B}$ はある K によって $V = U_K$ と書けるからである.

　このとき $Z \times X$ の部分空間を

$$M := \left\{ (J, x) \mid x \in X \backslash \left(\bigcup_{i \in J} U_i \right) \right\}$$

と定めるとこれは閉集合となることが次のようにわかる. まず $i \in I$ に対して $M \cap (U_{\{i\}} \times U_i) = \emptyset$ となることに注意する. また $(J, x) \notin M$ とすると, $i \in J$ があって $x \in U_i$ となり, $(J, x) \in U_{\{i\}} \times U_i \subset (Z \times X) \backslash M$ が得られる. 従って M は閉集合である. 一方で I の取り方から $\mathrm{pr}_1(M) = Z \backslash \{I\}$ となるが, $Z \backslash \{I\}$ は上の注意より開集合でない. よって $\mathrm{pr}_1 \colon Z \times X \to Z$ は閉写像でない.

　では逆に X がコンパクトであると仮定する. 位相空間 Z に対して, 閉集合 $M \subset Z \times X$ をとり, さらに $z \in Z \backslash \mathrm{pr}_1(M)$ をとってくる. このとき $\{z\}$ はコンパクトで, また $\{z\} \times X \subset (Z \times X) \backslash M$ となる. 従って命題 5.23 より, 開集合 $U \subset Z$ があって $\{z\} \times X \subset U \times X \subset (Z \times X) \backslash M$ とできる. すなわち $\mathrm{pr}_1(M) \cap U = \emptyset$ となって $\mathrm{pr}_1(M)$ が閉集合となることがわかる. $\qquad\square$

命題 5.25. 位相空間 X, Y の間の連続写像 $f \colon X \to Y$ に対して以下の条件は同値である.

1. f は固有写像.
2. f は閉写像であって, 任意の $y \in Y$ の逆像 $f^{-1}(y)$ は X のコンパクト部分集合となる.

証明. ここでは位相空間 A の部分集合 B に対し, その A における補集合を誤解の恐れがない場合は単に B^c で表すとする.

　f は固有写像とする. まず f は閉写像である. また $y \in Y$ に対して制限写像 $f|_{f^{-1}(y)} \colon f^{-1}(y) \to \{y\}$ も固有写像となる. 一方で位相空間 Z に対して自然な同型 $Z \times \{y\} \cong Z$ によって図式

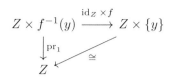

$$Z \times f^{-1}(y) \xrightarrow{\mathrm{id}_Z \times f} Z \times \{y\}$$

は可換となるので，補題 5.24 より $f^{-1}(y)$ はコンパクトとなる．

逆に f が条件 2 を満たすと仮定する．位相空間 Z に対して閉集合 $P \subset Z \times X$ を考える．$q = (z, y) \in (\mathrm{id}_Z \times f)(P)^c$ とする．$f^{-1}(y)$ は仮定よりコンパクトであって，また $\{z\} \times f^{-1}(y) \subset P^c$ である．従って命題 5.23 より $\{z\} \subset U \subset Z$, $f^{-1}(y) \subset V \subset X$ なる開集合 U, V があって $U \times V \subset P^c$ とできる．このとき $U \times f(V^c)^c$ は f が閉写像であることから開集合である．さらに

1. $q \in U \times f(V^c)^c$
2. $(U \times f(V^c)^c) \cap (\mathrm{id}_Z \times f)(P) = \emptyset$

が成り立つ．1 は $f^{-1}(y) \subset V$ より $y \notin f(V^c)$ であることからわかる．2 を確かめよう．$U \times V \subset P^c$ より $P \subset (U \times V)^c = (U^c \times V^c) \cup (U^c \times V) \cup (U \times V^c)$ がわかる．従って $(\mathrm{id}_Z \times f)(P) \subset (U^c \times f(V^c)) \cup (U^c \times f(V)) \cup (U \times f(V^c))$．一方 $(U \times f(V^c)^c) \cap ((U^c \times f(V^c)) \cup (U^c \times f(V)) \cup (U \times f(V^c))) = \emptyset$ であるから 2 が従う．以上より $(\mathrm{id}_Z \times f)(P)$ は閉集合であることがわかる． $\square$

注意 5.26. 命題 5.25 より，$f : X \to Y$ が単射ならば，f が固有写像であることと，f が位相的閉埋め込み写像であることが同値となることがわかる．

また固有写像を次のように言い換えることもできる．

命題 5.27. 位相空間 X, Y の間の連続写像 $f : X \to Y$ に対して以下の条件は同値である．

1. f は固有写像.
2. f は閉写像であって，Y の任意のコンパクト部分集合 V の逆像 $f^{-1}(V)$ は X のコンパクト部分集合となる.

証明. 命題 5.25 の条件 2 と命題 5.27 の条件 2 が同値であることを示せばよい．命題 5.25 の条件 2 を仮定して命題 5.27 の条件 2 を導く．逆は明らかである．V を Y のコンパクト部分集合，$(U_a)_{a \in A}$ を $f^{-1}(V)$ の開被覆として，$U := \bigcup_{a \in A} U_a$ とおく．仮定より $v \in V$ に対して $f^{-1}(v) \subset U_{a_1^v} \cup \cdots \cup U_{a_{n_v}^v} =: U_v$ なる $a_1^v, \dots, a_n^v \in A$ を選ぶことができる．このとき f が閉写像であることから閉集合 $X \backslash U_v$ の像 $Z := f(X \backslash U_v)$ は閉集合で $v \notin Z$ なので，$W_v := Y \backslash Z$ は v の開近傍で $f^{-1}(W_v) \subset U_v$ を満たす．さらに V がコンパクトであることから $v_1, \dots, v_m \in V$ があってこのような W_{v_i} によって $V \subset W_{v_1} \cup \cdots \cup W_{w_m}$ とできる．従って $f^{-1}(V) \subset \bigcup_{i=1, \dots, m} (U_{a_1^{v_i}} \cup \cdots \cup U_{a_{n_{v_i}}^{v_i}})$ と有限被覆が得られる． $\square$

注意 5.28. 位相多様体の間の連続写像 $f\colon X \to Y$ を考える場合は，任意のコンパクト部分集合 $V \subset Y$ の逆像 $f^{-1}(V)$ がコンパクトとなることによって固有写像を定義することが多い．実際，命題 5.27 の条件 2 において「f が閉写像である」という条件は Y が位相多様体であるような場合は不要である．というのも，Y の任意のコンパクト部分集合 V の逆像 $f^{-1}(V)$ は X のコンパクト部分集合となると仮定すると，次のように f が閉写像であることがわかる．Y は局所コンパクトとなるので，任意の $y \in Y$ は開近傍 V としてその閉包 $\overline{V}$ がコンパクトとなるものがとれる．従って閉集合 $C \subset X$ に対して，$y \in f(C)^c$ をとると上のように y の開近傍 V を選んで $\overline{V}$ をコンパクトとできる．よって $f^{-1}(\overline{V})$ はコンパクトとなり，さらに $C \cap f^{-1}(\overline{V})$ もコンパクト．これより $f(C \cap f^{-1}(\overline{V}))$ はコンパクトとなるが Y がハウスドルフ空間なのでこれは閉集合．このとき $U := V \backslash f(C \cap f^{-1}(\overline{V}))$ とおけば U は $U \cap f(C) = \emptyset$ を満たす y の開近傍である．よって $f(C)$ は閉集合となって，f が閉写像であることがわかる．

またこのことから次の固有写像に関する基本的な性質が従う．

命題 5.29. 1. $f\colon X \to Y$ と $g\colon Y \to Z$ がそれぞれ固有写像ならば，これらの合成 $g \circ f\colon X \to Z$ も固有写像となる．

　2. $f_i\colon X_i \to Y_i, i = 1, 2$ が固有写像とすると，これらの直積 $f_1 \times f_2\colon X_1 \times X_2 \to Y_1 \times Y_2$ も固有写像となる．

証明. 1. f, g が固有写像とする．このとき閉写像の合成は閉写像であり，また $V \subset Z$ がコンパクトなら $(g \circ f)^{-1}(V) = f^{-1}(g^{-1}(V))$ もコンパクトである．

　2. 位相空間 Z に対して $\mathrm{id}_Z \times f_1 \times f_2$ は $\mathrm{id}_Z \times f_1 \times \mathrm{id}_{X_2}$ と $\mathrm{id}_Z \times \mathrm{id}_{Y_1} \times f_2$ の合成写像であるから，上の 1 より従う． $\square$

5.1.5　リー群

　これまでの節で複素多様体の商多様体の構成法について見てきた．これを元にして群作用による商多様体をこれから考えていく．そのためにまず複素多様体の構造を持つ群，複素リー群について簡単に紹介しよう．

定義 5.30 (リー群)．群 G が**複素リー群** (Complex Lie group) であるとは，G が複素多様体でもあって，群の積写像 $m\colon G \times G \ni (g_1, g_2) \mapsto g_1 \cdot g_2 \in G$ と，逆元を与える写像 $i_G\colon G \ni g \mapsto g^{-1} \in G$ が正則写像となるときにいう．この本では以後複素リー群を単にリー群とよぶことにする．

定義 5.31 (G 多様体)．G をリー群，M を複素多様体とする．正則写像 $\rho\colon G \times M \to M$ が以下を満たすとき，ρ を G の M への左作用あるいは単に**作用**という．

1. 単位元 $e \in G$ に対して $\rho(e, \ ) \colon M \ni m \to \rho(e, m) \in M$ は id_M に等しい.
2. $g, h \in G$ に対して $\rho(g \cdot h, \ ) = \rho(g, \ ) \circ \rho(h, \ )$ が成立する.

簡単のために $g \cdot m := \rho(g, m)$ と表すことにする.

M に G の作用が定義されるとき M を G 多様体という. G 多様体 M_i, $i = 1, 2$ の間の正則写像 $f \colon M_1 \to M_2$ が G 多様体の射であるとは，任意の $g \in G$ に対して図式

$$
\begin{array}{ccc}
M_1 & \xrightarrow{\ f\ } & M_2 \\
\downarrow{\scriptstyle \rho_1(g,)} & & \downarrow{\scriptstyle \rho_2(g,)} \\
M_1 & \xrightarrow{\ f\ } & M_2
\end{array}
\tag{5.4}
$$

が可換となるときにいう.

また部分空間 $V \subset M$ が $\rho(G, V) \subset V$ を満たすとき V を G 作用で閉じた空間という.

注意 5.32. $\rho(g, \ ) \circ \rho(g^{-1}, \ ) = \rho(g \cdot g^{-1}, \ ) = \rho(e, \ ) = \mathrm{id}_M$ が成り立つことから $\rho(g, \ ) \colon M \to M$ は複素多様体の同型射になっていることがわかる.

命題 5.33. G をリー群，M_i, $i = 1, 2$ を G 多様体，$f \colon M_1 \to M_2$ を G 多様体の射とする. このとき $m \in M_1$, $g \in G$ に対して $\mathrm{rank}_m f = \mathrm{rank}_{g \cdot m} f$ が成り立つ.

証明. 可換図式 (5.4) より可換図式

$$
\begin{array}{ccc}
T_m M_1 & \xrightarrow{\ Tf_m\ } & T_{f(m)} M_2 \\
\downarrow{\scriptstyle T\rho_1(g,)_m} & & \downarrow{\scriptstyle T\rho_2(g,)_{f(m)}} \\
T_{g \cdot m} M_1 & \xrightarrow{\ Tf_{g \cdot m}\ } & T_{g \cdot f(m)} M_2
\end{array}
$$

が得られる. 注意 5.26 から $T\rho_1(g,)_m$ と $T\rho_2(g,)_{f(m)}$ は同型であるから主張が従う. $\qquad\square$

5.1.6 リー群の作用による商多様体

ここでは G 多様体 M の G 作用による同値類を考えた際にその商空間が再び複素多様体となるための一つの十分条件を与える.

定義 5.34 (自由作用，固有作用). M を G 多様体とする.
1. 写像 $\theta \colon G \times M \ni (g, m) \mapsto (m, g \cdot m) \in M \times M$ が単射となるとき，G の作用は**自由**であるという.
2. 写像 $\theta \colon G \times M \ni (g, m) \mapsto (m, g \cdot m) \in M \times M$ が固有写像となるとき，G の作用は**固有**であるという.

例えばリー群 G がコンパクトであるときは G 多様体 M への作用は固有作用となることが次のようにわかる.

命題 5.35. コンパクトなリー群 G に対し M を G 多様体とする．このとき G の M への作用は固有である．

また写像 $\rho\colon G \times M \ni (g, m) \mapsto g \cdot m \in M$ は閉写像である．

証明. 射影 $\mathrm{pr}_2^{G \times M}\colon G \times M \ni (g, m) \mapsto m \in M$, $\mathrm{pr}_1^{M \times M} \ni (m_1, m_2) \mapsto m_1 \in M$ に対して，図式

$$\begin{array}{ccc} G \times M & \xrightarrow{\ \theta\ } & M \times M \\ {\scriptstyle \mathrm{pr}_2^{G \times M}}\Big\downarrow & \swarrow {\scriptstyle \mathrm{pr}_1^{M \times M}} & \\ M & & \end{array}$$

は可換である．このとき $U \subset M \times M$ をコンパクト部分集合として，$V := \mathrm{pr}_1^{M \times M}(U)$ とおく．V はコンパクトなので $(\mathrm{pr}_2^{G \times M})^{-1}(V) = G \times V$ もコンパクト．そして図式の可換性から $\theta^{-1}(V) \subset (\mathrm{pr}_2^{G \times M})^{-1}(\mathrm{pr}_1^{M \times M}(U)) = (\mathrm{pr}_2^{G \times M})^{-1}(V) = G \times V$ となる．ハウスドルフ空間のコンパクト部分集合は閉集合なので V は閉集合であり，これより $\theta^{-1}(V)$ はコンパクト集合 $G \times V$ の閉集合，従って $\theta^{-1}(V)$ はコンパクトである．よって命題 5.27 と注意 5.28 より θ は固有写像である．

また $\phi\colon G \times M \ni (g, m) \mapsto (g, g \cdot m) \in G \times M$ は同相写像であって，$\rho = \mathrm{pr}_2^{G \times M} \circ \phi$ である．補題 5.24 より $\mathrm{pr}_2^{G \times M}$ は閉写像なので ρ も閉写像である． $\square$

群作用による商多様体を考える際，次の定理は基本的かつ重要な役割を果たす．

定理 5.36. G 多様体 M に同値関係 $m_1 \sim m_2$ をある $g \in G$ があって $m_2 = g \cdot m_1$ となることによって定め，この同値関係による商空間を $G \backslash M$ と書く．このとき G の作用が固有かつ自由ならば $G \backslash M$ は複素多様体となり商写像 $p\colon M \to G \backslash M$ は沈め込みとなる．

証明. $R := \{(m, g \cdot m) \in M \times M \mid m \in M, g \in G\}$ が定理 5.15 の条件を満たすことを確かめる．まず定義 5.34 の写像 $\theta\colon G \times M \to M \times M$ によって $R = \mathrm{Im}\,\theta$ であることに注意しておく．仮定より θ は単射な固有写像なので注意 5.26 より位相的閉埋め込みである．よって θ がはめ込みであることがわかれば R は $M \times M$ の閉部分多様体となる．ここで写像 $\rho(\,,m)\colon G \ni g \mapsto \rho(g, m) \in M$ を考えると仮定より単射である．命題 5.33 より，$\mathrm{rank}\,T_g(\rho(\,,m)) = \mathrm{rank}\,T_e(\rho(\,,m))$ であるから，$\rho(\,,m)$ の階数は任意の $g \in G$ で一定．よって定理 5.2 から $\rho(\,,m)$ がはめ込みであることがわかる．さらに $(g, m) \in G \times M$ において $T\theta_{(g,m)}$ は

$$\begin{pmatrix} 0 & \mathrm{id}_{T_m M} \\ T_g(\rho(\,,m)) & * \end{pmatrix}$$

と表せることから $T\theta_{(g,m)}$ は単射となるので，θ がはめ込みであることがわかった．

次に $\mathrm{pr}_1|_R : R \to M$ が沈め込みであることを見る．$\mathrm{pr}_2 : G \times M \to M$ は明らかに沈め込みであり，図式

$$
\begin{array}{ccc}
G \times M & \xrightarrow{\ \theta\ } & R \\
& \searrow{\scriptstyle \mathrm{pr}_2} & \downarrow{\scriptstyle \mathrm{pr}_1} \\
& & M
\end{array}
$$

は可換で，かつ水平の写像 $\theta : G \times M \to R$ は上で示した通り複素多様体の同型なので，$\mathrm{pr}_1|_R : R \to M$ も沈め込みである． $\qquad \square$

5.1.7 射影空間 $\mathbb{P}^n(\mathbb{C})$

1.2 節で複素射影直線 $\mathbb{P}^1(\mathbb{C})$ を商空間 $(\mathbb{C}^2 \backslash \{0\})/\sim$ に局所座標系を直接与えることで複素多様体となることを確かめた．ここでは $\mathbb{P}^1(\mathbb{C})$ をリー群の作用による商多様体として与え，それが 1.2 節で与えた $\mathbb{P}^1(\mathbb{C})$ と同型であることを見てみよう．

まず $\mathbb{C}^\times := \mathbb{C} \backslash \{0\}$ は通常の積によってリー群となっていることに注意する．このとき正則写像

$$
\rho : \mathbb{C}^\times \times \left(\mathbb{C}^{n+1} \backslash \{0\} \right) \ni (\lambda, (x_i)) \longmapsto (\lambda \cdot x_i) \in \left(\mathbb{C}^{n+1} \backslash \{0\} \right)
$$

によって $\mathbb{C}^\times$ の $\left(\mathbb{C}^{n+1} \backslash \{0\} \right)$ への作用を定める．

命題 5.37. 写像

$$
\begin{array}{cccc}
\Lambda : & \mathbb{C}^\times \times \left(\mathbb{C}^{n+1} \backslash \{0\} \right) & \longrightarrow & \left(\mathbb{C}^{n+1} \backslash \{0\} \right) \times \left(\mathbb{C}^{n+1} \backslash \{0\} \right) \\
& (\lambda, (x_i)) & \longmapsto & ((x_i), (\lambda \cdot x_i))
\end{array}
$$

は位相的閉埋め込みである．

証明.

$$
\mathrm{Im}\, \Lambda = \left\{ ((x_i), (y_i)) \in \left(\mathbb{C}^{n+1} \backslash \{0\} \right)^2 \ \middle|\ x_i y_j = x_j y_i,\ 1 \le i, j \le n \right\}
$$

より $\mathrm{Im}\, \Lambda$ は閉集合．また $\mathrm{K} : \mathrm{Im}\, \Lambda \to \mathbb{C}^\times \times \left(\mathbb{C}^{n+1} \backslash \{0\} \right)$ を

$$
\mathrm{K}((x_i), (y_i)) := \begin{cases} \left(\frac{y_1}{x_1}, (x_i) \right) & x_1 \ne 0, \\ \vdots & \\ \left(\frac{y_n}{x_n}, (x_i) \right) & x_n \ne 0 \end{cases}
$$

で定めると well-defined かつ連続であって，これは Λ の逆写像を与える．よって Λ は位相的閉埋め込みである． $\qquad \square$

この命題と注意 5.26 より $\mathbb{C}^\times$ の作用 ρ は固有かつ自由であることがわかる．よってこの作用による $\left(\mathbb{C}^{n+1} \backslash \{0\} \right)$ の商多様体を

$$\mathbb{P}^n(\mathbb{C}) := \mathbb{C}^\times \backslash \left(\mathbb{C}^{n+1} \backslash \{0\} \right)$$

とおいて, n 次元射影空間という.

$n = 1$ の場合は 1.2 節で与えた射影直線 $\mathbb{P}^1(\mathbb{C})$ と位相空間としては同じものであるが, 複素多様体としても同型であることが確かめることができる. それには 1.2 節の $\pi\colon \mathbb{C}^2 \backslash \{0\} \to \mathbb{P}^1(\mathbb{C})$ が沈め込みであることを見ればよい. U_i, $i = 1, 2$ を 1.2 節の通りとして, π の U_1, $\pi(U_1)$ におけるヤコビ行列は

$$\left(-\frac{a_2}{(a_1)^2} \quad \frac{1}{a_1} \right), \quad a_1 \neq 0,$$

となり, その階数は 1 である. また U_2, $\pi(U_2)$ におけるヤコビ行列も同様である. よって $(T\pi)_m$ は任意の $m \in \mathbb{C}^2 \backslash \{0\}$ で階数 1, すなわち全射となって π は沈め込みとなる. よって命題 5.16 より, リー群 $\mathbb{C}^\times$ の作用による商として得た複素多様体 $\mathbb{P}^1(\mathbb{C})$ と, 1.2 節で得た $\mathbb{P}^1(\mathbb{C})$ は同型であることがわかった.

5.2 箙多様体

箙 (えびら) とは頂点とそれらをつなぐ有向辺からなる有向グラフのことである. この箙の上では, 表現とよばれる線形写像の族を考えることができる. 本節ではこの箙の表現たちの作る箙多様体とよばれる複素多様体について, そのいくつかの性質を紹介しよう. この節では, 箙の表現論に関してはデルクセン–ワイマン (Derksen–Weyman) [7], 箙多様体に関してはキリロフ (Kirillov) [18] を参考にした.

5.2.1 箙の表現

定義 5.38 (箙). 集合 E, V と, 写像 $t\colon V \to E$, $h\colon V \to E$ の組 (E, V, h, t) を**箙**, あるいは**クイバー** (quiver) という. 特に E の元を箙 (E, V, h, t) の**頂点**, V の元を**矢**といい, それぞれの矢 $v \in V$ に対して $t(v)$ を v の**始点**あるいは**尾** (tail), $h(v)$ を v の**終点**あるいは**頭** (head) という.

$$t(v) \xrightarrow{\ v\ } h(v).$$

以下では箙を Q でしばしば表し, Q_0 でその頂点の集合, Q_1 で矢の集合を表すことが多い. また特に Q_0, Q_1 がともに有限集合となるとき Q を**有限箙**という.

次に箙の各頂点にベクトル空間を, 各矢に始点と終点に対応するベクトル空間の間の写像を対応させることで箙の表現というものが定義される. 体 K に対し, K-ベクトル空間 V から W への線形写像全体のなすベクトル空間を $\mathrm{Hom}_K(V, W)$ で表すことにする.

定義 5.39 (箙の表現)． 箙 $Q = (Q_0, Q_1, t, h)$ と，その頂点集合 Q_0 に添字付けられた $\mathbb{C}$-ベクトル空間の族 $V = (V_i)_{i \in Q_0}$ に対して，

$$\mathrm{Rep}(Q, V) := \bigoplus_{a \in Q_1} \mathrm{Hom}_{\mathbb{C}}(V_{t(a)}, V_{(a)})$$

で定まる $\mathbb{C}$-ベクトル空間の元を箙 Q の**表現**という．全ての V_i, $i \in Q_0$ が有限次元となるとき $\mathrm{Rep}(Q, V)$ の元は**有限次元表現**とよばれる．またこのとき各 V_i の次元の組 $\underline{\dim} V := (\dim_{\mathbb{C}} V_i)_{i \in Q_0}$ を $\mathrm{Rep}(Q, V)$ のあるいは $X \in \mathrm{Rep}(Q, V)$ の**次元ベクトル**という．

特にすべての $i \in Q_0$ で $V_i = \{0\}$ であるとき $\mathrm{Rep}(Q, (\{0\})_{i \in Q_0})$ はただ一つの元からなるがそれを**零表現**といい単に 0 と表す．

定義 5.40 (箙の表現の射)． Q を箙，$V = (V_i)_{i \in Q_0}$, $W = (W_i)_{i \in Q_0}$ をベクトル空間の族，$X = (X_a)_{a \in Q_1} \in \mathrm{Rep}(Q, V)$, $Y = (Y_a)_{a \in Q_1} \in \mathrm{Rep}(Q, W)$ をそれぞれ箙の表現とする．このとき線形写像の族 $\phi = (\phi_i \colon V_i \to W_i)_{i \in Q_0}$ が (X_a) から (Y_a) への**箙の表現の射**であるとは，すべての $a \in Q_1$ において図式

$$\begin{array}{ccc} V_{t(a)} & \xrightarrow{\ X_a\ } & V_{h(a)} \\ \downarrow{\scriptstyle \phi_{t(a)}} & & \downarrow{\scriptstyle \phi_{h(a)}} \\ W_{t(a)} & \xrightarrow{\ Y_a\ } & W_{h(a)} \end{array} \tag{5.5}$$

が可換となるときにいう．また $\mathrm{Hom}_Q(X, Y)$ で X から Y への箙の表現の射全体のなす集合を表す．

特にすべての $i \in Q_0$ において ϕ_i が同型写像となるとき ϕ を**同型射**であるといい，このとき表現 (X_a) と (Y_a) は同型であるとわれる．

定義 5.41 (部分表現，商表現)． $\phi = (\phi_i \colon V_i \to W_i)$ を表現 $X \in \mathrm{Rep}(Q, V)$ から $Y \in \mathrm{Rep}(Q, W)$ への射とする．ここですべての $i \in Q_0$ で ϕ_i が単射となるときこの表現 X と射 ϕ の組 (X, ϕ) を Y の**部分表現**といい，このとき $\phi \colon X \hookrightarrow Y$ あるいは ϕ を省略して部分集合の記号を用いて $X \subset Y$ と表す．またすべての $i \in Q_0$ で ϕ_i が全射となるとき，組 (Y, ϕ) を X の**商表現**といい，記号 $\phi \colon X \twoheadrightarrow Y$ で表す．

特に零表現でない表現 X が部分表現として自分自身と同型な表現か零表現しか持たないとき，X は**既約表現**といわれる．

$\phi = (\phi_i \colon V_i \to W_i)$ を表現 $(X_a) \in \mathrm{Rep}(Q, V)$ から $(Y_a) \in \mathrm{Rep}(Q, W)$ への射とする．この ϕ の核と余核として新しく Q の表現が得られることを以下で説明しよう．$(\mathrm{Ker}\, \phi_i)_{i \in Q_0}$ として $(V_i)_{i \in Q_0}$ の部分空間の族と，包含写像 $\iota_i \colon \mathrm{Ker}\, \phi_i \hookrightarrow V_i$ の族が定まる．また同様に $(\mathrm{Coker}\, \phi_i)_{i \in Q_i}$ として W_i の商空間の族と，商写像 $\pi_i \colon W_i \to \mathrm{Coker}\, \phi_i$ の族が定まる．このとき補題 3.3 を可換図式 (5.5) に適用すると図式

$$\begin{array}{ccccc}
\mathrm{Ker}\,\phi_{t(a)} & \xrightarrow{\iota_{t(a)}} & V_{t(a)} & \xrightarrow{\phi_{t(a)}} & W_{t(a)} & \xrightarrow{\pi_{t(a)}} & \mathrm{Coker}\,\phi_{t(a)} \\
\downarrow{\scriptstyle (X_a)_{\mathrm{ker}}} & & \downarrow{\scriptstyle X_a} & & \downarrow{\scriptstyle Y_a} & & \downarrow{\scriptstyle (X_a)_{\mathrm{coker}}} \\
\mathrm{Ker}\,\phi_{h(a)} & \xrightarrow{\iota_{h(a)}} & V_{h(a)} & \xrightarrow{\phi_{h(a)}} & W_{h(a)} & \xrightarrow{\pi_{h(a)}} & \mathrm{Coker}\,\phi_{h(a)}
\end{array}$$

を可換にする線形写像

$$(X_a)_{\mathrm{ker}}\colon \mathrm{Ker}\,\phi_{t(a)} \to \mathrm{Ker}\,\phi_{h(a)}, \quad (X_a)_{\mathrm{coker}}\colon \mathrm{Coker}\,\phi_{t(a)} \to \mathrm{Coker}\,\phi_{h(a)}$$

がただ一組存在する．これらを

$$\mathrm{Ker}\,\phi := ((X_a)_{\mathrm{ker}})_{a \in Q_1}, \quad \mathrm{Coker}\,\phi := ((X_a)_{\mathrm{coker}})_{a \in Q_1}$$

と書いて，それぞれを ϕ の**核**，**余核**とよぶ．また上の図式の可換性より $\mathrm{Ker}\,\phi$ は $\iota := (\iota_i\colon \mathrm{Ker}\,\phi_i \hookrightarrow V_i)$ によって (X_a) の部分表現となり，$\mathrm{Coker}\,\phi$ は $\pi := (\pi_i\colon W_i \to \mathrm{Coker}\,\phi_i)$ によって (Y_a) の商表現となる．

定義 5.42 (表現の直和)．表現 $X = (X_a) \in \mathrm{Rep}(Q,V)$ と $Y = (Y_a) \in \mathrm{Rep}(Q,W)$ に対して，線形写像の直和 $X_a \oplus Y_a\colon V_{t(a)} \oplus W_{t(a)} \ni (x,y) \mapsto (X_a(x), Y_a(y)) \in V_{h(a)} \oplus W_{h(a)}$ によって Q の表現 $X \oplus Y := (X_a \oplus Y_a) \in \mathrm{Rep}(Q, (V_i \oplus W_i))$ が定まるが，これを X と Y の**直和**という．

　Q 表現 X が直和に分解できない，すなわちある Q 表現の直和 $X_1 \oplus X_2$ と同型となるならば，必ず $X_1 = 0$ あるいは $X_2 = 0$ となるとき X は**直既約**であるという．

　この節の最後にシューアの補題とよばれる既約表現の自分自身への射の空間に関する命題を紹介しよう．$X \in \mathrm{Rep}(Q,V)$，$\lambda \in \mathbb{C}$ に対して，各 $i \in Q_0$ において線形写像を $(\phi_\lambda)_i\colon V_i \ni v \mapsto \lambda v \in V_i$ と λ 倍によって定義すると，$\phi_\lambda = ((\phi_\lambda)_i)_{i \in Q_0}$ は $\mathrm{Hom}_Q(X, X)$ の元を定める．特に X が既約表現の場合は，この対応は次で見るように全単射となる．

命題 5.43 (シューアの補題)．有限箙 Q の有限次元表現 $X \in \mathrm{Rep}(Q,V)$ が既約表現であるとすると，上で定めた写像

$$\mathbb{C}^\times \ni \lambda \mapsto \phi_\lambda \in \mathrm{Hom}_Q(X, X)$$

は全単射である．

証明． 単射は明らかなので，全射性を確かめよう．まず $\mathrm{Hom}_Q(X, X)$ の元は同型か零写像のいずれかであることに注意する．なぜならば，$\psi \in \mathrm{Hom}_Q(X, X)$ が同型でないとすると，$\mathrm{Ker}\,\psi \neq 0$ となるが，X が既約なので 0 でない部分表現は X のみなので $\mathrm{Ker}\,\phi = X$ となり ϕ は零射となる．

　さて $\psi = (\psi_i)_{i \in Q_0} \in \mathrm{Hom}_Q(X, X)$ は線形写像 $\psi_i\colon V_i \to V_i$ の族だったので，これより $\bigoplus_{i \in Q_0} V_i$ の自己線形写像 $\tilde{\psi}\colon \bigoplus_{i \in Q_0} V_i \ni (v_i) \mapsto (\psi_i(v_i)) \in$

$\bigoplus_{i \in Q_0} V_i$ を定義することができる. ここで $\tilde{\psi}$ の固有値の一つを λ としよう. このとき写像族 $(\psi_i - \lambda \cdot \mathrm{id}_{V_i})_{i \in Q_0}$ は $\mathrm{Hom}_Q(X, X)$ の元となるが, これは同型射ではない. もし同型射ならば $(\psi_i - \lambda \cdot \mathrm{id}_{V_i})_{i \in Q_0}$ が誘導する $\bigoplus_{i \in Q_0} V_i$ の自己線形写像 $\tilde{\psi} - \lambda \cdot \mathrm{id}_{\bigoplus_{i \in Q_0} V_i}$ も線形同型となるが, これは λ が固有値であることに矛盾する. 従って $(\psi_i - \lambda \cdot \mathrm{id}_{V_i})_{i \in Q_0}$ は零射, すなわち $\psi = (\lambda \cdot \mathrm{id}_{V_i})_{i \in Q_0} = \phi_\lambda$ となって命題の写像の全射性が従う. $\qquad\square$

5.2.2 箙の表現空間への群作用

以下 Q は有限箙で, Q の表現としては有限次元表現のみを考える. $V = (V_i)_{i \in Q_0}$ の各ベクトル空間の次元を $n_i := \dim_{\mathbb{C}} V_i$ とおいて, それらの組を $\boldsymbol{n} := (n_i)_{i \in Q_0}$ と表すことにする. このとき各 V_i の基底を固定して $\mathbb{C}^{n_i}$ と同一視すると, 線形写像の空間 $\mathrm{Hom}_{\mathbb{C}}(V_i, V_j)$ は n_j 行 n_i 列行列の空間 $M_{n_j, n_i}(\mathbb{C})$ とみなすことができる. 従って Q の表現の空間 $\mathrm{Rep}(Q, V)$ は行列の空間のベクトル空間としての直和空間

$$\mathrm{Rep}(Q, \boldsymbol{n}) := \bigoplus_{a \in Q_1} M_{n_{h(a)}, n_{t(a)}}(\mathbb{C})$$

と同一視できる. またこのとき表現 $(X_a), (Y_a) \in \mathrm{Rep}(Q, \boldsymbol{n})$ が同型であるというのは, $g = (g_i)_{i \in Q_0} \in G(\boldsymbol{n}) := \prod_{i \in Q_0} \mathrm{GL}_{n_i}(\mathbb{C})$ があって,

$$Y_a = g_{h(a)} \cdot X_a \cdot g_{t(a)}^{-1}, \quad a \in Q_1$$

となることと言い換えられる.

このとき写像

$$
\begin{array}{rccc}
\rho: & G(\boldsymbol{n}) \times \mathrm{Rep}(Q, \boldsymbol{n}) & \longrightarrow & \mathrm{Rep}(Q, \boldsymbol{n}) \\
& ((g_i), (X_a)) & \longmapsto & (g_{h(a)} \cdot X_a \cdot g_{t(a)}^{-1})
\end{array}
\tag{5.6}
$$

によってリー群 $G(\boldsymbol{n})$ の複素多様体 $\mathrm{Rep}(Q, \boldsymbol{n})$ への作用が定まるが, この作用による商空間 $G \backslash \mathrm{Rep}(Q, \boldsymbol{n})$ は $\mathrm{Rep}(Q, V)$ における表現の同型類の空間に対応する. しかしこの作用は一般には固有にも自由にもならず, これまでの議論では $G(\boldsymbol{n}) \backslash \mathrm{Rep}(Q, \boldsymbol{n})$ を複素多様体と見ることはできない.

例えば $G(\boldsymbol{n})$ の作用が自由でないことは以下のようにわかる. $\mathbb{C}^\times$ はスカラー行列を通して $G(\boldsymbol{n})$ の部分群と思うことができるが, 任意の $c \in \mathbb{C}^\times$ に対して $cX_a c^{-1} = X_a$ であることから $\rho(c, (X_a)) = X_a$ となってしまう.

こうしたことから $G(\boldsymbol{n})$ の代わりに正規部分群 $\mathbb{C}^\times$ による商群 $\mathbb{P}G(\boldsymbol{n}) := G(\boldsymbol{n})/\mathbb{C}^\times$ を考えてみることにする.

補題 5.44. 商群 $\mathbb{P}G(\boldsymbol{n})$ はリー群である.

証明. $G(\boldsymbol{n})$ は複素多様体 $M(\boldsymbol{n})^0 := \prod_{i \in Q_0}(M_{n_i}(\mathbb{C}) \backslash \{0\})$ の開集合である.

$\mathbb{C}^{\times} \subset G(\boldsymbol{n})$ は行列の積によって $M(\boldsymbol{n})^0$ に作用するが，命題 5.37 よりこの作用は固有かつ自由となるので，商多様体 $\mathbb{P}M(\boldsymbol{n})^0 := \mathbb{C}^{\times}\backslash M(\boldsymbol{n})^0$ が定まる．また補題 5.17 により商写像 $p\colon M(\boldsymbol{n})^0 \to \mathbb{P}M(\boldsymbol{n})^0$ は開写像，そして $\mathbb{P}G(\boldsymbol{n}) = p(G(\boldsymbol{n}))$ であるから，$\mathbb{P}G(\boldsymbol{n})$ は $\mathbb{P}M(\boldsymbol{n})^0$ の開部分多様体となる．$\mathbb{P}G(\boldsymbol{n})$ の積と逆元をとる写像が正則となることは命題 5.21 より従う． $\square$

ここからは $\mathbb{P}G(\boldsymbol{n})$ の作用が固有かつ自由となるような $\mathrm{Rep}(Q,\boldsymbol{n})$ の部分多様体について考えていこう．ただし一般の G 多様体においてその作用が固有かどうかを判定するのは容易でないことが多く，ここではマンフォード (Mumford) 等による幾何学的不変式論の力を借りて $\mathbb{P}G(\boldsymbol{n})$ の作用について調べていくことにする．

定義 5.45 ($\mathbb{C}^n$ のザリスキー位相)．$\mathbb{C}[x_1,\dots,x_n]$ を $\mathbb{C}$ 係数の n 変数多項式環とし，イデアル $I \subset \mathbb{C}[x_1,\dots,x_n]$ に対して $\mathbb{C}^n$ の部分集合を

$$V(I) := \{(c_i)_{i=1,\dots,n} \in \mathbb{C} \mid f(c_1,\dots,c_n) = 0,\, f \in I\}$$

によって定める．このとき $\mathfrak{V} := \{V(I) \mid I \subset \mathbb{C}[x_1,\dots,x_n]$ はイデアル$\}$ は $\mathbb{C}^n$ の閉集合系を定める．この $\mathfrak{V}$ によって定まる位相を $\mathbb{C}^n$ の**ザリスキー位相** (Zariski topology) という．

注意 5.46. イデアル I に対して $V(I)$ は $\mathbb{C}^n$ の通常の位相においても閉集合であるから，ザリスキー位相は通常の位相よりも弱い位相となっている．また $\mathfrak{V}$ が閉集合系を定めることは以下の事実から従う．イデアルの族 $(I_a)_{a \in A}$ に対して $\sum_{a \in A} I_a := \{\sum_{a \in A} i_a \mid i_a \in I_a$ であり有限個の $a \in A$ を除いて $i_a = 0\}$ は再びイデアルとなり，また

$$\bigcap_{a \in A} V(I_a) = V\left(\sum_{a \in A} I_a\right)$$

が成り立つ．さらにイデアル I, J に対して $I \cdot J$ で I の元と J の元の積によって生成されるイデアルを表すと

$$V(I) \cup V(J) = V(I \cdot J)$$

が成り立つ．

定義 5.47 (軌道, 固定化部分群)．G 多様体 M の点 $m \in M$ に対して部分空間

$$G \cdot m := \{g \cdot m \in M \mid g \in G\}$$

を点 m の G による**軌道**という．また G の部分群

$$\mathrm{Stab}_G(m) := \{g \in G \mid g \cdot m = m\}$$

を G における点 m の**固定化部分群**という．

さて再び $\mathbb{P}G(\boldsymbol{n})$ 多様体 $\mathrm{Rep}(Q, \boldsymbol{n})$ に戻ろう.

定義 5.48 ($\mathbb{P}G(\boldsymbol{n})$ 安定点).　点 $X \in \mathrm{Rep}(Q, \boldsymbol{n})$ が $\mathbb{P}G(\boldsymbol{n})$ 安定,あるいは単に**安定**であるとは,軌道 $\mathbb{P}G(\boldsymbol{n}) \cdot X$ が $\mathrm{Rep}(Q, \boldsymbol{n})$ のザリスキー閉集合であり,また固定化部分群 $\mathrm{Stab}_{\mathbb{P}G(\boldsymbol{n})}(X)$ が有限群となるときにいう.

ここで幾何学的不変式論から以下の 2 つの重要な事実を借用する.

事実 5.49.　$\mathrm{Rep}(Q, \boldsymbol{n})$ の安定点全体の集合 $\mathrm{Rep}(Q, \boldsymbol{n})^s$ はザリスキー開集合である[*1)].

事実 5.50.　$\mathbb{P}G(\boldsymbol{n})$ の作用を $\mathrm{Rep}(Q, \boldsymbol{n})^s$ へ制限したものは固有な作用である.

いずれの事実も今後の議論に重要な役割を果たすが,特に事実 5.50 は幾何学的不変式論のみでなく,代数幾何学と複素幾何学の橋渡しを必要とし本書で扱える範囲を大きく超えてしまうため証明は省略する[*2)].

事実 5.50 によって作用の固有性は安定点の空間 $\mathrm{Rep}(Q, \boldsymbol{n})^s$ を調べる問題に帰着される.群作用の固有性を調べるのは一般には難しいが,幾何学的不変式論により安定点に関してはヒルベルト (Hilbert)–マンフォードの判定法とよばれる効果的な判定法が存在する.キング (King) はこのヒルベルト–マンフォードの判定法を用いて箙の表現における安定点の空間 $\mathrm{Rep}(Q, \boldsymbol{n})^s$ は,実は箙の既約表現のなす空間と一致することを証明した.次節以降ではこのキングの定理について,代数幾何学,不変式論からの道具を拝借しながらではあるが解説をしていくことにしよう.

5.2.3　1 径数部分群

この節ではリー群の 1 径数部分群を導入して,$\mathrm{GL}_n(\mathbb{C})$ の場合にその具体的な表示を与える.

定義 5.51 (1 径数部分群).　リー群 G に対し,正則な群準同型[*3)] $\lambda \colon \mathbb{C}^\times \to G$ のことを **1 径数部分群** (1-parameter subgroup) とよぶ.

$G = \mathrm{GL}_n(\mathbb{C})$ の場合は 1 径数部分群は次のような具体的な表示を持つ.

命題 5.52.　$\lambda \colon \mathbb{C}^\times \to \mathrm{GL}_n(\mathbb{C})$ を 1 径数部分群とすると,整数の組 $(m_i) \in \mathbb{Z}^n$ と $g \in \mathrm{GL}_n(\mathbb{C})$ があって

[*1)]　事実の証明はマンフォード等 [21] の Theorem 1.10 を参照.
[*2)]　事実の証明はマンフォード等 [21] の Converse 1.13 と SGA[11] の XII Proposition 3.2 を合わせることで得られる.
[*3)]　正則写像かつ群準同型.

$$\lambda(t) = g \cdot \begin{pmatrix} t^{m_1} & & & \\ & t^{m_2} & & \\ & & \ddots & \\ & & & t^{m_n} \end{pmatrix} \cdot g^{-1}, \quad (t \in \mathbb{C}^\times)$$

と書ける.

証明. λ が群準同型であることから $s, t \in \mathbb{C}^\times$ に対して $\lambda(s \cdot t) = \lambda(s) \cdot \lambda(t)$ となる. 両辺を s の関数として微分すると $t\lambda'(s \cdot t) = \lambda'(s)\lambda(t)$ となり,さらに $s = 1$ とおくと微分方程式

$$t\lambda'(t) = \lambda'(1)\lambda(t)$$

が得られる. これは 4.2.2 節における微分方程式 (4.10) で $T = \lambda'(1)$ としたものである. 従って $\mathbb{C}^\times$ の普遍被覆 $\pi_{\mathbb{C}^\times} \colon \widetilde{\mathbb{C}^\times} \to \mathbb{C}^\times$ 上の基本解行列は $\exp(\lambda'(1)x)$ となり,モノドロミー行列は $\exp(2\pi i \lambda'(1))$ である. 一方で $\lambda(t)$ はこの微分方程式の $\mathbb{C}^\times$ 上の基本解行列である. 従って命題 2.90 よりモノドロミー行列は $\exp(2\pi i \lambda'(1)) = E_n$ となる. すなわち整数の組 $(m_i) \in \mathbb{Z}^n$ が

あって $\lambda'(1) = \begin{pmatrix} m_1 & & & \\ & m_2 & & \\ & & \ddots & \\ & & & m_n \end{pmatrix}$ となる. そして再び命題 2.90 より,

ある $g \in \mathrm{GL}_n(\mathbb{C})$ があって

$$\lambda(\pi_{\mathbb{C}^\times}(x)) = g \cdot \begin{pmatrix} (\pi_{\mathbb{C}^\times}(x))^{m_1} & & & \\ & (\pi_{\mathbb{C}^\times}(x))^{m_2} & & \\ & & \ddots & \\ & & & (\pi_{\mathbb{C}^\times}(x))^{m_n} \end{pmatrix} \cdot g^{-1}$$

となる. $\qquad\square$

次に $\mathrm{GL}_n(\mathbb{C})$ の極分解を復習しよう. $U(n) := \{g \in \mathrm{GL}_n(\mathbb{C}) \mid g \cdot {}^t\bar{g} = E_n\}$ で n 次ユニタリ行列のなす群とする. ここで $\bar{g}$ で $g \in \mathrm{GL}_n(\mathbb{C})$ の各成分の複素共役をとって得られる行列を表した. さらに

$$T_e^n := \left\{ \begin{pmatrix} a_1 & & & \\ & a_2 & & \\ & & \ddots & \\ & & & a_n \end{pmatrix} \in \mathrm{GL}_n(\mathbb{C}) \right\}$$

という対角行列からなる $\mathrm{GL}_n(\mathbb{C})$ の部分群を考える. また $\mathrm{GL}_n(\mathbb{C})$ は $M_n(\mathbb{C}) = \mathbb{C}^{n^2}$ の部分空間としてザリスキー位相を考えることができるが,

上で定めた T_e^n, $U(n)$ は共に $\mathrm{GL}_n(\mathbb{C})$ のザリスキー閉集合であることに注意しておく．H_1, H_2 を群 G の部分群としたとき，H_1 と H_2 の積によって表される G の元を集めてできる集合を $H_1 \cdot H_2 := \{ h_1 \cdot h_2 \in G \mid h_i \in G, \, i = 1, 2 \}$ と表すことにする．

命題 5.53 (極分解)．以下の等式が成立する．

$$\mathrm{GL}_n(\mathbb{C}) = U(n) \cdot T_e^n \cdot U(n).$$

証明. $g \in \mathrm{GL}_n(\mathbb{C})$ に対して $h := g \cdot {}^t\bar{g}$ と定めるとこれは非退化正定値エルミート行列となる．従って h の固有値はすべて正の実数であるからそれらを $t_1^2, t_2^2, \ldots, t_n^2$, $(t_i > 0)$ と表すと，$u \in U(n)$ があって $h = {}^t\bar{u} \cdot t^2 \cdot u$ とできる．

ただし $t := \begin{pmatrix} t_1 & & & \\ & t_2 & & \\ & & \ddots & \\ & & & t_n \end{pmatrix}$ とした．ここで $\sqrt{h} := {}^t\bar{u} \cdot t \cdot u$ とおくと，

$\sqrt{h}^{-1} \cdot g$ はユニタリ行列となる．実際 ${}^t\overline{\sqrt{h}} = {}^t\overline{({}^t\bar{u} \cdot t \cdot u)} = {}^t\bar{u} \cdot t \cdot u = \sqrt{h}$ に注意すると，${}^t(\sqrt{h}^{-1} \cdot g) \cdot \sqrt{h}^{-1} \cdot g = {}^t\bar{g} \cdot \sqrt{h}^{-1} \cdot \sqrt{h}^{-1} \cdot g = {}^t\bar{g} \cdot h^{-1} \cdot g = E_n$ である．従って $u' := \sqrt{h}^{-1} \cdot g$ とおくと，$g = E_n \cdot g = \sqrt{h} \cdot \sqrt{h}^{-1} \cdot g = {}^t\bar{u} \cdot t \cdot u \cdot u' \in U(n) \cdot T_e^n \cdot U(n)$ となる．□

命題 5.54. $U(n)$ は $M_n(\mathbb{C})$ のコンパクトな部分空間である．

証明. $M_n(\mathbb{C})$ の部分空間として

$$M_n(\mathbb{C})_1 := \left\{ (z_{i,j}) \in M_n(\mathbb{C}) \,\middle|\, \sum_{j=1}^n |z_{i,j}|^2 = 1, \, i = 1, 2, \ldots, n \right\}$$

なるものを考える．さて $(\mathbb{C}^n)_1 := \{ (z_j) \in \mathbb{C}^n \mid \sum_{j=1}^n |z_j|^2 = 1 \}$ は $\mathbb{C}^n = \mathbb{R}^{2n}$ の半径 1 の球面であるからコンパクト．ここで $M_n(\mathbb{C})$ の各列ベクトルを $\mathbb{C}^n$ の元とみなして $M_n(\mathbb{C}) = \prod_{i=1}^n \mathbb{C}^n$ とすると，$M_n(\mathbb{C})_1 = \prod_{i=1}^n (\mathbb{C}^n)_1$ となるのでチコノフの定理から $M_n(\mathbb{C})_1$ もコンパクト．$U(n)$ は定義より $M_n(\mathbb{C})_1$ の閉集合なのでコンパクトとなる．□

注意 5.55. 一般にリー群 G の部分群 H が G の閉集合となるとき，H もリー群となることが知られている[*4)]．従って命題 5.54 より $U(n)$ はコンパクトなリー群であることがわかる．

さらにここで可換なリー群 T_e^n についてもう少し見てみよう．各対角成分を見ることで T_e^n は $\mathbb{C}^\times$ の直積群 $(\mathbb{C}^\times)^n$ とみなすことができる．$\mathbb{C}^\times$ の直積群 $(\mathbb{C}^\times)^n$ をしばしば**代数的トーラス**とよぶことがある．第 i 成分への埋め込みを

---

*4) セール [27] の Part II. Chapter IV を参照.

$\iota_i \colon \mathbb{C}^\times \hookrightarrow (\mathbb{C}^\times)^n = T_e^n$ と書くことにする．$\chi \colon T_e^n \to \mathbb{C}^\times$ をリー群の射，つまり正則な群同型としよう．すると χ は $\chi_i := \chi \circ \iota_i \colon \mathbb{C}^\times \to \mathbb{C}^\times$, $i = 1, 2, \ldots, n$ によって決定されることになる．一方で $\mathbb{C}^\times = \mathrm{GL}_1(\mathbb{C})$ なので上の命題 5.52 より $m^{(i)} \in \mathbb{Z}$ があって $\chi_i(t_i) = t_i^{m^{(i)}}$, $t_i \in \mathbb{C}^\times$ と書ける．以上のことから χ に対して $\boldsymbol{m} = (m^{(i)}) \in \mathbb{Z}^n$ があって

$$
\chi \colon \qquad T_e^n \qquad \longrightarrow \qquad \mathbb{C}^\times
$$

$$
\begin{pmatrix} t_1 & & & \\ & t_2 & & \\ & & \ddots & \\ & & & t_n \end{pmatrix} \longmapsto t_1^{m^{(1)}} \cdot t_2^{m^{(2)}} \cdot \cdots \cdot t_n^{m^{(n)}}
$$

と書けることがわかる．このとき特に $\chi = \chi_{\boldsymbol{m}}$ などと書くこととする．

すると命題 5.52 と同様にして正則な群準同型 $\rho \colon T_e^n \to \mathrm{GL}_m$ は次のような具体的な表示を持つことがわかる．

命題 5.56. $m \in \mathbb{Z}_{>0}$ に対して群準同型 $\rho \colon T_e^n \to \mathrm{GL}_N$ を考える．このとき $\boldsymbol{m}_1, \boldsymbol{m}_2, \ldots, \boldsymbol{m}_N \in \mathbb{Z}^n$ と $g \in \mathrm{GL}_N(\mathbb{C})$ があって

$$
\rho\left(\begin{pmatrix} t_1 & & & \\ & t_2 & & \\ & & \ddots & \\ & & & t_n \end{pmatrix} \right) = g \cdot \begin{pmatrix} \chi_{\boldsymbol{m}_1}(\boldsymbol{t}) & & & \\ & \chi_{\boldsymbol{m}_2}(\boldsymbol{t}) & & \\ & & \ddots & \\ & & & \chi_{\boldsymbol{m}_N}(\boldsymbol{t}) \end{pmatrix} \cdot g^{-1},
$$

$\boldsymbol{t} := (t_1, t_2, \ldots, t_n) \in (\mathbb{C}^\times)^n$, が成り立つ．

証明． 命題 5.52 より，$\rho_i := \rho \circ \iota_i \colon \mathbb{C}^\times \to \mathrm{GL}_N(\mathbb{C})$ に対して $m_1^{(i)}, m_2^{(i)}, \ldots, m_N^{(i)} \in \mathbb{Z}$ と $g_i \in \mathrm{GL}_N(\mathbb{C})$ があって，$\rho_i(t_i) = g_i \cdot$ $\begin{pmatrix} t_i^{m_1^{(i)}} & & & \\ & t_i^{m_2^{(i)}} & & \\ & & \ddots & \\ & & & t_i^{m_N^{(i)}} \end{pmatrix} \cdot g_i^{-1}$, $t_i \in \mathbb{C}^\times$ とできる．直積群 $(\mathbb{C}^\times)^n$ において $\iota_i(t_i)$ と $\iota_j(t_j)$, $i, j = 1, 2, \ldots, n$ は可換であるから，$\rho_i(t_i), \rho_j(t_j) \in \mathrm{GL}_n(\mathbb{C})$ は同時対角化可能となる．すなわち g_i, $i = 1, 2, \ldots, n$ を $g = g_1 = g_2 = \cdots = g_n$ ととることができる．以上のことから自然な同型 $T_e^n \cong (\mathbb{C}^\times)^n$ によって求める等式が従う． $\qquad \square$

注意 5.57. 上の命題において $\rho(T_e^n) \subset \mathrm{GL}_N(\mathbb{C})$ は閉集合である．例えばこれは以下のように確かめることができる．$g = E_N$ として考えればよい．このとき $\rho \colon T_e^n \to T_e^N$ に対して $\rho(T_e^n)$ が T_e^N の閉集合であることを見よう．$\mathbb{C}^\times$ の直積群として $T_e^k = (\mathbb{C}^\times)^k$ とみなすと，$\mathbb{C}^\times$ の被覆 $\exp \colon \mathbb{C} \ni z \mapsto e^z \in \mathbb{C}^\times$ によって $\exp^k \colon (\mathbb{C})^k \ni (z_i) \mapsto (e^{z_i}) \in T_e^k$ も被覆写像となる．このとき写像

$$\tilde{\rho}: \quad \mathbb{C}^n \quad \longrightarrow \quad \mathbb{C}^N$$

$$\begin{pmatrix} z_1 \\ z_2 \\ \vdots \\ z_n \end{pmatrix} \longmapsto \begin{pmatrix} m_1^{(1)} & m_1^{(2)} & \cdots & m_1^{(n)} \\ m_2^{(1)} & m_2^{(2)} & \cdots & m_2^{(n)} \\ \vdots & \vdots & & \vdots \\ m_N^{(1)} & m_N^{(2)} & \cdots & m_N^{(n)} \end{pmatrix} \begin{pmatrix} z_1 \\ z_2 \\ \vdots \\ z_n \end{pmatrix}$$

を考えると，図式

$$\begin{CD} \mathbb{C}^n @>\tilde{\rho}>> \mathbb{C}^N \\ @V\exp^n VV @VV\exp^N V \\ T_e^n @>\rho>> T_e^N \end{CD}$$

は可換となり，$\rho(T_e^n) = \exp^N \circ \tilde{\rho}(\mathbb{C}^n)$ が得られる．ここで $\tilde{\rho}$ が全射ならば被覆写像 $\exp^k$ の全射性から $\rho(T_e^n) = T_e^N$ となる．一方で $\tilde{\rho}$ が全射でないと仮定して $V = \tilde{\rho}(\mathbb{C}^n)$ とおく．このとき $(\exp^N)^{-1}(\exp^N(V)) = \{v + (k_i) \in \mathbb{C}^N \mid v \in V, (k_i) \in \mathbb{Z}^N\}$ は $\mathbb{C}^N$ で稠密とはならない．さて $t \in T_e^N \setminus (\exp^N(V))$ をとり，また $s \in (\exp^N)^{-1}(t)$ を一つとっておく．ここで $\exp^N$ は被覆写像なので s の開近傍 U を $\exp^N(U)$ と同相となるようにとることができる．またこの U を十分小さくとれば $U \cap (\exp^N)^{-1}(\exp^N(V)) = \emptyset$ とできる．すなわち被覆写像は開写像であったことから $\exp^N(U)$ は t の開近傍であって $\exp^N(V)$ と交わらない．よって $\exp^N(V) = \rho(T_e^n)$ は閉集合である．

5.2.4 ヒルベルト–マンフォードの判定法（代数的トーラスの場合）

ここから本節と次節に渡ってヒルベルト–マンフォードの判定法とよばれる定理の紹介をしていこう．証明はビルケス (Birkes) [2] にあるリチャードソン (Richardson) による手法に沿ったものを紹介する．そこでは代数幾何学や不変式論からの結果を必要とするが，それらを一から準備することは本書で扱える範疇を超えてしまうので，いくつかの代数幾何学や不変式論における事実はそのまま借用することとした．また本書ではヒルベルト–マンフォードの判定法を箙の表現空間の場合に限って紹介するが，実際はより一般の空間に対して成立し，また証明の方針も全く同様である．また向井 [20] にもヒルベルト–マンフォードの判定法の簡明な解説があるので是非そちらも参照して欲しい．

$G(\boldsymbol{n})$ の部分群を $T_{\boldsymbol{n}, e} := \prod_{i \in Q_0} T_e^{n_i}$, $K_{\boldsymbol{n}} := \prod_{i \in Q_0} U(n_i)$ と定めると，命題 5.53 より $G(\boldsymbol{n}) = K_{\boldsymbol{n}} \cdot T_{\boldsymbol{n}, e} \cdot K_{\boldsymbol{n}}$ が成り立ち，またチコノフの定理から $K_{\boldsymbol{n}}$ はコンパクトであることがわかる．

次に $G(\boldsymbol{n})$ やその部分群の軌道に関する基本的な性質について代数幾何学からの事実をいくつか紹介する．部分空間 $V \subset \mathbb{C}^n$ に対して，通常の位相における閉包を $\overline{V}$，ザリスキー位相における閉包を $\overline{V}^{\mathrm{zar}}$ と表すことにする．

事実 5.58. G を $G(\boldsymbol{n})$, $T_{\boldsymbol{n}, e}$, $K_{\boldsymbol{n}}$ のいずれかとする．$X \in \mathrm{Rep}(Q, \boldsymbol{n})$ の G

による軌道のザリスキー位相における閉包 $\overline{G \cdot X}^{\mathrm{zar}}$ は部分空間としてただ一つのザリスキー閉軌道を持つ[*5)].

事実 5.59. $G \subset G(\boldsymbol{n})$ をザリスキー閉部分群とする. $X \in \mathrm{Rep}(Q, \boldsymbol{n})$ の G による軌道 $G \cdot X$ は $\overline{G \cdot X}^{\mathrm{zar}}$ のザリスキー開集合である[*6)].

この事実 5.59 から軌道のザリスキー位相による閉包と通常の位相による閉包が一致することがわかる.

系 5.60. G, X を上の事実 5.59 の通りとする. $G \cdot X$ の通常の位相における閉包とザリスキー位相における閉包は等しい.

証明. $G \cdot X$ が $\overline{G \cdot X}^{\mathrm{zar}}$ のなかで通常の位相において稠密であることを示せばよい. それは次の一般的な主張から従う. すなわち $\mathbb{C}^n$ の空でないザリスキー開集合は通常の位相において $\mathbb{C}^n$ のなかで稠密である. この主張を示そう. $U \subset \mathbb{C}^n$ を空でないザリスキー開集合とすると, 零でないイデアル $I \subset \mathbb{C}[x_1, \ldots, x_n]$ があって $U = \bigcup_{f \in I} \{(c_i) \in \mathbb{C}^n \mid f(c_1, \ldots, c_n) \neq 0\}$ と書ける. 一方通常の位相の空でない開集合 $V \subset \mathbb{C}^n$ において $f(V) = 0$ となるような多項式 $f \in \mathbb{C}[x_1, \ldots, x_n]$ は $f = 0$ のみであるから, $U \cap V \neq \emptyset$ となり U が通常の位相で稠密であることがわかる. $\square$

次の定理は $T_{\boldsymbol{n}, e}$ におけるヒルベルト–マンフォードの判定法とよばれるものである.

定理 5.61 (リチャードソン). $X \in \mathrm{Rep}(Q, \boldsymbol{n})$ に対して $(T_{\boldsymbol{n}, e} \cdot X)$ はザリスキー閉集合でないとする. V を $T_{\boldsymbol{n}, e}$ の作用で閉じた $\overline{T_{\boldsymbol{n}, e} \cdot X}^{\mathrm{zar}} \backslash (T_{\boldsymbol{n}, e} \cdot X)$ の空でないザリスキー閉部分空間とする. このとき 1 径数部分群 $\lambda \colon \mathbb{C}^\times \to T_{\boldsymbol{n}, e}$ が存在して, $\lim_{t \to 0} \lambda(t) \cdot X \in V$ とできる.

これをいくつかの段階に分けて示していく. まず V は事実 5.58 における $\overline{T_{\boldsymbol{n}, e} \cdot X}^{\mathrm{zar}}$ 内の唯一つのザリスキー閉軌道として考えれば十分である. というのも $\overline{T_{\boldsymbol{n}, e} \cdot X}^{\mathrm{zar}} \backslash (T_{\boldsymbol{n}, e} \cdot X)$ 内の任意の $T_{\boldsymbol{n}, e}$ 作用で閉じたザリスキー閉部分空間はこの閉軌道 V を含むからである[*7)].

$G(\boldsymbol{n})$ の $\mathrm{Rep}(Q, \boldsymbol{n})$ の作用 ρ の定義 (5.6) より, $g \in G(\boldsymbol{n})$ に対して $\rho(g) \in \mathrm{GL}(\mathrm{Rep}(Q, \boldsymbol{n}))$ と思うことができる. 特に $\boldsymbol{t} \in T_{\boldsymbol{n}, e}$ のときは命題 5.56 より $\mathrm{Rep}(Q, \boldsymbol{n})$ の $\mathbb{C}$-ベクトル空間としての基底を適当に選ぶと $\boldsymbol{m}_i = (m_i^{(1)}, m_i^{(2)}, \ldots, m_i^{(\bar{\boldsymbol{n}})}) \in \mathbb{Z}^{\bar{\boldsymbol{n}}}, i = 1, 2, \ldots, N$ があって

---

*5) 事実の証明は太田–西山 [25] の系 4.29 を参照.
*6) 事実の証明は太田–西山 [25] の補題 4.25 を参照.
*7) もし C がその $T_{\boldsymbol{n}, e}$ 作用で閉じたザリスキー閉部分空間ならば $Y \in C$ に対して $\overline{T_{\boldsymbol{n}, e} \cdot X}^{\mathrm{zar}} \subset C$ は事実 5.58 よりザリスキー閉軌道を含むが, C は $\overline{T_{\boldsymbol{n}, e} \cdot X}^{\mathrm{zar}}$ のザリスキー閉集合なので, これは V と一致する.

$$\rho(\boldsymbol{t}) = \begin{pmatrix} \chi_{\boldsymbol{m}_1}(\boldsymbol{t}) & & & \\ & \chi_{\boldsymbol{m}_2}(\boldsymbol{t}) & & \\ & & \ddots & \\ & & & \chi_{\boldsymbol{m}_N}(\boldsymbol{t}) \end{pmatrix}, \quad (\boldsymbol{t} \in T_{\boldsymbol{n},e})$$

と書ける. ここで $\bar{\boldsymbol{n}} := \sum_{i \in Q_0} n_i$, $N := \sum_{a \in Q_1} n_{h(a)} \cdot n_{t(a)}$ とした. この基底のもとで $X = (x_1, x_2, \ldots, x_N) \in \mathbb{C}^N$ と表したとき, 適当に基底の順序を入れ替えて, $N' \leq N$ に対して $x_i \neq 0$, $1 \leq i \leq N'$, $x_i = 0$, $N' < i \leq N$ となるようにしておく. さらに適当な対角行列による基底変換で $x_i = 1$, $1 \leq i \leq N'$ と正規化しておくと, $T_{\boldsymbol{n},e} \cdot X = \left\{ \left(\chi_{\boldsymbol{m}_1}(\boldsymbol{t}), \ldots, \chi_{\boldsymbol{m}_{N'}}(\boldsymbol{t}), 0, \ldots, 0 \right) \in \mathbb{C}^N \ \middle| \ \boldsymbol{t} \in T_{\boldsymbol{n},e} \right\}$ と書ける. このとき注意 5.57 より $T_{X,N'} := \left\{ \left(\chi_{\boldsymbol{m}_1}(\boldsymbol{t}), \ldots, \chi_{\boldsymbol{m}_{N'}}(\boldsymbol{t}) \right) \in \mathbb{C}^{N'} \ \middle| \ \boldsymbol{t} \in T_{\boldsymbol{n},e} \right\}$ は $(\mathbb{C}^\times)^{N'}$ の中の閉集合であることを思い出しておく. また仮定より群準同型 $\chi_{\boldsymbol{m}_i}(\boldsymbol{t})$, $i = 1, 2, \ldots, N'$ のいずれかは自明ではないので, $T_{X,N'}$ は $\mathbb{C}^{N'}$ の中では閉集合ではないことも注意しておく. さてこうした準備の下で, 我々はまず次の主張を示すことを目標としよう.

- $1 \leq s \lneqq N'$ なる自然数と, 1 径数部分群 λ があって, $\lim_{t \to 0} \rho(\lambda(t)) \cdot X = e_{s,N}$ とできる.

ただし, $e_{s,N} := (1, \ldots, 1, 0, \ldots, 0)$ は第 1 から第 s 成分までが全て 1 でそれ以外が 0 である $\mathbb{C}^N$ の元とした.

この主張を段階的に示していく. まず $(\mathbb{Z}_{\geq 0})^{N'}$ の部分集合 $X^+ := \{ \boldsymbol{a} = (a_i) \in (\mathbb{Z}_{\geq 0})^{N'} \mid \sum_{i=1}^{N'} a_i \boldsymbol{m}_i = 0 \}$ を考える. このとき $\boldsymbol{a} \in X^+$ に対して, $\boldsymbol{a} : (\mathbb{C}^\times)^N \ni (v_i) \mapsto v_1^{a_1} v_2^{a_2} \cdots v_N^{a_N} \in \mathbb{C}$ と定めると, $\boldsymbol{a}|_{T_{X,N'}}$ は零でない定数関数となる. 従って $\boldsymbol{a}|_{\overline{T_{X,N'}}^{\mathbb{C}^{N'}}}$ も同様に零でない定数関数である. ただし $\overline{T_{X,N'}}^{\mathbb{C}^{N'}}$ は $\mathbb{C}^{N'}$ での閉包である. このとき次が成立する.

補題 5.62. X^+ の元の添え字集合において $\{ j \in \{1, 2, \ldots, N'\} \mid$ すべての $(a_j) \in X^+$ で $a_j = 0 \}$ は空でない.

証明. $\boldsymbol{a} \in X^+$ に対して $\boldsymbol{a}|_{T_{X,N'}}$ は零でない定数関数だったので, もし $a_j \neq 0$ であったならば, すべての $(v_i) \in \overline{T_{X,N'}}^{\mathbb{C}^{N'}}$ において $v_j \neq 0$ でなければならない. 従って $\{ j \in \{1, 2, \ldots, N'\} \mid$ すべての $(a_j) \in X^+$ で $a_j = 0 \} = \emptyset$ であると仮定すると, $\overline{T_{X,N'}}^{\mathbb{C}^{N'}} \subset (\mathbb{C}^\times)^{N'}$ が従う. このことと, $T_{X,N'}$ が $(\mathbb{C}^\times)^{N'}$ の閉集合であったことより, $\overline{T_{X,N'}}^{\mathbb{C}^{N'}} = T_{X,N'}$ が得られるが, これは $T_{X,N'}$ が $\mathbb{C}^{N'}$ の閉集合ではなかったことに矛盾する. $\square$

補題より $\{ j \in \{1, 2, \ldots, N'\} \mid$ すべての $(a_j) \in X^+$ で $a_j = 0 \} \neq \emptyset$ がわかったので, 適当に添え字の順序を入れ替えることで, ある $1 \leq s \leq N' - 1$ に対してこの集合は $\{ s+1, s+2, \ldots, N' \}$ であるとしておく. この補題の証

明からすぐに次のことがわかる.

補題 5.63. 任意の $(a_i)_{i=1,\ldots,N'} \in \overline{T_{X,N'}}^{\mathbb{C}^{N'}}$ に対して, $a_i \neq 0$, $1 \leq j \leq s$ が成り立つ.

さて $\lambda: \mathbb{C}^{\times} \ni t \mapsto (t^{\lambda_i}) \in (\mathbb{C}^{\times})^{\bar{n}}$, $\lambda_i \in \mathbb{Z}$ に対して,

$$\left(\chi_{\boldsymbol{m}_1}(\lambda(t)),\ldots,\chi_{\boldsymbol{m}_{N'}}(\lambda(t))\right) = \left(t^{\sum_{i=1}^{\bar{n}} \lambda_i m_1^{(i)}},\ldots,t^{\sum_{i=1}^{\bar{n}} \lambda_i m_{N'}^{(i)}}\right)$$

と書けることから, 次の目標は

$$\sum_{i=1}^{\bar{n}} \lambda_i m_j^{(i)} = 0,\ 1 \leq j \leq s, \quad \sum_{i=1}^{\bar{n}} \lambda_i m_j^{(i)} > 0,\ s+1 \leq j \leq N \quad (5.7)$$

を満たす $\lambda = (\lambda_1,\ldots,\lambda_{\bar{n}}) \in \mathbb{Z}^{\bar{n}}$ を探すこととなる. というのも, このような λ があれば,

$$\begin{aligned}
\lim_{t \to 0} \rho(\lambda(t)) \cdot X &= \lim_{t \to 0} \left(\chi_{\boldsymbol{m}_1}(\lambda(t)),\ldots,\chi_{\boldsymbol{m}_{N'}}(\lambda(t)), 0,\ldots,\right) \\
&= \lim_{t \to 0} \left(t^{\sum_{i=1}^{\bar{n}} \lambda_i m_1^{(i)}},\ldots,t^{\sum_{i=1}^{\bar{n}} \lambda_i m_{N'}^{(i)}}, 0,\ldots,\right) \\
&= e_{s,N}
\end{aligned}$$

となり, 主張が従う.

このような λ が存在することは次の補題からわかる.

補題 5.64. $V = \mathbb{R}^{\bar{n}}$, $V_{\mathbb{Q}} = \mathbb{Q}^{\bar{n}}$ とおく. $1 \leq s \leq N$ なる自然数 s をとっておく. また $v_1, v_2,\ldots,v_N \in V_{\mathbb{Q}}$ が以下の条件を満たすとする.

1. 等式 $\sum_{i=1}^N a_i v_i = 0$ が, $a_i \in \mathbb{Q}_{\geq 0}$, $i = 1, 2,\ldots,N$ に対して成立するならば, $a_i = 0$, $s+1 \leq i \leq N$ が成り立つ.

2. ある $b_i \in \mathbb{Q}_{>0}$, $1 \leq i \leq s$ があって, $b_1 v_1 + \cdots + b_s v_s = 0$ が成立する.

このとき $f \in \mathrm{Hom}_{\mathbb{Q}}(V_{\mathbb{Q}}, \mathbb{Q})$ があって, $f(v_i) = 0$, $1 \leq i \leq s$, $f(v_i) > 0$, $s+1 \leq i \leq N$ が成り立つ.

証明. $W \subset V$ を $v_1,\ldots,v_s$ によって $\mathbb{R}$ 上生成される部分空間とし, $W_{\mathbb{Q}} \subset V_{\mathbb{Q}}$ をこれらが $\mathbb{Q}$ 上生成する部分空間とする. このとき V/W における $v_{s+1},\ldots,v_N$ の像を $\bar{v}_{s+1},\ldots,\bar{v}_N$ で表すと, これらが生成する凸包

$$X := \left\{\sum_{i=s+1}^N c_i \bar{v}_i \in V/W \;\middle|\; c_i \in \mathbb{R}_{\geq 0}, i = s+1,\ldots,N, \sum_{i=s+1}^N c_i = 1\right\}$$

は零ベクトル 0 を含まないことを次のように示すことができる. 条件 $c_{s+1}(v_{s+1} + W) + \cdots + c_N(v_N + W) \in W$ が非自明な $c_i \in \mathbb{R}_{\geq 0}$, $i = s+1,\ldots,N$ によって成立するとすると, $\mathbb{Q}$ が $\mathbb{R}$ の中で稠密であることから, 非自明な $c_i \in \mathbb{Q}_{\geq 0}$, $i = s+1,\ldots,N$ によって, $c_{s+1}(v_{s+1}+W) + \cdots + c_N(v_N+W) \in W_{\mathbb{Q}}$ となるとしてよい. 従ってこのとき, $w = t_1 v_1 + \cdots + t_s v_s \in W_{\mathbb{Q}}$ によっ

て $t_1 v_1 + \cdots + t_s v_s + c_{s+1} v_{s+1} + \cdots + c_N v_N = 0$ とできる。また仮定の条件 2 より $t_i > 0, 1 \leq i \leq s$ としてよい。しかしこのとき仮定の条件 1 から $c_{s+1} = \cdots = c_N = 0$ となってしまう。よって $0 \notin X$ がわかる。

適当な基底によって V/W をユークリッド空間としておく。またその次元を m とおく。上で見たように X は 0 を含まないので原点を通る V/W の超平面 H で X と交わらないものをとることができる[*8]。再び $\mathbb{Q}$ が $\mathbb{R}$ の中で稠密であることから超平面を少し「傾けて」H の法線ベクトル h を $\mathbb{Q}^m$ からとり、また V/W の標準内積 $\langle , \rangle_{V/W}$ によって $\langle h, \bar{v}_i \rangle_{V/W} > 0, s+1 \leq i \leq N$ となるようにできる。この h が定める $\mathrm{Hom}_{\mathbb{Q}}(V_{\mathbb{Q}}/W_{\mathbb{Q}}, \mathbb{Q})$ の元を h^* とおく。そして商写像を $p \colon V_{\mathbb{Q}} \to V_{\mathbb{Q}}/W_{\mathbb{Q}}$ と書くと、$f = h^* \circ p \colon V_{\mathbb{Q}} \to \mathbb{Q}$ が求めるものとなる。 $\qquad\square$

以上によって主張を示すことができた。

最後に $T_{\boldsymbol{n},e} \cdot e_{s,N}$ がザリスキー閉軌道であることを確かめればよい。もしそうでないとすると同様の手順により、1 径数部分群 $\lambda' \colon \mathbb{C}^\times \to (\mathbb{C}^\times)^N$ と自然数 $1 \leq s' \lneq s$ があって、$\lim_{t \to 0} \rho(\lambda(t)) \cdot e_{s,N} = e_{s',N}$ とできる。一方で作り方から $e_{s',N} \in \overline{T_{\boldsymbol{n},e} \cdot X}^{\mathrm{zar}}$ なので $e_{s',N'} \in \overline{T_{X,N'}}^{\mathbb{C}^{N'}}$。従って補題 5.63 より $s = s'$ となるが、これは $s' < s$ に矛盾。以上で定理 5.61 の証明が完了した。

5.2.5 ヒルベルト–マンフォードの判定法 (一般の場合)

定理 5.65 (ヒルベルト–マンフォードの判定法[21])。 $X \in \mathrm{Rep}(Q, \boldsymbol{n})$ に対して $(G(\boldsymbol{n}) \cdot X)$ はザリスキー閉集合でないとする。V を $G(\boldsymbol{n})$ の作用で閉じた $\overline{G(\boldsymbol{n}) \cdot X}^{\mathrm{zar}} \backslash (G(\boldsymbol{n}) \cdot X)$ の空でないザリスキー閉部分空間とする。このとき 1 径数部分群 $\lambda \colon \mathbb{C}^\times \to G(\boldsymbol{n})$ が存在して、$\lim_{t \to 0} \lambda(t) \cdot X \in V$ とできる。

前節で見た代数的トーラスの場合のヒルベルト–マンフォードの判定法より次の補題を示せば十分である。

補題 5.66 (リチャードソン)。 $g \in G(\boldsymbol{n})$ に対して、$T_{\boldsymbol{n},g} := g \cdot T_{\boldsymbol{n},e} \cdot g^{-1}$ と表すことにする。定理 5.65 の仮定の下で、$G(\boldsymbol{n}) \cdot Y$ を $\overline{G(\boldsymbol{n}) \cdot X}^{\mathrm{zar}}$ 内の唯一のザリスキー閉軌道とする。このとき、ある $g \in G(\boldsymbol{n})$ が存在して $G(\boldsymbol{n}) \cdot Y \cap \overline{T_{\boldsymbol{n},g} \cdot X}^{\mathrm{zar}} \neq \emptyset$ が成立する。

この補題を示すために不変式論から次の事実を用意しておく。

事実 5.67. V, W を $T_{\boldsymbol{n},e}$ の作用で閉じた $\mathrm{Rep}(Q, \boldsymbol{n})$ のザリスキー閉集合とする。このとき $\mathrm{Rep}(Q, \boldsymbol{n})$ 上の $T_{\boldsymbol{n},e}$ 作用で不変な多項式 f が存在して、

[*8] 例えば $x_0 \in X$ として 0 との距離が最小となる点をとり、0 と x_0 を結んだ線分を法線とする超平面をとればよい。より厳密には凸集合に関する分離超平面定理を用いればよい。

$f(V) = 0$, $f(W) = 1$ とすることができる[*9]．

では補題の証明をしよう．

補題 5.66 の証明． 背理法で示す．すなわち任意の $g \in G(\boldsymbol{n})$ に対して，$G(\boldsymbol{n}) \cdot Y \cap \overline{T_{\boldsymbol{n},g} \cdot X}^{\mathrm{zar}} = \emptyset$ であると仮定しよう．このとき任意の $Z = g \cdot X \in G(\boldsymbol{n}) \cdot X$ に対して $G(\boldsymbol{n}) \cdot Y \cap \overline{T_{\boldsymbol{n},e} \cdot Z}^{\mathrm{zar}} = G(\boldsymbol{n}) \cdot Y \cap \overline{T_{\boldsymbol{n},e} \cdot g \cdot X}^{\mathrm{zar}} = G(\boldsymbol{n}) \cdot Y \cap g \cdot \overline{g^{-1} \cdot T_{\boldsymbol{n},e} \cdot g \cdot X}^{\mathrm{zar}} = g \cdot (G(\boldsymbol{n}) \cdot Y \cap \overline{T_{\boldsymbol{n},g^{-1}} \cdot X}^{\mathrm{zar}}) = \emptyset$ となる．従って，$G(\boldsymbol{n}) \cdot Y$ と $\overline{T_{\boldsymbol{n},e} \cdot Z}^{\mathrm{zar}}$ は $T_{\boldsymbol{n},e}$ の作用で閉じた $\mathrm{Rep}(Q, \boldsymbol{n})$ のザリスキー閉集合であったので，事実 5.67 から $\mathrm{Rep}(Q, \boldsymbol{n})$ 上の $T_{\boldsymbol{n},e}$ 作用で不変な多項式 f_Z が存在して，$f_Z(G(\boldsymbol{n}) \cdot Y) = 0$，$f_Z(\overline{T_{\boldsymbol{n},e} \cdot Z}^{\mathrm{zar}}) = 1$ とすることができる．

さてザリスキー開集合を $U_Z := \{V \in \mathrm{Rep}(Q, \boldsymbol{n}) \mid f_Z(V) \neq 0\}$ として定めると，$K_{\boldsymbol{n}}$ がコンパクトであったことから

$$K_{\boldsymbol{n}} \cdot X \subset U_{Z_1} \cup \cdots \cup U_{Z_l} \tag{5.8}$$

なる有限個の点 $Z_1, \ldots, Z_l \in K_{\boldsymbol{n}} \cdot X$ が存在する．そして通常の位相における連続関数 $f\colon \mathrm{Rep}(Q, \boldsymbol{n}) \to \mathbb{R}_{\geq 0}$ を $f(V) := \sum_{i=1}^{l} |f_{Z_i}(V)|$ によって定義しよう．ここで $|\cdot|$ は $\mathbb{R}$ の絶対値である．するとコンパクト集合 $K_{\boldsymbol{n}} \cdot X$ 上で f は最小値を持ち，U_Z の定義と包含関係 (5.8) よりその最小値は 0 でない正の数となる．また f_Z の $T_{\boldsymbol{n},e}$-不変性から $(T_{\boldsymbol{n},e} \cdot K_{\boldsymbol{n}}) \cdot X$ とその通常の位相における閉包 $\overline{(T_{\boldsymbol{n},e} \cdot K_{\boldsymbol{n}}) \cdot X}$ においても同じ最小値を持つことがわかる．

一方で $f(G(\boldsymbol{n}) \cdot Y) = 0$ であるから，$G(\boldsymbol{n}) \cdot Y \cap \overline{(T_{\boldsymbol{n},e} \cdot K_{\boldsymbol{n}}) \cdot X} = \emptyset$ となる．これより $K_{\boldsymbol{n}} \cdot (G(\boldsymbol{n}) \cdot Y \cap \overline{(T_{\boldsymbol{n},e} \cdot K_{\boldsymbol{n}}) \cdot X}) = G(\boldsymbol{n}) \cdot Y \cap K_{\boldsymbol{n}} \cdot \overline{(T_{\boldsymbol{n},e} \cdot K_{\boldsymbol{n}}) \cdot X} = \emptyset$ が従う．しかしこれは以下のように仮定に矛盾していることがわかる．まず $K_{\boldsymbol{n}}$ はコンパクトなので，命題 5.35 より $K_{\boldsymbol{n}} \cdot \overline{(T_{\boldsymbol{n},e} \cdot K_{\boldsymbol{n}}) \cdot X}$ は閉集合である．さらに $G(\boldsymbol{n}) \cdot X = (K_{\boldsymbol{n}} \cdot T_{\boldsymbol{n},e} \cdot K_{\boldsymbol{n}}) \cdot X \subset K_{\boldsymbol{n}} \cdot \overline{(T_{\boldsymbol{n},e} \cdot K_{\boldsymbol{n}}) \cdot X} \subset K_{\boldsymbol{n}} \cdot \overline{G(\boldsymbol{n}) \cdot X} = \overline{G(\boldsymbol{n}) \cdot X}$ であるから，$K_{\boldsymbol{n}} \cdot \overline{(T_{\boldsymbol{n},e} \cdot K_{\boldsymbol{n}}) \cdot X} = \overline{G(\boldsymbol{n}) \cdot X} = \overline{G(\boldsymbol{n}) \cdot X}^{\mathrm{zar}}$ が得られる．ここで最後の等式は系 5.60 より従う．しかし定理 5.65 の仮定から $G(\boldsymbol{n}) \cdot Y \subset \overline{G(\boldsymbol{n}) \cdot X}^{\mathrm{zar}}$ であったので，これは $G(\boldsymbol{n}) \cdot Y \cap K_{\boldsymbol{n}} \cdot \overline{(T_{\boldsymbol{n},e} \cdot K_{\boldsymbol{n}}) \cdot X} = \emptyset$ と矛盾している． $\square$

5.2.6 キングによる箙の表現空間の安定点の決定

前節で示したヒルベルト–マンフォードの判定法を用いて $\mathrm{Rep}(Q, \boldsymbol{n})$ の $\mathbb{P}G(\boldsymbol{n})$ 安定点と既約表現の関係を明らかにしよう．

一般に箙の表現 $X \in \mathrm{Rep}(Q, \boldsymbol{n})$ が部分表現 X_1 を持つとき，X は X_1 を直和因子に持つ直和には分解しない．しかし X の同型類のザリスキー閉包の中

[*9]　事実の証明はマンフォード等 [21] の Corollary 1.2 を参照．

ではそれが可能である.

補題 5.68. $X \in \mathrm{Rep}(Q, \boldsymbol{n})$ に対して, その部分表現 X_1 を考える. このとき

$$X_1 \oplus (X/X_1) \in \overline{G(\boldsymbol{n}) \cdot X}^{\mathrm{zar}}$$

である.

証明. $V = (V_i)_{i \in Q_0}$ を $V_i := \mathbb{C}^{n_i}$, $i \in \mathbb{Q}_0$ として定めて, $X \in \mathrm{Rep}(Q, V)$ とみなしておく. また部分ベクトル空間の族 $W_i \subset V_i$, $i \in Q_0$ を $X_1 \in \mathrm{Rep}(Q, (W_i)_{i \in Q_0})$ となるものとする. このとき $Z_i \subset V_i$, $i \in Q_0$ を $V_i = W_i \oplus Z_i$ となるように選んでくる. するとこの直和分解に応じて各 $a \in Q_1$ において

$$X_a = \begin{pmatrix} (X_a)_{1,1} & (X_a)_{1,2} \\ (X_a)_{2,1} & (X_a)_{2,2} \end{pmatrix},$$

$(X_a)_{1,1} \in \mathrm{Hom}_{\mathbb{C}}(W_{t(a)}, W_{h(a)})$, $(X_a)_{1,2} \in \mathrm{Hom}_{\mathbb{C}}(Z_{t(a)}, W_{h(a)})$, $(X_a)_{2,1} \in \mathrm{Hom}_{\mathbb{C}}(W_{t(a)}, Z_{h(a)})$, $(X_a)_{2,2} \in \mathrm{Hom}_{\mathbb{C}}(Z_{t(a)}, Z_{h(a)})$, と分解される. ここで $((X_a)_{1,1})_{a \in Q_1} = X_1$, $((X_a)_{1,1})_{a \in Q_1} \cong X/X_1$ である. また X_1 が部分表現であることから, $(X_a)_{2,1} = 0$, $a \in Q_1$ である.

さてここで $t \in \mathbb{C}^{\times}$ に対して $\lambda_i(t) \in \mathrm{End}_{\mathbb{C}}(V_i)$ を W_i では t 倍, Z_i では恒等写像となるように定めると, $\lambda(t) := (\lambda_i(t))_{i \in Q_0}$ は $G(\boldsymbol{n})$ の 1 径数部分群を定める. このとき

$$(\lambda(t) \cdot X)_a = \begin{pmatrix} (X_a)_{1,1} & t(X_a)_{1,2} \\ 0 & (X_a)_{2,2} \end{pmatrix}$$

となるので, $X_2 := \lim_{t \to 0} \lambda(t) \cdot X$ と定めると

$$(X_2)_a = \begin{pmatrix} (X_a)_{1,1} & 0 \\ 0 & (X_a)_{2,2} \end{pmatrix}$$

となって, $W = X_1 \oplus ((X_a)_{2,2})_{a \in Q_1} \cong X_1 \oplus (X/X_1)$ がわかる. $\square$

補題 5.69. $X, Y \in \mathrm{Rep}(Q, \boldsymbol{n})$ に対して 1 径数部分群 $\lambda: \mathbb{C}^{\times} \to G(\boldsymbol{n})$ があって $\lim_{t \to 0} \lambda(t) \cdot X = Y$ が成り立つとする. このとき部分表現の列 $0 = X_0 \subset X_1 \subset X_2 \subset \cdots X_m = X$ があって $Y \cong (X_1/X_0) \oplus (X_2/X_1) \oplus \cdots \oplus (X_m/X_{m-1})$ とできる.

証明. 各 $i \in Q_0$ に対して $\mathbb{C}^{n_i}$ の部分空間 $(V_i)_k$, $k \in \mathbb{Z}$ を $\lambda(t)$ が t^k 倍で作用するベクトル全体の空間として定めると, 直和分解 $\mathbb{C}^{n_i} = \bigoplus_{k \in \mathbb{Z}} (V_i)_k$ が得られる. この分解に従って, 各 $a \in Q_1$ で $X_a = ((X_a)_{k,l})$, $(X_a)_{k,l} \in \mathrm{Hom}_{\mathbb{C}}((V_{t(a)})_l, (V_{h(a)})_k)$ と分解しておく. このとき上の補題で

見たように，$\lambda(t)$ は $\mathrm{Hom}_{\mathbb{C}}((V_{t(a)})_l, (V_{h(a)})_k)$ に t^{l-k} 倍で作用する．従って $\lim_{t\to 0} \lambda(t) \cdot X = Y$ より $(X_a)_{k,l} = 0,\ k > l$ がわかる．ここで $Y_k = ((Y_k)_a)_{a\in Q_1}$ を $(Y_k)_a := (X_a)_{k,k}$ によって定めると，$Y = \bigoplus_{k\in\mathbb{Z}} Y_k$ となる．また X_a はブロック上三角行列であることから，X 部分表現の列 $X_{k-1} \subset X_k,\ k\in\mathbb{Z}$ で $Y_k \cong (X_k/X_{k-1})$ となるものをとることができる．　□

次は箙の表現論におけるジョルダン–ヘルダー (Jordan–Hölder) の定理である．

補題 5.70. $X \in \mathrm{Rep}(Q, \boldsymbol{n})$ に対して部分表現の列 $0 = X_0 \subset X_1 \subset \cdots \subset X_m = X$ で，$X_k/X_{k-1},\ k = 1, \ldots, m$ がすべて既約表現となるものが存在する．さらに X_k/X_{k-1} として現れる既約表現は順序の入れ替えと同型を除いて部分表現の列によらず一意的である．

証明. $p_k : X_k \to X_k/X_{k-1}$ で商写像を表す．X_k/X_{k-1} が既約表現でないとすると，自明でない部分表現 $Y_k \subset X_k/X_{k-1}$ が存在する．すなわち表現の短完全列

$$0 \to Y_k \xrightarrow{\iota_k} X_k/X_{k-1} \xrightarrow{\pi_k} (X_k/X_{k-1})/Y_k \to 0$$

が得られる．このとき $Z_k := \mathrm{Ker}(\pi_k \circ p_k)$ とおくと，Z_k は $X_{k-1} \subsetneq Z_k \subsetneq X_k$ を満たす Q の表現となる．以下これを有限回繰り返せばよい．

また $0 = Z_0 \subset Z_1 \subset \cdots \subset Z_{m'} = X$ も定理の条件を満たす部分表現の列であるとする．Z_1 に対して $Z_1 \subset X_k$ なる最小の k をとってくる．このとき合成写像 $Z_1 \hookrightarrow X_k \to X_k/X_{k-1}$ は既約表現の間の非自明な射となるので同型射である．すなわち短完全列 $0 \to X_{k-1} \to X_k \to X_k/X_{k-1} \to 0$ は分裂するので，同型 $Z_1 \oplus X_{k-1} \cong X_k$ が得られる．これより X/Z_1 の部分加群の列として，$0 \subset (Z_2/Z_1) \subset (Z_3/Z_1) \cdots \subset (Z_{m'}/Z_1) = X/Z_1$ と $0 \subset (Z_1 + X_1)/Z_1 \subset \cdots \subset (Z_1 + X_{k-1})/Z_1 \cong X_k/Z_1 \subset X_{k+1}/Z_1 \subset \cdots \subset X_m/Z_1$ が得られる．それぞれ列の長さは $m' - 1$ と $m - 1$ であって，隣同士の商をとると既約表現となっている．よって数学的帰納法より定理の後半の主張が従う．　□

命題 5.71. $X \in \mathrm{Rep}(Q, \boldsymbol{n})$ の $G(\boldsymbol{n})$ 軌道がザリスキー閉集合であることと，X が既約表現の直和となることは同値である．

証明. $G(\boldsymbol{n}) \cdot X$ がザリスキー閉集合であると仮定する．補題 5.70 により部分表現の列 $0 = X_0 \subset X_1 \subset \cdots \subset X_m = X$ で，$X_k/X_{k-1},\ k = 1, \ldots, m$ がすべて既約表現となるものが存在する．すると補題 5.68 を繰り返し用いることで，$Y = \bigoplus_{k=1}^m X_k/X_{k-1}$ が $G(\boldsymbol{n}) \cdot X$ のザリスキー閉包に含まれることがわかるが，仮定よりそれは $G(\boldsymbol{n}) \cdot X$．すなわち X は Y と同型である．

逆に $X = \bigoplus_{k=1}^r S_k$ と既約表現 S_k たちの直和で表せると仮定する．$G(\boldsymbol{n}) \cdot Y \subset \overline{G(\boldsymbol{n}) \cdot X}^{\mathrm{zar}} \backslash G(\boldsymbol{n}) \cdot X$ を唯一のザリスキー閉軌道とする．こ

のとき定理 5.65 より 1 径数部分群 $\lambda\colon \mathbb{C}^\times \to G(\boldsymbol{n})$ があって $\lim_{t\to 0} \lambda(t)\cdot X \in G(\boldsymbol{n})\cdot Y$ とできる. すると補題 5.69 より部分表現の列 $0 = X_0 \subset X_1 \subset X_2 \subset \cdots \subset X_m = X$ があって $Y \cong (X_1/X_0) \oplus (X_2/X_1) \oplus \cdots \oplus (X_m/X_{m-1})$ とできる. X は既約表現の直和だったので補題 5.70 より適当に $\{S_1, \ldots, S_r\}$ の番号を並べ替えることで, $0 = i_0 \le i_1 \le i_2 \le \cdots \le i_m = r$ を選んで $X_k = \bigoplus_{i=1}^{i_k} S_i$ とみなすことができる. これより

$$Y \cong \bigoplus_{k=1}^{m}(S_{i_{k-1}+1} \oplus S_{i_{k-1}+2} \oplus \cdots \oplus S_{i_k}) = \bigoplus_{i=1}^{r} S_i = X$$

となる. よって $G(\boldsymbol{n})\cdot X = G(\boldsymbol{n})\cdot Y$ はザリスキー閉軌道である. $\qquad\square$

次のキングの定理によって表現が $\mathbb{P}G(\boldsymbol{n})$ 安定であることと, 既約であることが同値であることがわかる.

定理 5.72 (キング[13]). $X \in \mathrm{Rep}(Q, \boldsymbol{n})$ が $\mathbb{P}G(\boldsymbol{n})$ 安定であるためには, X が既約表現であることが必要かつ十分である.

証明. まず $\mathbb{C}^\times$ が $\mathrm{Rep}(Q, \boldsymbol{n})$ に自明に作用することから, $\mathbb{P}G(\boldsymbol{n})\cdot X = G(\boldsymbol{n})\cdot X$ であることに注意しておく.

まず X が既約表現であると仮定する. このとき命題 5.71 より $\mathbb{P}G(\boldsymbol{n})$ はザリスキー閉集合であり, また命題 5.43 (シューアの補題) より $\mathbb{P}G(\boldsymbol{n})$ における X の固定化部分群は自明である. すなわち X は $\mathbb{P}G(\boldsymbol{n})$ 安定である. 逆に X が $\mathbb{P}G(\boldsymbol{n})$ 安定であると仮定すると, 命題 5.71 より $X = X_1 \oplus \cdots \oplus X_r$ と既約表現の直和で表せる. このとき $\mathrm{Stab}_{G(\boldsymbol{n})}(X) \supset \prod_{i=1}^{r} \mathrm{Stab}_{G(\boldsymbol{n})}(X_i) \supset (\mathbb{C}^\times)^r$ となることから, $\mathrm{Stab}_{\mathbb{P}G(\boldsymbol{n})}(X)$ は $(\mathbb{C}^\times)^{r-1}$ を部分群として含むことになる. しかし X の安定性より $\mathrm{Stab}_{\mathbb{P}G(\boldsymbol{n})}(X)$ は有限群となるので, 結局 $r = 1$ となって X が既約表現であることが従う. $\qquad\square$

5.2.7 2重箙のシンプレクティック形式と運動量写像

本節では箙 Q の 2 重箙とよばれるものを導入し, その表現空間の上に運動量写像とよばれる写像が定義されることを紹介する. 運動量写像とはシンプレクティック幾何学に現れる重要な概念であるが, 本書ではシンプレクティック幾何学には触れることはできない. なので運動量写像のシンプレクティック幾何学における取り扱いに関しては微分幾何学の教科書[*10]を参照して欲しい.

定義 5.73 (2 重箙). 箙 $Q = (Q_0, Q_1, h, t)$ の反転箙 $Q^{\mathrm{op}} = (Q_0^{\mathrm{op}}, Q_1^{\mathrm{op}}, h^{\mathrm{op}}, t^{\mathrm{op}})$ を次のように定義する. 頂点と矢の集合は $Q_0' = Q_0$, $Q_1' = Q_1$ と集合としては変えないが, 矢の向きを次のように反転する. すなわち $a \in Q_1' = Q_1$ に対して,

---

[*10] 例えば今野 [14] などを参考にして欲しい.

$$h^{\mathrm{op}}(a) := t(a), \quad t^{\mathrm{op}}(a) := h(a)$$

と定める.

すなわち，反転箙 Q^{op} とは Q の矢の向きを反転させてできる箙のことである．この矢の反転を表すために $a \in Q_1$ を $\mathrm{id}_{Q_1} : Q_1 \to Q_1 = Q_1^{\mathrm{op}}$ によって Q_1^{op} に移した像を $a^* \in Q_1^{\mathrm{op}}$ と表して Q の矢 $a \in Q_1$ の**反転**という．

さらに Q の **2 重箙** $\overline{Q} = (\overline{Q}_0, \overline{Q}_1, \bar{h}, \bar{t})$ を次のように定義する．頂点の集合は $\overline{Q}_0 = Q_0 = Q_0^{\mathrm{op}}$ と変えずに，矢の集合は $\overline{Q}_1 := Q_1 \sqcup Q_1^{\mathrm{op}}$ として Q と Q^{op} の矢の集合の非交和で定める．また矢の向きは

$$\bar{h}(a) := \begin{cases} h(a) & (a \in Q_1) \\ h^{\mathrm{op}}(a) & (a \in Q_1^{\mathrm{op}}) \end{cases}, \quad \bar{t}(a) := \begin{cases} t(a) & (a \in Q_1) \\ t^{\mathrm{op}}(a) & (a \in Q_1^{\mathrm{op}}) \end{cases}$$

とする．

すなわち 2 重箙 $\overline{Q}$ とは Q にその反転箙 Q^{op} の矢を付け加えてできる箙のことである．

Q の表現空間 $\mathrm{Rep}(Q, \boldsymbol{n})$ と反転箙 Q^{op} の表現空間 $\mathrm{Rep}(Q^{\mathrm{op}}, \boldsymbol{n})$ を考えよう．Q の矢 $a \in Q_1$ の反転 $a^* \in Q_1^{\mathrm{op}}$ に対して $\mathrm{Hom}_{\mathbb{C}}(\mathbb{C}^{n_{t(a^*)}}, \mathbb{C}^{n_{h(a^*)}}) = \mathrm{Hom}_{\mathbb{C}}(\mathbb{C}^{n_{h(a)}}, \mathbb{C}^{n_{t(a)}})$ であることに注意すると，

$$\begin{array}{ccc} \mathrm{Hom}_{\mathbb{C}}(\mathbb{C}^{n_{t(a)}}, \mathbb{C}^{n_{h(a)}}) \times \mathrm{Hom}_{\mathbb{C}}(\mathbb{C}^{n_{t(a^*)}}, \mathbb{C}^{n_{h(a^*)}}) & \longrightarrow & \mathbb{C} \\ (X, Y) & \longmapsto & \mathrm{tr}(XY) \end{array}$$

によって非退化双線形形式が定まるので，$\mathrm{Rep}(Q^{\mathrm{op}}, \boldsymbol{n})$ は $\mathrm{Rep}(Q, \boldsymbol{n})$ の双対空間 $\mathrm{Rep}(Q, \boldsymbol{n})^*$ と思うことができる．

また 2 重箙の表現空間 $\mathrm{Rep}(\overline{Q}, \boldsymbol{n})$ は写像

$$\mathrm{Rep}(Q, \boldsymbol{n}) \oplus \mathrm{Rep}(Q^{\mathrm{op}}, \boldsymbol{n}) \quad \longrightarrow \quad \mathrm{Rep}(\overline{Q}, \boldsymbol{n})$$
$$((X_a)_{a \in Q_1}, (X_{a^*})_{a^* \in Q_1^{\mathrm{op}}}) \quad \longmapsto \quad (X_\alpha)_{\alpha \in Q_1 \sqcup Q_1^{\mathrm{op}}}$$

によって直和 $\mathrm{Rep}(Q, \boldsymbol{n}) \oplus \mathrm{Rep}(Q^{\mathrm{op}}, \boldsymbol{n})$ に分解することができるので,しばしば $X = ((X_a)_{a \in Q_1}, (X_{a^*})_{a^* \in Q_1^{\mathrm{op}}})$ という記法を用いる.

注意 5.74 (2 重箙の表現空間 $\mathrm{Rep}(\overline{Q}, \boldsymbol{n})$ と余接束 $T^* \mathrm{Rep}(Q, \boldsymbol{n})$). $\mathbb{C}^n$ の接束 $T\mathbb{C}^n$ は定義 4.3 において $A = \{\alpha\}$ (一点集合),$U_\alpha = \mathbb{C}^n$ としたものなので,$T\mathbb{C}^n = \mathbb{C}^n \times \mathbb{C}^n$ と見ることができ,一方その双対である余接束は $T^*\mathbb{C}^n = \mathbb{C}^n \times (\mathbb{C}^n)^*$ とみなせる.このような同一視のもとで 2 重箙の表現空間は $\mathrm{Rep}(\overline{Q}, \boldsymbol{n}) = \mathrm{Rep}(Q, \boldsymbol{n}) \oplus \mathrm{Rep}(Q^{\mathrm{op}}, \boldsymbol{n}) = \mathrm{Rep}(Q, \boldsymbol{n}) \oplus \mathrm{Rep}(Q, \boldsymbol{n})^* = T^* \mathrm{Rep}(Q, \boldsymbol{n})$ によって $\mathrm{Rep}(Q, \boldsymbol{n})$ の余接束と見ることもできる.

定義 5.75 ($\mathrm{Rep}(\overline{Q}, \boldsymbol{n})$ の標準シンプレクティック形式). $\mathrm{Rep}(\overline{Q}, \boldsymbol{n})$ をベクトル空間と見たとき

$$\omega: \quad \mathrm{Rep}(\overline{Q}, \boldsymbol{n}) \times \mathrm{Rep}(\overline{Q}, \boldsymbol{n}) \quad \longrightarrow \quad \mathbb{C}$$
$$(X, Y) \quad \longmapsto \quad \sum_{a \in Q_1} (\mathrm{tr}(X_a Y_{a^*}) - \mathrm{tr}(X_{a^*} Y_a))$$

によって非退化双線形歪対称形式が定まる.これを $\mathrm{Rep}(\overline{Q}, \boldsymbol{n})$ の**標準シンプレクティック形式**とよぶ.

注意 5.76 (複素正則シンプレクティック多様体 $\mathrm{Rep}(\overline{Q}, \boldsymbol{n})$). 点 $\alpha \in \mathbb{C}^n$ における接空間 $T_\alpha \mathbb{C}^n$ は,$\mathbb{C}^n$ の第 i 成分への射影 $z_i \colon \mathbb{C}^n \to \mathbb{C}$ によって局所座標 $z_1, \dots, z_n$ を定めることで,$T_\alpha \mathbb{C}^n = \bigoplus_{i=1}^n \mathbb{C} dz_i \cong \mathbb{C}^n$ というように,$\mathbb{C}^n$ 自身と同一視できる.従って,定義 5.75 で $\mathrm{Rep}(\overline{Q}, \boldsymbol{n})$ 上に歪対称形式 ω を定めたが,上のようにして各点 $X \in \mathrm{Rep}(\overline{Q}, \boldsymbol{n})$ の接空間 $T_X \mathrm{Rep}(\overline{Q}, \boldsymbol{n})$ を $\mathrm{Rep}(\overline{Q}, \boldsymbol{n})$ 自身と同一視すると,接空間 $T_X \mathrm{Rep}(\overline{Q}, \boldsymbol{n})$ に非退化歪対称形式 $\omega_X := \omega$ が定まっていると考えることもできる.こうすることで 2 重箙の表現空間 $\mathrm{Rep}(\overline{Q}, \boldsymbol{n})$ は自然に複素正則シンプレクティック多様体としての構造を持つこととなる.詳しくはキリロフ [18] を参照して欲しい.

$M(\boldsymbol{n}) := \prod_{i \in Q_0} M_{n_i}(\mathbb{C})$ の $\mathrm{Rep}(\overline{Q}, \boldsymbol{n})$ への作用を,$G(\boldsymbol{n})$ の作用 ρ の微分 $d\rho \colon M(\boldsymbol{n}) \times \mathrm{Rep}(\overline{Q}, \boldsymbol{n}) \to \mathrm{Rep}(\overline{Q}, \boldsymbol{n})$ として次のように定義する.まず指数写像を $\exp \colon M(\boldsymbol{n}) \ni (x_i) \mapsto (\exp(x_i)) \in G(\boldsymbol{n})$ と定め,$x \in M(\boldsymbol{n})$ によって 1 径数部分群 $\mathbb{C}^\times \ni t \mapsto \exp(tx) \in G(\boldsymbol{n})$ を定める.このとき

$$d\rho(x, X) := \frac{d}{dt} \rho(\exp(tx), X)|_{t=0}, \quad (x, X) \in M(\boldsymbol{n}) \times \mathrm{Rep}(\overline{Q}, \boldsymbol{n})$$

によって ρ の微分 $d\rho$ を定めることとする.ここで ρ の定義 5.6 を思い出すと,

$$d\rho(x, X) = (x_{h(a)} \cdot X_a - X_a \cdot x_{t(a)})_{a \in Q_1}$$

となることがわかる.以後簡単のため $x \cdot X := d\rho(x, X)$ としばしば表す.

$G(\boldsymbol{n})$ や $M(\boldsymbol{n})$ の作用とシンプレクティック形式の関係を見ておこう.

命題 5.77. 標準シンプレクティック形式は $G(\boldsymbol{n})$ の作用で不変である. すなわち $g \in G(\boldsymbol{n})$, $X, Y \in \mathrm{Rep}(\overline{Q}, \boldsymbol{n})$ に対して等式

$$\omega(g \cdot X, g \cdot Y) = \omega(X, Y)$$

が成立する. また $x \in M(\boldsymbol{n})$ に対しても

$$\omega(x \cdot X, Y) + \omega(X, x \cdot Y) = 0$$

が成立する.

証明. $G(\boldsymbol{n})$ の作用で不変であることは ω の定義から計算で確かめることができる. また残りの等式は初めの等式の微分を考えればよい. $\qquad\square$

定義 5.78 (運動量写像). 写像

$$\mu_{\boldsymbol{n}}\colon \quad \mathrm{Rep}(\overline{Q}, \boldsymbol{n}) \quad \longrightarrow \quad M(\boldsymbol{n})$$

$$(X_a)_{a \in \overline{Q}_1} \quad \longmapsto \quad \left(\sum_{\substack{a \in Q_1 \\ h(a)=i}} X_a \cdot X_{a^*} - \sum_{\substack{a \in Q_1 \\ t(a)=i}} X_{a^*} \cdot X_a \right)_{i \in Q_i}$$

を**運動量写像**とよぶ.

$M(\boldsymbol{n})$ の元に対しそのトレースを $\mathrm{tr}\colon M(\boldsymbol{n}) \ni (X_i)_{i \in Q_0} \mapsto \sum_{i \in Q_0} \mathrm{tr}\, X_i \in \mathbb{C}$ として定めると, 運動量写像の定義より

$$\mathrm{tr}(\mu_{\boldsymbol{n}}(X)) = 0, \quad X \in \mathrm{Rep}(\overline{Q}, \boldsymbol{n})$$

であることに注意しておこう. すなわち $M(\boldsymbol{n})$ の部分空間として $\mathfrak{sl}(\boldsymbol{n}) := \{x \in M(\boldsymbol{n}) \mid \mathrm{tr}\, x = 0\}$ なるものを考えると, 運動量写像は $\mu_{\boldsymbol{n}}\colon \mathrm{Rep}(\overline{Q}, \boldsymbol{n}) \to \mathfrak{sl}(\boldsymbol{n}) \subset M(\boldsymbol{n})$ という写像であることがわかる.

上で定義した $M(\boldsymbol{n})$ は $G(\boldsymbol{n})$ の共役作用 $G(\boldsymbol{n}) \times M(\boldsymbol{n}) \ni (g_i, \xi_i) \mapsto (g_i \cdot \xi_i \cdot g_i^{-1}) \in M(\boldsymbol{n})$ によって $G(\boldsymbol{n})$ 多様体と見ることができる. このとき運動量写像は $\mathrm{Rep}(\overline{Q}, \boldsymbol{n})$ と $M(\boldsymbol{n})$ の間の $G(\boldsymbol{n})$ 多様体としての射となっている. これは

$$\mu_{\boldsymbol{n}}((g_i) \cdot (X_a)) = \mu_{\boldsymbol{n}}((g_{h(a)} \cdot X_a \cdot g_{t(a)}^{-1}))$$

$$= \left(\sum_{\substack{a \in Q_1 \\ h(a)=i}} (g_{h(a)} X_a g_{t(a)}^{-1}) \cdot (g_{h(a^*)} X_{a^*} g_{t(a^*)}^{-1}) \right.$$

$$\left. - \sum_{\substack{a \in Q_1 \\ t(a)=i}} (g_{h(a^*)} X_{a^*} g_{t(a^*)}^{-1}) \cdot (g_{h(a)} X_a g_{t(a)}^{-1}) \right)_{i \in Q_i}$$

$$= \left(\sum_{\substack{a \in Q_1 \\ h(a)=i}} g_i X_a \cdot X_{a^*} g_i^{-1} - \sum_{\substack{a \in Q_1 \\ t(a)=i}} g_i X_{a^*} \cdot X_a g_i^{-1} \right)_{i \in Q_i}$$

$$= (g_i) \cdot \mu_{\boldsymbol{n}}((X_a))$$

となることからわかる.

次に運動量写像と $\mathrm{Rep}(\overline{Q}, \boldsymbol{n})$ の標準シンプレクティック形式との関係について見てみよう. $M(\boldsymbol{n})$ の上の非退化双線形形式を $\langle x, y \rangle := \sum_{i \in Q_0} \mathrm{tr}(x_i y_i) \in \mathbb{C}$, $x = (x_i), y = (y_i) \in M(\boldsymbol{n})$ によって定めると,運動量写像と標準シンプレクティック形式は等式

$$\langle \mu_{\boldsymbol{n}}(X), x \rangle = \frac{1}{2} \omega(X, x \cdot X), \quad (x, X) \in M(\boldsymbol{n}) \times \mathrm{Rep}(\overline{Q}, \boldsymbol{n}) \qquad (5.9)$$

によって結ぶことができる. 実際,行列のトレースに関して $\mathrm{tr}(ABC) = \mathrm{tr}(CAB) = \mathrm{tr}(BCA)$, $A \in M_{m,n}(\mathbb{C})$, $B \in M_{n,l}(\mathbb{C})$, $C \in M_{l,m}(\mathbb{C})$ が成り立つことを思い出すと,

$$\begin{aligned}
\omega(X, x \cdot X) &= \sum_{a \in Q_1} \big(\mathrm{tr}(X_a \cdot (x_{h(a^*)} \cdot X_{a^*} - X_{a^*} \cdot x_{t(a^*)})) \\
&\quad - \mathrm{tr}(X_{a^*} \cdot (x_{h(a)} \cdot X_a - X_a \cdot x_{t(a)}))) \\
&= \sum_{a \in Q_1} \big(\mathrm{tr}(X_{a^*} \cdot X_a \cdot x_{h(a^*)} - X_a \cdot X_{a^*} \cdot x_{t(a^*)})) \\
&\quad - \mathrm{tr}(X_a \cdot X_{a^*} \cdot x_{h(a)} - X_{a^*} \cdot X_a \cdot x_{t(a)})) \\
&= \sum_{a \in Q_1} \big(\mathrm{tr}(X_{a^*} \cdot X_a \cdot x_{t(a)} - X_a \cdot X_{a^*} \cdot x_{t(a^*)}) \\
&\quad - \mathrm{tr}(X_a \cdot X_{a^*} \cdot x_{t(a^*)} - X_{a^*} \cdot X_a \cdot x_{t(a)})) \\
&= 2 \sum_{a \in Q_1} \big(\mathrm{tr}(X_{a^*} \cdot X_a \cdot x_{t(a)} - X_a \cdot X_{a^*} \cdot x_{t(a^*)})) \\
&= 2 \langle \mu_{\boldsymbol{n}}(X), x \rangle
\end{aligned}$$

となることから式 (5.9) が得られる. またこの等式を用いることで,運動量写像が誘導する接空間の写像 $(T\mu_{\boldsymbol{n}})_X \colon T_X \mathrm{Rep}(\overline{Q}, \boldsymbol{n}) \to T_{\mu_{\boldsymbol{n}}(X)} M(\boldsymbol{n})$ をシンプレクティック形式を通して調べることが次のように可能になる.

命題 5.79. $X \in \mathrm{Rep}(\overline{Q}, \boldsymbol{n})$, $v \in T_X \mathrm{Rep}(\overline{Q}, \boldsymbol{n})$, $x \in M(\boldsymbol{n})$ に対して等式

$$\langle (T\mu_{\boldsymbol{n}})_X(v), x \rangle = \omega(v, x \cdot X)$$

が成立する. ここでは注意 5.76 で与えた同一視 $T_\alpha \mathbb{C}^n \cong \mathbb{C}^n$, $\alpha \in \mathbb{C}^n$ によって $v \in \mathrm{Rep}(\overline{Q}, \boldsymbol{n})$, $(T\mu_{\boldsymbol{n}})_X(v) \in M(\boldsymbol{n})$ とみなしている.

証明. $\mathrm{Rep}(\overline{Q}, \boldsymbol{n})$ は行列のなす空間の直和であったので,各行列の成分を座標

と見ることで $\mathrm{Rep}(\overline{Q}, \boldsymbol{n}) = \mathbb{C}^N$ と思うことができる．このとき $\omega(Z, x \cdot Z)$ を $Z = (Z_1, \ldots, Z_N) \in \mathbb{C}^N$ の関数とみなして，この関数の点 X におけるベクトル $v = (v_1, \ldots, v_N) \in T_X \mathrm{Rep}(\overline{Q}, \boldsymbol{n}) \cong \mathrm{Rep}(\overline{Q}, \boldsymbol{n}) = \mathbb{C}^N$ に関する方向微分係数 $\sum_{i=1}^N v_i \frac{\partial}{\partial Z_i} \omega(Z, x \cdot Z)|_{Z=X}$ を計算しよう．$\omega(\,,\,)$ は $\mathbb{C}^N$ の歪対称双線形形式だったので歪対称行列 $W_\omega \in M_N(\mathbb{C})$ があって，縦ベクトル $u, v \in \mathbb{C}^n$ に対して，$\omega(u, v) = {}^t u \cdot W_\omega \cdot v$ と表すことができる．従って

$$
\begin{aligned}
\sum_{i=1}^N v_i \frac{\partial}{\partial Z_i} \omega(Z, x \cdot Z)|_{Z=X} &= \sum_{i=1}^N v_i \frac{\partial}{\partial Z_i} \left({}^t Z \cdot W_\omega \cdot (x \cdot Z) \right)|_{Z=X} \\
&= \left({}^t v \cdot W_\omega \cdot (x \cdot X) \right) + \left({}^t X \cdot W_\omega \cdot (x \cdot v) \right) \\
&= 2\,\omega(v, x \cdot X)
\end{aligned}
$$

が得られる．ただし最後の等式では命題 5.77 を用いた．また一方で

$$
\sum_{i=1}^N v_i \frac{\partial}{\partial Z_i} \langle \mu_{\boldsymbol{n}}(Z), x \rangle|_{Z=X} = \left\langle \sum_{i=1}^N v_i \frac{\partial}{\partial Z_i} \mu_{\boldsymbol{n}}(Z)|_{Z=X}, x \right\rangle
$$

となるから，式 (5.9) と上で求めた式から

$$
\left\langle \sum_{i=1}^N v_i \frac{\partial}{\partial Z_i} \mu_{\boldsymbol{n}}(Z)|_{Z=X}, x \right\rangle = \omega(v, x \cdot X)
$$

が従う．

　最後に 4.1.3 節で見たように $(T\mu_{\boldsymbol{n}})_X(v) = \sum_{i=1}^N v_i \frac{\partial}{\partial Z_i} \mu_{\boldsymbol{n}}(Z)|_{Z=X}$ であったことから求める等式が得られる． $\qquad \square$

5.2.8　箙多様体

　$\mathrm{Rep}(\overline{Q}, \boldsymbol{n})^{\mathrm{irr}}$ で $\mathrm{Rep}(\overline{Q}, \boldsymbol{n})$ の既約表現全体のなす集合を表すことにする．キングの定理（定理 5.72）よりこれは $\mathrm{Rep}(\overline{Q}, \boldsymbol{n})$ の $\mathbb{P}G(\boldsymbol{n})$ 安定点全体の集合 $\mathrm{Rep}(\overline{Q}, \boldsymbol{n})^s$ と一致し，このことから事実 5.49 を用いると $\mathrm{Rep}(\overline{Q}, \boldsymbol{n})^{\mathrm{irr}}$ は空集合でなければ複素多様体 $\mathrm{Rep}(\overline{Q}, \boldsymbol{n})$ の開部分多様体であることがわかる．また表現の既約性は同型で保たれるので $\mathrm{Rep}(\overline{Q}, \boldsymbol{n})^{\mathrm{irr}}$ は $G(\boldsymbol{n})$ 多様体となる．運動量写像を $\mathrm{Rep}(\overline{Q}, \boldsymbol{n})^{\mathrm{irr}}$ に制限したものを $\mu_{\boldsymbol{n}}^{\mathrm{irr}} \colon \mathrm{Rep}(\overline{Q}, \boldsymbol{n})^{\mathrm{irr}} \to M(\boldsymbol{n})$ と書くことにしよう．

定義 5.80 (箙多様体)．　箙 Q の頂点の個数を $|Q_0|$ で表す．$\lambda = (\lambda_i)_{i \in Q_0} \in \mathbb{C}^{|Q_0|}$ に対して定まる $(\lambda_i E_{n_i})_{i \in Q_0} \in M(\boldsymbol{n})$ も同じ記号 λ で表すことにする．また $(\mu_{\boldsymbol{n}}^{\mathrm{irr}})^{-1}(\lambda) \neq \emptyset$ と仮定する．このとき $G(\boldsymbol{n})$ 作用による商空間

$$
\mathcal{M}_\lambda^s(Q, \boldsymbol{n}) := G(\boldsymbol{n}) \backslash (\mu_{\boldsymbol{n}}^{\mathrm{irr}})^{-1}(\lambda)
$$

を**籏多様体**とよぶことにする[*11]。

籏多様体が実際に複素多様体となっていることを確かめていこう。まずキングの定理（定理 5.72）と事実 5.50 から $\mathbb{P}G(\boldsymbol{n})$ の $\mathrm{Rep}(\overline{Q}, \boldsymbol{n})^{\mathrm{irr}}$ への作用は自由かつ固有である。また運動量写像が $G(\boldsymbol{n})$ 多様体の射であることと，$G(\boldsymbol{n}) \cdot \lambda = \lambda$ となることから，$(\mu_{\boldsymbol{n}}^{\mathrm{irr}})^{-1}(\lambda)$ は $G(\boldsymbol{n})$ の作用で閉じている。従って $(\mu_{\boldsymbol{n}}^{\mathrm{irr}})^{-1}(\lambda)$ が $\mathrm{Rep}(\overline{Q}, \boldsymbol{n})^{\mathrm{irr}}$ の部分多様体であることがわかれば，定理 5.36 より籏多様体 $\mathcal{M}_{\lambda}^{s}(Q, \boldsymbol{n})$ が複素多様体となることがわかる。

$(\mu_{\boldsymbol{n}}^{\mathrm{irr}})^{-1}(\lambda)$ が $\mathrm{Rep}(\overline{Q}, \boldsymbol{n})^{\mathrm{irr}}$ の部分多様体であることは $\mathbb{P}G(\boldsymbol{n})$ の $\mathrm{Rep}(\overline{Q}, \boldsymbol{n})^{\mathrm{irr}}$ への作用が自由であることから次のように示すことができる。まず次の補題を用意する。

補題 5.81. $X \in \mathrm{Rep}(\overline{Q}, \boldsymbol{n})^{\mathrm{irr}}$ とする。このとき $x \in \mathfrak{sl}(\boldsymbol{n})$ に対して，$x \cdot X = 0$ となるためには $x = 0$ であることが必要かつ十分である。

証明. 十分性は明らかなので，必要性を示す。$x \in \mathfrak{sl}(\boldsymbol{n})$, $X \in \mathrm{Rep}(\overline{Q}, \boldsymbol{n})^{\mathrm{irr}}$ に対して $x \cdot X = 0$ が成り立つと仮定しよう。このとき $\mathbb{P}G(\boldsymbol{n})$ の $\mathrm{Rep}(\overline{Q}, \boldsymbol{n})^{\mathrm{irr}}$ への作用は自由であったので，$\mathrm{Stab}_{G(\boldsymbol{n})}(X) = \mathbb{C}^{\times}$ となっている。また $0 = x \cdot X = \frac{d}{dt}(\exp(tx) \cdot X)|_{t=0}$ であるから，正則写像 $\mathbb{C} \ni t \mapsto \exp(tx) \cdot X$ は定数関数となる。従って $t = 0$ での値を考えれば，$\exp(tx) \cdot X = X$, $t \in \mathbb{C}$ となる。よって $\exp(tx) \in \mathrm{Stab}_{G(\boldsymbol{n})}(X) = \mathbb{C}^{\times}$ となるが，$x \in \mathfrak{sl}(\boldsymbol{n})$ であったことから $x = 0$ が従う。 $\square$

次の命題から $(\mu_{\boldsymbol{n}}^{\mathrm{irr}})^{-1}(\lambda) \neq \emptyset$ ならば λ は運動量写像の正則値であることがわかる。

命題 5.82. $\mathrm{Rep}(\overline{Q}, \boldsymbol{n})^{\mathrm{irr}} \neq \emptyset$ であると仮定する。このとき運動量写像 $\mu_{\boldsymbol{n}}^{\mathrm{irr}} \colon \mathrm{Rep}(\overline{Q}, \boldsymbol{n})^{\mathrm{irr}} \to M(\boldsymbol{n})$ は沈め込みである。

証明. 命題 5.79 より，$X \in \mathrm{Rep}(\overline{Q}, \boldsymbol{n})^{\mathrm{irr}}$, $v \in T_X \mathrm{Rep}(\overline{Q}, \boldsymbol{n})^{\mathrm{irr}}$, $x \in \mathfrak{sl}(\boldsymbol{n})$ に対して等式

$$\langle (T\mu_{\boldsymbol{n}})_X(v), x \rangle = \omega(v, x \cdot X)$$

が成立する。このとき $\mathrm{Rep}(\overline{Q}, \boldsymbol{n})^{\mathrm{irr}}$ は $\mathrm{Rep}(\overline{Q}, \boldsymbol{n})$ の開部分多様体であったので，$T_X \mathrm{Rep}(\overline{Q}, \boldsymbol{n})^{\mathrm{irr}} = T_X \mathrm{Rep}(\overline{Q}, \boldsymbol{n})$ であり，また $M(\boldsymbol{n})$ の非退化双線形式 $\langle , \rangle$ は $\mathfrak{sl}(\boldsymbol{n})$ に制限しても非退化となることに注意しておく。このとき $(T\mu_{\boldsymbol{n}})_X$ は全射となることが次のようにわかる。もし全射でないとすれば $\langle , \rangle$ が $\mathfrak{sl}(\boldsymbol{n})$ で非退化であったことから，0 でない $x \in \mathfrak{sl}(\boldsymbol{n})$ が存在して

[*11] 一般に籏多様体とは，中島 [22] で定義された**中島籏多様体**とよばれる超ケーラー (Kähler) 代数多様体のことを指すことが多い。ここで定義したものはその中島籏多様体の一種となっている。また逆にここで定義した籏多様体によって中島籏多様体と同型な多様体が構成できることもクローレー–ボーベイ [4] によって知られている。

$\langle (T\mu_{\boldsymbol{n}})_X(v), x \rangle = 0$, すなわち $\omega(v, x \cdot X) = 0$ が任意の $v \in \mathrm{Rep}(\overline{Q}, \boldsymbol{n})$ で成立する. 一方 $x \neq 0$ より補題 5.81 から $x \cdot X \neq 0$ であるが, これは ω が非退化であることに矛盾する. $\qquad\square$

よって λ が運動量写像の正則値であることがわかったので, 命題 5.7 より $(\mu_{\boldsymbol{n}}^{\mathrm{irr}})^{-1}(\lambda)$ が $\mathrm{Rep}(\overline{Q}, \boldsymbol{n})^{\mathrm{irr}}$ の部分多様体である. 以上のことから箙多様体 $\mathcal{M}_{\lambda}^{\mathrm{s}}(Q, \boldsymbol{n})$ は複素多様体となることがわかった.

5.2.9 鏡映関手

本節では鏡映関手とよばれる箙多様体の間の写像について紹介をする. これは $\mathrm{Rep}(Q, V)$ においてベルンシュタイン–ゲルファント–ポノマレフ (Bernstein–Gelfand–Ponomarev) 鏡映関手とよばれているものを, 2 重箙の表現, 特に箙多様体に拡張したもので, ランプ (Rump) [26], 中島 [23], クローレー-ボーベイ–ホランド (Crawley-Boevey–Holland) [6] らによって定義された.

箙多様体を定義する際に行列のなす表現空間 $\mathrm{Rep}(\overline{Q}, \boldsymbol{n})$ の上で運動量写像を考えたが, 一般の表現空間 $\mathrm{Rep}(\overline{Q}, V)$ でも同様なものを定義しておこう. $V = (V_i)_{i \in Q_0}$ を $\mathbb{C}$-ベクトル空間の族として, 運動量写像 $\mu_V \colon \mathrm{Rep}(\overline{Q}, V) \to \prod_{i \in Q_0} \mathrm{End}_{\mathbb{C}}(V_i)$ を

$$
\begin{array}{ccc}
\mathrm{Rep}(\overline{Q}, V) & \longrightarrow & \prod_{i \in Q_0} \mathrm{End}_{\mathbb{C}}(V_i) \\[2mm]
(X_a, X_{a^*})_{a \in Q_1} & \longmapsto & \left(\displaystyle\sum_{\substack{a \in Q_1 \\ h(a)=i}} X_a \circ X_{a^*} - \sum_{\substack{a \in Q_1 \\ t(a)=i}} X_{a^*} \circ X_a \right)_{i \in Q_0}
\end{array}
$$

によって定義し, またこの運動量写像による $\lambda = (\lambda_i \, \mathrm{id}_{V_i})_{i \in Q_0}$, $\lambda_i \in \mathbb{C}$ の逆像を $\mathrm{Rep}_{\lambda}(\overline{Q}, V) := \mu_V^{-1}(\lambda)$ と表すことにする.

命題 5.83. $X \in \mathrm{Rep}_{\lambda}(\overline{Q}, V)$ とする. $Y \in \mathrm{Rep}(\overline{Q}, W)$ が X の部分表現, または商表現であるとすると, $Y \in \mathrm{Rep}_{\lambda}(\overline{Q}, W)$ である.

証明. Y が X の商表現である場合を考える. 部分表現の場合も証明は同様である. 商表現であることから表現の射 $f \colon X \to Y$ で各成分 $f_i \colon V_i \to W_i$ が全て全射となるものが存在する. このとき各頂点 $i \in Q_0$ に対して,

$$
\left(\sum_{\substack{a \in Q_1 \\ h(a)=i}} Y_a \circ Y_{a^*} - \sum_{\substack{a \in Q_1 \\ t(a)=i}} Y_{a^*} \circ Y_a \right) \circ f_i
$$

$$
= \sum_{\substack{a \in Q_1 \\ h(a)=i}} Y_a \circ Y_{a^*} \circ f_i - \sum_{\substack{a \in Q_1 \\ t(a)=i}} Y_{a^*} \circ Y_a \circ f_i
$$

$$
= \sum_{\substack{a \in Q_1 \\ h(a)=i}} f_i \circ X_a \circ X_{a^*} - \sum_{\substack{a \in Q_1 \\ t(a)=i}} f_i \circ X_{a^*} \circ X_a
$$

$$= f_i \circ \lambda_i \operatorname{id}_{V_i} = \lambda_i \operatorname{id}_{W_i} \circ f_i$$

が成り立つ. f_i は全射だったので, $\sum_{\substack{a \in Q_1 \\ h(a)=i}} Y_a \circ Y_{a^*} - \sum_{\substack{a \in Q_1 \\ t(a)=i}} Y_{a^*} \circ Y_a = \lambda_i \operatorname{id}_{W_i}$ が得られる. □

箙 Q の頂点 $i \in Q_0$ として $\lambda_i \neq 0$ なるものをとってくる. また頂点 $i \in Q_0$ は辺ループを持たないとする. 辺ループとは矢 $a \in Q_1$ であって $t(a) = h(a)$ となるもののことである. 2 重箙 $\overline{Q}$ には $a \in Q_1$ とその反転 a^* が同数あるので, 適当に a と a^* を交換しても 2 重箙 $\overline{Q}$ 自身は変わらない. また a と a^* を入れ替えるときに, X_a を X_{a^*} に移し, X_{a^*} を $-X_a$ に移すことで $\operatorname{Rep}_\lambda(\overline{Q}, V)$ も変わらない. 従って以下 Q は上で選んだ頂点 i を始点する矢を持たないと仮定しておく.

$(X_a, X_{a^*}) \in \operatorname{Rep}_\lambda(\overline{Q}, V)$ に対して, 新しい $\overline{Q}$ の表現を次のように定義する. まずベクトル空間の族 $(W_j)_{j \in Q_0}$ を $j \neq i$ に対しては $W_j := V_j$ と定めて, W_i を線形写像

$$
\begin{array}{ccc}
\bigoplus_{\substack{a \in Q_1 \\ h(a)=i}} X_a \colon & \bigoplus_{\substack{a \in Q_1 \\ h(a)=i}} V_{t(a)} & \longrightarrow & V_i \\[2mm]
& (v_{t(a)}) & \longmapsto & \sum_{\substack{a \in Q_1 \\ h(a)=i}} X_a(v_{t(a)})
\end{array}
$$

の核として $W_i := \operatorname{Ker}\left(\bigoplus_{\substack{a \in Q_1 \\ h(a)=i}} X_a\right)$ と定める. このように得られたベクトル空間の族を $s_i(V) := (W_j)_{j \in Q_0}$ と書くことにする.

注意 5.84. $\lambda_i \neq 0$ から線形写像 $\bigoplus_{\substack{a \in Q_1 \\ h(a)=i}} X_a$ は全射なので, $\dim_{\mathbb{C}} W_i$ は (X_a, X_{a^*}) の選び方によらない. すなわち $s_i(V)$ の次元ベクトル $\underline{\dim} s_i(V) = (\dim_{\mathbb{C}} W_j)_{j \in Q_0}$ は (X_a, X_{a^*}) によらず頂点 i のみで決まる.

さて W_i によってベクトル空間の短完全列

$$\{0\} \to W_i \hookrightarrow \bigoplus_{\substack{a \in Q_1 \\ h(a)=i}} V_{t(a)} \xrightarrow{\bigoplus_{\substack{a \in Q_1 \\ h(a)=i}} X_a} V_i \to \{0\}$$

が得られるが, この逆向きの短完全列 $\{0\} \leftarrow W_i \leftarrow \bigoplus_{\substack{a \in Q_1 \\ h(a)=i}} V_{t(a)} \leftarrow V_i \leftarrow \{0\}$ が写像

$$
\begin{array}{ccc}
\bigoplus_{\substack{a \in Q_1 \\ h(a)=i}} X_{a^*} \colon & V_i & \longrightarrow & \bigoplus_{\substack{a \in Q_1 \\ h(a)=i}} V_{t(a)} \\[2mm]
& v_i & \longmapsto & \sum_{\substack{a \in Q_1 \\ h(a)=i}} X_{a^*}(v_i)
\end{array}
$$

を用いて以下のように得られる.

命題 5.85. $f^* \colon W_i \hookrightarrow \bigoplus_{\substack{a \in Q_1 \\ h(a)=i}} V_{t(a)}$ を包含写像とし,

$$f := \left(\bigoplus_{\substack{a \in Q_1 \\ h(a)=i}} X_{a^*} \right) \circ \left(\bigoplus_{\substack{a \in Q_1 \\ h(a)=i}} X_a \right) - \lambda_i \, \mathrm{id}_{\bigoplus_{\substack{a \in Q_1 \\ h(a)=i}} V_{t(a)}}$$

とおく．さらに

$$g := \bigoplus_{\substack{a \in Q_1 \\ h(a)=i}} X_a, \qquad\qquad g^* := \bigoplus_{\substack{a \in Q_1 \\ h(a)=i}} X_{a^*}$$

とおく．このとき図式

$$\{0\} \longrightarrow W_i \xrightarrow{f^*} \bigoplus_{\substack{a \in Q_1 \\ h(a)=i}} V_{t(a)} \xrightarrow{g} V_i \longrightarrow \{0\}$$

は可換であり，水平の列は共に完全列である．

証明．写像の等式

$$\left(\bigoplus_{\substack{a \in Q_1 \\ h(a)=i}} X_a \right) \circ \left(\bigoplus_{\substack{a \in Q_1 \\ h(a)=i}} X_{a^*} \right) = \lambda_i \, \mathrm{id}_{V_i} \tag{5.10}$$

と $W_i = \mathrm{Ker} \left(\bigoplus_{\substack{a \in Q_1 \\ h(a)=i}} X_a \right)$ であったことから，

$$f \circ f^* = -\lambda_i \, \mathrm{id}_{W_i}, \quad g \circ g^* = \lambda_i \, \mathrm{id}_{V_i} \tag{5.11}$$

が得られ，図式の可換性が従う．

　次に完全性であるが，上の列の完全性は既に見たので，下の列の完全性を確かめればよい．既に示した等式 (5.11) より f は単射，g^* が単射であることがわかる．そして

$$f \circ g^*$$

$$= \left(\left(\bigoplus_{\substack{a \in Q_1 \\ h(a)=i}} X_{a^*} \right) \circ \left(\bigoplus_{\substack{a \in Q_1 \\ h(a)=i}} X_a \right) - \lambda_i \, \mathrm{id}_{\bigoplus_{\substack{a \in Q_1 \\ h(a)=i}} V_{t(a)}} \right) \circ \bigoplus_{\substack{a \in Q_1 \\ h(a)=i}} X_{a^*}$$

$$= \left(\bigoplus_{\substack{a \in Q_1 \\ h(a)=i}} X_{a^*} \right) \circ \lambda_i \, \mathrm{id}_{V_i} - \lambda_i \, \mathrm{id}_{\bigoplus_{\substack{a \in Q_1 \\ h(a)=i}} V_{t(a)}} \circ \bigoplus_{\substack{a \in Q_1 \\ h(a)=i}} X_{a^*}$$

$$= 0$$

より $\mathrm{Im}\, g^* \subset \mathrm{Ker}\, f$ となるが，上の列が完全列であったことより，

$\dim_{\mathbb{C}} \bigoplus_{\substack{a \in Q_1 \\ h(a)=i}} V_{t(a)} = \dim_{\mathbb{C}} V_i + \dim_{\mathbb{C}} W_i$ なので，$\dim_{\mathbb{C}} \operatorname{Im} g^* = \dim_{\mathbb{C}} V_i =$
$\dim_{\mathbb{C}} \bigoplus_{\substack{a \in Q_1 \\ h(a)=i}} V_{t(a)} - \dim_{\mathbb{C}} V_i = \dim_{\mathbb{C}} \operatorname{Ker} f$ となって $\operatorname{Im} g^* = \operatorname{Ker} f$ がわかる. $\qquad \square$

この命題に基づいて $\operatorname{Rep}(\overline{Q}, s_i(V))$ の表現 (Y_a, Y_{a^*}) を次のように定める．$a \in Q_1$ に対して，まず $h(a) \neq i$ なるものに対しては $Y_a := X_a$, $Y_{a^*} := X_{a^*}$ と定める．また $h(a) = i$ となるときは，Y_a を命題 5.85 における f と包含写像 $\iota_{t(a)} \colon V_{t(a)} \hookrightarrow \bigoplus_{\substack{\alpha \in Q_1 \\ h(\alpha)=i}} V_{t(\alpha)}$ の合成によって

$$Y_a := f \circ \iota_{t(a)}$$
$$= \left(\left(\bigoplus_{\substack{\alpha \in Q_1 \\ h(\alpha)=i}} X_{\alpha^*} \right) \circ \left(\bigoplus_{\substack{\alpha \in Q_1 \\ h(\alpha)=i}} X_\alpha \right) - \lambda_i \operatorname{id}_{\bigoplus_{\substack{\alpha \in Q_1 \\ h(\alpha)=i}} V_{t(\alpha)}} \right) \circ \iota_{t(a)}$$

と定める．そして射影 $\pi_{t(a)} \colon \bigoplus_{\substack{\alpha \in Q_1 \\ h(\alpha)=i}} V_{t(\alpha)} \to V_{t(a)} = W_{h(a^*)}$ と包含写像 $f^* \colon W_i \hookrightarrow \bigoplus_{\substack{\alpha \in Q_1 \\ h(\alpha)=i}} V_{t(\alpha)}$ を合成することで

$$Y_{a^*} := \pi_{t(a)} \circ f^* \colon W_i \longrightarrow W_{h(a^*)}$$

と定める．以上のように定義される表現空間の間の写像を $\overline{\sigma}_i \colon \operatorname{Rep}_\lambda(\overline{Q}, V) \ni (X_a, X_{a^*}) \longmapsto (Y_a, Y_{a^*}) \in \operatorname{Rep}(\overline{Q}, s_i(V))$ と表すことにする．

補題 5.86. 頂点 i に向かう Q の矢の始点の集合を $T_i := \{ t(a) \mid a \in Q_1, h(a) = i \}$ と表す．また $j \in T_i$ に対して j から i に向かう Q の矢の本数を $k_{j \to i}$ とおく．このとき上のように定めた $(Y_a, Y_{a^*}) \in \operatorname{Im}(\overline{\sigma}_i)$ に対して

$$\sum_{\substack{a \in Q_1 \\ h(a)=j}} Y_a \circ Y_{a^*} - \sum_{\substack{a \in Q_1 \\ t(a)=j}} Y_{a^*} \circ Y_a = \begin{cases} \lambda_j \operatorname{id}_{W_j} & j \notin T_i \cup \{i\} \\ -\lambda_i \operatorname{id}_{W_i} & j = i \\ (\lambda_j + k_{j \to i} \cdot \lambda_i) \operatorname{id}_{W_j} & j \in T_i \end{cases}$$

が成り立つ．

証明. $j \notin T_i \cup \{i\}$ の場合は明らか．また，$j = i$ の場合は命題 5.85 で既に見た．最後に $j \in T_i$ とすると，

$$\sum_{\substack{a \in Q_1 \\ h(a)=j}} Y_a \circ Y_{a^*} - \sum_{\substack{a \in Q_1 \\ t(a)=j}} Y_{a^*} \circ Y_a = \sum_{\substack{a \in Q_1 \\ h(a)=j}} X_a \circ X_{a^*} - \sum_{\substack{a \in Q_1 \\ t(a)=j}} X_{a^*} \circ X_a$$
$$- \sum_{\substack{a \in Q_1 \\ t(a)=j, h(a)=i}} \pi_{t(a)} \circ \left(-\lambda_i \operatorname{id}_{\bigoplus_{\substack{\alpha \in Q_1 \\ h(\alpha)=i}} V_{t(\alpha)}} \right) \circ \iota_{t(a)} = (\lambda_j + k_{j \to i} \cdot \lambda_i) \operatorname{id}_{V_j}$$

$$= (\lambda_j + k_{j \to i} \cdot \lambda_i)\, \mathrm{id}_{W_j}$$

が従う. $\qquad\qquad\qquad\qquad\qquad\qquad\qquad\qquad\qquad\qquad\qquad\square$

この補題から $r_i(\lambda) = (\tilde{\lambda}_j)_{j \in Q_0}$ を

$$\tilde{\lambda}_j := \begin{cases} \lambda_j & j \notin T_i \cup \{i\} \\ -\lambda_i & j = i \\ (\lambda_j + k_{j \to i} \cdot \lambda_i) & j \in T_i \end{cases}$$

によって定めると, $\overline{\sigma}_i$ によって写像

$$\overline{\sigma}_i \colon \mathrm{Rep}_\lambda(\overline{Q}, V) \to \mathrm{Rep}_{r_i(\lambda)}(\overline{Q}, s_i(V))$$

が得られることがわかる. この写像 $\overline{\sigma}_i$ を頂点 i における $\overline{Q}$ の**鏡映関手**という.

鏡映関手は関手という名前の通り, 上で定義した表現空間の間の写像に加えて, 次のように定義される表現の射の空間の間の写像との組として考えられることが多い. 表現 $X^{(l)} = (X_a^{(l)}, X_{a^*}^{(l)}) \in \mathrm{Rep}_\lambda(\overline{Q}, V^{(l)})$, $l = 1, 2$ に対して表現の射の空間の間の写像

$$\overline{\sigma}_i \colon \mathrm{Hom}_{\overline{Q}}(X^{(1)}, X^{(2)}) \to \mathrm{Hom}_{\overline{Q}}(\overline{\sigma}_i(X^{(1)}), \overline{\sigma}_i(X^{(2)}))$$

を次のように定義する. $\phi = (\phi_j)_{j \in Q_0} \in \mathrm{Hom}_{\overline{Q}}(X^{(1)}, X^{(2)})$ に対して, $j \neq i$ ならば $\psi_j := \phi_j$ と定める. また写像 $(\phi_{t(a)}) \colon \bigoplus_{\substack{a \in Q_1 \\ h(a) = i}} V_{t(a)}^{(1)} \ni (v_{t(a)}) \mapsto (\phi_{t(a)}(v_{t(a)})) \in \bigoplus_{\substack{a \in Q_1 \\ h(a) = i}} V_{t(a)}^{(2)}$ に対して補題 3.3 より図式

$$\begin{array}{ccccc} W_i^{(1)} & \xrightarrow{(f^{(1)})^*} & \bigoplus_{\substack{a \in Q_1 \\ h(a) = i}} V_{t(a)}^{(1)} & \xrightarrow{g^{(1)}} & V_i^{(1)} \\ \Big\downarrow{\psi_i} & & \Big\downarrow{(\phi_{t(a)})} & & \Big\downarrow{\phi_i} \\ W_i^{(2)} & \xrightarrow{(f^{(2)})^*} & \bigoplus_{\substack{a \in Q_1 \\ h(a) = i}} V_{t(a)}^{(2)} & \xrightarrow{g^{(2)}} & V_i^{(2)} \end{array} \qquad (5.12)$$

を可換にする線形写像 $\psi_i \colon W_i^{(1)} \to W_i^{(2)}$ が唯一つ存在する. ただし図式の中の $W_i^{(l)}$ はベクトル空間の族 $s_i(V^{(l)}) = (W_j^{(l)})_{j \in Q_0}$ の第 i 成分を表し, 図式の各水平列は命題 5.85 の図式における上側の完全列である.

命題 5.87. 上で定めた線形写像の族 $\overline{\sigma}_i(\phi) := (\psi_j)_{j \in Q_0}$ は表現の射 $\overline{\sigma}_i(\phi) \colon \overline{\sigma}_i(X^{(1)}) \to \overline{\sigma}_i(X^{(2)})$ となる.

証明. $h(a) = i$ なる $a \in Q_1$ において $Y_a^{(l)}, Y_{a^*}^{(l)}, l = 1, 2$ と ψ_i との可換性を確かめればよい. $Y_{a^*}^{(l)}, l = 1, 2$ と ψ_i との可換性は上の可換図式そのものである. また補題 3.3 より図式

$$
\begin{array}{ccccc}
W_i^{(1)} & \xleftarrow{\ f^{(1)}\ } & \bigoplus_{\substack{a\in Q_1 \\ h(a)=i}} V_{t(a)}^{(1)} & \xleftarrow{\ (g^{(1)})^*\ } & V_i^{(1)} \\[2ex]
\Big\downarrow{\scriptstyle\psi_i'} & & \Big\downarrow{\scriptstyle(\phi_{t(a)})} & & \Big\downarrow{\scriptstyle\phi_i} \\[2ex]
W_i^{(2)} & \xleftarrow{\ f^{(2)}\ } & \bigoplus_{\substack{a\in Q_1 \\ h(a)=i}} V_{t(a)}^{(2)} & \xleftarrow{\ (g^{(2)})^*\ } & V_i^{(2)}
\end{array}
\tag{5.13}
$$

を可換にする線形写像 $\psi_i' \colon W_i^{(1)} \to W_i^{(2)}$ が唯一つ存在する．ただし図式の各水平列はまた命題 5.85 の図式における下側の完全列である．

これより $Y_a^{(l)}$, $l=1,2$ と ψ_i' との可換性が従うので，$\psi_i=\psi_i'$ がわかればよいことになる．可換図式 (5.12), (5.13) より，$\psi_i'\circ\lambda_i\,\mathrm{id}_{W_i^{(1)}}=\psi_i'\circ f^{(1)}\circ(f^{(1)})^*=f^{(2)}\circ(\phi_{t(a)})\circ(f^{(1)})^*=f^{(2)}\circ(f^{(2)})^*\circ\psi_i=\lambda_i\,\mathrm{id}_{W_i^{(2)}}\circ\psi_i$ が従うので，$\lambda_i\neq 0$ より $\psi_i=\psi_i'$ がわかる． $\square$

注意 5.88. この表現の射に関する鏡映関手は共変関手的である．すなわち表現 $X^{(l)}\in\mathrm{Rep}_\lambda(\overline{Q},V^{(l)})$, $l=1,2,3$ の間の射 $\phi\in\mathrm{Hom}_{\overline{Q}}(X^{(1)},X^{(2)})$, $\psi\in\mathrm{Hom}_{\overline{Q}}(X^{(2)},X^{(3)})$ に対して，

$$
\overline{\sigma}_i(\psi\circ\phi)=\overline{\sigma}_i(\psi)\circ\overline{\sigma}_i(\phi)
$$

が成り立ち，また id_X, $X\in\mathrm{Rep}_\lambda(\overline{Q},V)$ に対しては

$$
\overline{\sigma}_i(\mathrm{id}_X)=\mathrm{id}_{\overline{\sigma}_i(X)}
$$

が成り立つ．

以上で $\mathrm{Rep}_\lambda(\overline{Q},V)$ における鏡映関手を表現の間の写像と表現の射の間の写像の組として定義することができた．鏡映関手は鏡映という名前を冠しているとおり，ユークリッド空間の鏡映変換と深い関係がある．本書ではこれを詳しく紹介することはできないのでデルクセン–ワイマン [7]，キリロフ [18] などを参照して欲しい．ここでは鏡映変換の持つ基本的な性質のうちで，対合性，すなわち $\overline{\sigma}_i\circ\overline{\sigma}_i=\mathrm{id}$ となることを紹介しよう．

定理 5.89. $X\in\mathrm{Rep}_\lambda(\overline{Q},V)$ に対して

$$
\overline{\sigma}_i\circ\overline{\sigma}_i(X)=X
$$

が成立する．さらに $X^{(l)}\in\mathrm{Rep}_\lambda(\overline{Q},V^{(l)})$, $l=1,2$ の間の射 $\phi\in\mathrm{Hom}_{\overline{Q}}(X^{(1)},X^{(2)})$ に対して，

$$
\overline{\sigma}_i\circ\overline{\sigma}_i(\phi)=\phi
$$

が成立する．

証明. $X\in\mathrm{Rep}(\overline{Q},V)$ に対して $Z=\overline{\sigma}_i\circ\overline{\sigma}_i(X)$ とおく．鏡映関手は i 以外の頂点では何もしないので，頂点 i のみに注目する．命題 5.85 より可換図式

$$
\begin{array}{ccccccccc}
\{0\} & \longrightarrow & W_i & \xrightarrow{f^*} & \bigoplus_{\substack{a\in Q_1\\ h(a)=i}} V_{t(a)} & \xrightarrow{g} & V_i & \longrightarrow & \{0\} \\
& & \downarrow{\scriptstyle -\lambda_i\,\mathrm{id}_{W_i}} & & \| & & \uparrow{\scriptstyle \lambda_i\,\mathrm{id}_{V_i}} & & \\
\{0\} & \longleftarrow & W_i & \xleftarrow{f} & \bigoplus_{\substack{a\in Q_1\\ h(a)=i}} V_{t(a)} & \xleftarrow{g^*} & V_i & \longleftarrow & \{0\} \\
& & \uparrow{\scriptstyle \tilde{\lambda}_i\,\mathrm{id}_{W_i}} & & \| & & \downarrow{\scriptstyle -\tilde{\lambda}_i\,\mathrm{id}_{V_i}} & & \\
\{0\} & \longrightarrow & W_i & \xrightarrow{\widetilde{f^*}} & \bigoplus_{\substack{a\in Q_1\\ h(a)=i}} V_{t(a)} & \xrightarrow{\widetilde{g}} & V_i & \longrightarrow & \{0\}
\end{array}
$$

が

$$
\widetilde{f^*}:=\bigoplus_{\substack{a\in Q_1\\ h(a)=i}} Y_{a^*},\ \widetilde{g}:=\left(\bigoplus_{\substack{a\in Q_1\\ h(a)=i}} Y_{a^*}\right)\circ\left(\bigoplus_{\substack{a\in Q_1\\ h(a)=i}} Y_{a}\right)-\tilde{\lambda}_i\,\mathrm{id}_{\bigoplus_{\substack{a\in Q_1\\ h(a)}}}
$$

とおくことで得られるが，実はこのとき $\widetilde{f^*}=f^*$, $\widetilde{g}=g$ が成り立つ．実際，Y_{a^*} の定義を思い出すと，$\widetilde{f^*}=\bigoplus_{\substack{a\in Q_1\\ h(a)=i}} Y_{\alpha^*}=\bigoplus_{\substack{a\in Q_1\\ h(a)=i}} \pi_{t(a)}\circ f^*=f^*$ がわかる．また，図式の可換性から任意の $u\in\bigoplus_{\substack{a\in Q_1\\ h(a)=i}} V_{t(a)}$ に対して $(v,w)\in V_i\oplus W_i$ が唯一つ存在して $u=f^*(v)+g^*(w)$ と書ける．これより $g(u)=g(f^*(v)+g^*(w))=g(g^*(w))=\lambda_i w$ となる．一方 $\widetilde{f^*}=f^*$ だったことから，$\widetilde{g}(u)=\widetilde{g}(\widetilde{f^*}(v)+g^*(w))=\widetilde{g}(g^*(w))=-\tilde{\lambda}_i w=\lambda_i w$ が得られる．すなわち $g(u)=\widetilde{g}(u)$ となるので $g=\widetilde{g}$ もわかる．

従って

$$
Z_a=\widetilde{g}\circ\iota_{t(a)}=g\circ\iota_{t(a)}=X_a,\quad Z_{a^*}=\pi_{t(a)}\circ\widetilde{g^*}=\pi_{t(a)}\circ\bigoplus_{\substack{\alpha\in Q_1\\ h(\alpha)=i}} X_{\alpha^*}=X_{a^*}
$$

となるので，$\overline{\sigma_i}\circ\overline{\sigma_i}(X)=X$ がわかった．

では表現の射 $\phi\in\mathrm{Hom}_{\overline{Q}}(X^{(1)},X^{(2)})$ について考えよう．こちらも頂点 i のみに注目すればよい．$\overline{\sigma_i}(\phi)=(\psi_j)_{j\in Q_0}$ の第 i 成分 ψ_i は図式 (5.12) を可換にする唯一の線形写像であった．そして $\overline{\sigma_i}\circ\overline{\sigma_i}(\phi)=(\phi'_j)_{j\in Q_0}$ の第 i 成分 $\phi'_i\colon V_i\to V_i$ は

$$
\begin{array}{ccccc}
W_i^{(1)} & \xrightarrow{\widetilde{(f^{(1)})^*}} & \bigoplus_{\substack{a\in Q_1\\ h(a)=i}} V_{t(a)}^{(1)} & \xrightarrow{\widetilde{g^{(1)}}} & V_i^{(1)} \\
\downarrow{\scriptstyle \psi_i} & & \downarrow{\scriptstyle (\phi_{t(a)})} & & \downarrow{\scriptstyle \phi'_i} \\
W_i^{(2)} & \xrightarrow{\widetilde{(f^{(2)})^*}} & \bigoplus_{\substack{a\in Q_1\\ h(a)=i}} V_{t(a)}^{(2)} & \xrightarrow{\widetilde{g^{(2)}}} & V_i^{(2)}
\end{array}
$$

を可換にする唯一の線形写像である．しかし上で示したことから $\widetilde{(f^{(l)})^*}=(f^{(l)})^*$, $\widetilde{g^{(l)}}=g^{(l)}$, $l=1,2$ であるからこの可換図式は図式 (5.12) と一致する．従って ϕ'_i が図式を可換にする唯一の写像であったことから，$\phi'_i=\phi_i$ とな

る．よって $\overline{\sigma_i} \circ \overline{\sigma_i}(\phi) = \phi$ がわかった． $\qquad\square$

この定理から鏡映関手は以下のような性質を持つことがすぐにわかる．

系 5.90. 1. 表現空間の間の写像としての鏡映関手 $\overline{\sigma_i} \colon \mathrm{Rep}_\lambda(\overline{Q}, V) \to \mathrm{Rep}_{r_i(\lambda)}(\overline{Q}, s_i(W))$ は全単射である．また特に零表現 0 に対しては $\overline{\sigma_i}(0) = 0$ となり，逆に $\overline{\sigma_i}(X) = 0$ ならば $X = 0$ も成立する．

2. $X^{(l)} \in \mathrm{Rep}_\lambda(\overline{Q}, V^{(l)})$, $l = 1, 2$ に対して表現の射の空間の写像としての鏡映関手 $\overline{\sigma_i} \colon \mathrm{Hom}_{\overline{Q}}(X^{(1)}, X^{(2)}) \to \mathrm{Hom}_{\overline{Q}}(\overline{\sigma_i}(X^{(1)}), \overline{\sigma_i}(X^{(2)}))$ は全単射である．

   特に $\phi = (\phi_j) \in \mathrm{Hom}_{\overline{Q}}(X^{(1)}, X^{(2)})$ が単射，すなわち全ての ϕ_j が単射ならば，$\overline{\sigma_i}(\phi)$ も単射となる．同様に $\phi = (\phi_j) \in \mathrm{Hom}_{\overline{Q}}(X^{(1)}, X^{(2)})$ が全射ならば，$\overline{\sigma_i}(\phi)$ も全射となる．

3. $X^{(l)} \in \mathrm{Rep}_\lambda(\overline{Q}, V^{(l)})$, $l = 1, 2$ が同型ならば $\overline{\sigma_i}(X^{(l)})$, $l = 1, 2$ も同型である．

証明. 鏡映関手が全単射となるのは上の定理から明らか．また表現の射としての単射性と全射性が鏡映関手で保存されることを見るには，次のことを思い出せばよい．集合 X, Y の間の写像 $f \colon X \to Y$ が単射であるためには，任意の集合 Z と写像 $g_1, g_2 \colon Z \to X$ に対して $f \circ g_1 = f \circ g_2$ ならば $g_1 = g_2$ が成り立つことが必要十分である．一方 f が全射であるためには，任意の集合 Z と写像 $h_1, h_2 \colon Y \to Z$ に対して $h_1 \circ f = h_2 \circ f$ ならば $h_1 = h_2$ が成り立つことが必要十分である．射の空間の間の鏡映関手が全単射であることから $\phi \in \mathrm{Hom}_{\overline{Q}}(X^{(1)}, X^{(2)})$ が上記の条件を満たせば，$\overline{\sigma_i}(\phi)$ も同様の条件を満たす．

最後に $X^{(l)} \in \mathrm{Rep}_\lambda(\overline{Q}, V^{(l)})$, $l = 1, 2$ が同型であるとしてその同型射を $\phi \colon X^{(1)} \to X^{(2)}$ としよう．このとき上で示したことから $\overline{\sigma_i}(\phi) \colon \overline{\sigma_i}(X^{(1)}) \to \overline{\sigma_i}(X^{(2)})$ も同型となる． $\qquad\square$

これら鏡映関手の性質から次のことがすぐにわかる．

系 5.91. $X \in \mathrm{Rep}_\lambda(\overline{Q}, V)$ が既約表現ならば $\overline{\sigma_i}(X) \in \mathrm{Rep}_{r_i(\lambda)}(\overline{Q}, s_i(V))$ も既約表現である．またこの逆も成立する．

証明. X が 0 でない表現 $Y \in \mathrm{Rep}(\overline{Q}, W)$ と表現の単射 $\phi \colon Y \to X$ によって，Y を部分表現に持つとすると命題 5.83 より $Y \in \mathrm{Rep}_\lambda(\overline{Q}, W)$ である．このとき上の系より $\overline{\sigma_i}(Y) \in \mathrm{Rep}_{r_i(\lambda)}(\overline{Q}, s_i(W))$ は単射 $\overline{\sigma_i}(\phi) \colon \overline{\sigma_i}(Y) \to \overline{\sigma_i}(X)$ によって $\overline{\sigma_i}(X)$ の部分表現となる．同様にして Y' が $\overline{\sigma_i}(X)$ の 0 でない部分表現ならば，$\overline{\sigma_i}(Y')$ が $\overline{\sigma_i} \circ \overline{\sigma_i}(X) = X$ の 0 でない部分表現となることもわかる．さらに鏡映関手が射の全射性を保つことから，X と Y が同型となることと，$\overline{\sigma_i}(Y)$ と $\overline{\sigma_i}(X)$ が同型となることは同値である．以上より X の既約性と

$\overline{\sigma_i}(X)$ の既約性が同値となることがわかる. $\qquad\qquad\qquad\square$

以上のことから籏多様体 $\mathcal{M}^s_\lambda(Q, \boldsymbol{n})$ の上に鏡映関手を次のように定義できる. $\boldsymbol{n} = (n_j)_{j \in Q_0}$ に対してベクトル空間の族 $s_i((\mathbb{C}^{n_j})_{j \in Q_0})$ の次元ベクトルを $s_i(\boldsymbol{n}) := \underline{\dim} s_i((\mathbb{C}^{n_j})_{j \in Q_0})$ とおくことにする. そして $s_i((\mathbb{C}^{n_j})_{j \in Q_0})$ の基底を適当に選ぶことで $\mathrm{Rep}_{r_i(\lambda)}(\overline{Q}, s_i((\mathbb{C}^{n_j})_{j \in Q_0}))$ と $\mu^{-1}_{s_i(\boldsymbol{n})}(r_i(\lambda))$ を同一視しておく. すると鏡映関手により写像 $\overline{\sigma_i} : \mu^{-1}_{\boldsymbol{n}}(\lambda) = \mathrm{Rep}_\lambda(\overline{Q}, \boldsymbol{n}) \to \mathrm{Rep}_{r_i(\lambda)}(\overline{Q}, s_i((\mathbb{C}^{n_j})_{j \in Q_0})) = \mu^{-1}_{s_i(\boldsymbol{n})}(r_i(\lambda))$ が定まり, 特に鏡映関手は表現の既約性を保つことから, 写像 $\overline{\sigma_i} : (\mu^{\mathrm{irr}}_{\boldsymbol{n}})^{-1}(\lambda) \to (\mu^{\mathrm{irr}}_{s_i(\boldsymbol{n})})^{-1}(r_i(\lambda))$ が得られる. 最後に鏡映関手が表現の同型類を同型類に移すことから, これは籏多様体の間の写像

$$\sigma_i : \mathcal{M}^s_\lambda(Q, \boldsymbol{n}) \to \mathcal{M}^s_{r_i(\lambda)}(Q, s_i(\boldsymbol{n}))$$

を誘導する. これを籏多様体における頂点 i に関する**鏡映関手**とよぶ.

注意 5.92. 命題 5.85 の可換図式における各ベクトル空間の基底を適当に決めて f, f^*, g, g^* をすべて行列とみなしておく. このとき行列 $g = \bigoplus_{\substack{a \in Q_1 \\ h(a) = i}} X_a$, $g^* = \bigoplus_{\substack{a \in Q_1 \\ h(a) = i}} X_{a^*}$ から行列 f, f^* を対応させる写像は正則写像である. これより鏡映関手は複素多様体の射と思うことができ, $\sigma_i : \mathcal{M}^s_\lambda(Q, \boldsymbol{n}) \to \mathcal{M}^s_{r_i(\lambda)}(Q, s_i(\boldsymbol{n}))$ は複素多様体としての同型射となる.

5.3　フックス型微分方程式のアクセサリーパラメーターの空間

本節ではフックス型方程式のアクセサリーパラメーターという概念を導入して, これらアクセサリーパラメーターのなす空間が籏多様体と同一視できるというクローレー-ボーベイ[5]による結果を紹介しよう. さらにこの同一視によってフックス型方程式のミドルコンボリューションが籏多様体の鏡映関手として実現できることを紹介する.

5.3.1　フックス型微分方程式のアクセサリーパラメーターの空間

定理 4.18 において微分方程式の特異点近傍における同型類は局所モノドロミー行列の共役類によって決定されることを見た. 特に $\partial_z w = (\frac{A_{-1}}{z-a} + A_0 + A_1(z-a) + \cdots) w$ というような $z = a$ を第一種特異点に持つ微分方程式の場合は定理 4.24 によればそのモノドロミー行列は, 留数行列 A_{-1} の固有値に関する緩やかな仮定の元で, モノドロミー行列の共役類が A_{-1} の共役類によって決定できた.

全ての特異点が第一種特異点であるフックス型方程式

$$\partial_z w = \sum_{a \in D^o} \frac{A_a}{z-a} w \quad (A_a \in M_n(\mathbb{C}))$$

に対して各留数行列 $A_a, a \in D$ の共役類を $C_a := \{g \cdot A_a \cdot g^{-1} \in M_n(\mathbb{C}) \mid g \in \mathrm{GL}_n(\mathbb{C})\}$ とおいて，集合

$$\overline{\mathfrak{M}}((C_a)_{a \in D}) := \left\{ \partial_z w = \sum_{a \in D^o} \frac{B_a}{z-a} w \;\middle|\; B_a \in C_a, \, a \in D \right\}$$

を考えよう．定理 4.24 の下では，この集合 $\overline{\mathfrak{M}}((C_a)_{a \in D})$ は $\partial_z w = \sum_{a \in D^o} \frac{A_a}{z-a} w$ と各点 $a \in D$ の近傍で同型であるようなフックス型方程式全体の集合と思うことができる．また微分形式 $\sum_{a \in D^o} \frac{A_a}{z-a} dz$ は $\mathbb{P}^1(\mathbb{C})$ 上で高々極を持つ有理型な微分形式なので，$\mathrm{GL}_n(\mathcal{O}(\mathbb{P}^1(\mathbb{C})))$ の作用 $g \cdot \left(\sum_{a \in D^o} \frac{A_a}{z-a} dz \right) \cdot g^{-1} + (dg) \cdot g$, $g \in \mathrm{GL}_n(\mathcal{O}(\mathbb{P}^1(\mathbb{C})))$ を考えることができる．この作用による同型類の空間を

$$\mathfrak{M}((C_a)_{a \in D}) := \mathrm{GL}_n(\mathcal{O}(\mathbb{P}^1(\mathbb{C}))) \backslash \overline{\mathfrak{M}}((C_a)_{a \in D})$$

とおいて，フックス型方程式のアクセサリーパラメーターの空間とよぶ．

$\mathbb{P}^1(\mathbb{C})$ 上の微分方程式であるフックス型方程式の（$\mathrm{GL}_n(\mathcal{O}(\mathbb{P}^1(\mathbb{C})))$ の作用による）同型類は，各特異点近傍の同型類だけからは一般には決定できない．すなわちアクセサリーパラメーターとは特異点近傍の同型類を固定したフックス型方程式の $\mathbb{P}^1(\mathbb{C})$ 上の同型類を決定するパラメーターと考えることができる．

フックス型方程式の空間として定義されたアクセサリーパラメーターの空間であるが，次のように行列のなす空間と同一視することができる．$D^o = \{a_1, \ldots, a_r\}$ と各要素を表して，また $a_0 := \infty$ とおくことにする．すなわち $D = \{a_0, a_1, \ldots, a_r\}$ となっているとする．このとき行列の空間 $M_n(\mathbb{C})^{r+1}$ の部分空間

$$\left\{ (B_{a_i})_{0 \le i \le r} \in M_n(\mathbb{C})^{r+1} \;\middle|\; \begin{array}{l} \sum_{i=0}^r B_{a_i} = 0, \\ B_{a_i} \in C_{a_i}, \, 0 \le i \le r \end{array} \right\}$$

は全単射写像 $(B_{a_i})_{a_i \in D} \mapsto \partial_z w = \sum_{a \in D^o} \frac{B_a}{z-a} w$ によって $\overline{\mathfrak{M}}((C_a)_{a \in D})$ と同一視することができる．さらにリュービルの定理から $\mathbb{P}^1(\mathbb{C})$ 上正則な関数は定数関数となるので，$\mathcal{O}(\mathbb{P}^1(\mathbb{C})) = \mathbb{C}$, すなわち $\mathrm{GL}_n(\mathcal{O}(\mathbb{P}^1(\mathbb{C}))) = \mathrm{GL}_n(\mathbb{C})$ であるから，$g \in \mathrm{GL}_n(\mathcal{O}(\mathbb{P}^1(\mathbb{C}))) = \mathrm{GL}_n(\mathbb{C})$ に対して $dg = 0$ より，

$$g \cdot \left(\sum_{a \in D^o} \frac{A_a}{z-a} dz \right) \cdot g^{-1} + (dg) \cdot g = g \cdot \left(\sum_{a \in D^o} \frac{A_a}{z-a} dz \right) \cdot g^{-1}$$

$$= \sum_{a \in D^o} \frac{g \cdot A_a \cdot g^{-1}}{z-a} dz$$

が成り立つ．従って写像 $\mathrm{GL}_n(\mathbb{C}) \times M_n(\mathbb{C})^{r+1} \ni (g, (B_i)) \mapsto (g \cdot B_i \cdot g^{-1}) \in$

$M_n(\mathbb{C})^{r+1}$ によって $M_n(\mathbb{C})^{r+1}$ に $\mathrm{GL}_n(\mathbb{C})$ の作用を入れると，上の全単射より

$$\mathfrak{M}((C_a)_{a \in D})$$
$$= \mathrm{GL}_n(\mathbb{C}) \Big\backslash \left\{ (B_{a_i})_{0 \le i \le r} \in M_n(\mathbb{C})^{r+1} \;\middle|\; \begin{array}{l} \sum_{i=0}^r B_{a_i} = 0, \\ B_{a_i} \in C_{a_i},\, 0 \le i \le r \end{array} \right\}$$

とみなすことができる．以後アクセサリーパラメーターの空間 $\mathfrak{M}((C_a)_{a \in D})$ はこの右辺の行列の空間の商空間と思って話を進めることにする．

5.3.2 アクセサリーパラメーターの空間と箙多様体

前節で n 次正方行列の共役類の組 $C = (C_{a_i})_{0 \le i \le r}$ に対してフックス型方程式のアクセサリーパラメーターの空間 $\mathfrak{M}(C)$ を定義した．この節ではこの空間と箙多様体との関係を見ていくことにする．まず $(A_i) \in M_n(\mathbb{C})^{r+1}$ が**既約**であるというのを，$A_0, A_1, \ldots, A_r$ が $\mathbb{C}^n$ の非自明な不変部分空間を持たないことと定める．すなわち任意の部分ベクトル空間 $W \subset \mathbb{C}^n$ に対して，$A_i W \subset W$, $i = 0, 1, \ldots, r$ を満たすならば $W = \{0\}$ あるいは $W = \mathbb{C}^n$ となる，ということが成立するとき，(A_i) は既約であるという．そして $\mathfrak{M}(C)$ の部分空間のうちで

$$\mathfrak{M}^{\mathrm{irr}}(C)$$
$$:= \mathrm{GL}_n(\mathbb{C}) \Big\backslash \left\{ (B_{a_i})_{0 \le i \le r} \in M_n(\mathbb{C})^{r+1} \;\middle|\; \begin{array}{l} (B_i) \text{ は既約}, \sum_{i=0}^r B_{a_i} = 0, \\ B_{a_i} \in C_{a_i},\, 0 \le i \le r \end{array} \right\}$$

なるものを考え，これもアクセサリーパラメーターの空間とよぶことにする．

これから共役類の組 $C = (C_{a_i})_{0 \le i \le r}$ から箙を作っていこう．まず次の補題を用意する．

補題 5.93. $(A_i) \in \prod_{i=0}^r C_{a_i}$ に対して，複素数の組 $\xi_{i,1}, \xi_{i,2}, \ldots, \xi_{i,d_i}$, $i = 0, 1, \ldots, r$ を

$$\prod_{j=1}^{d_i} (A_i - \xi_{i,j} E_n) = 0$$

が成り立つようにとってくる．このとき $(B_i) \in M_n(\mathbb{C})^{r+1}$ に対して，$(B_i) \in \prod_{i=0}^r C_{a_i}$ となるためには，

$$\mathrm{rank} \prod_{j=1}^k (A_i - \xi_{i,j} E_n) = \mathrm{rank} \prod_{j=1}^k (B_i - \xi_{i,j} E_n)$$

がすべての $k = 1, 2, \ldots, d_i$, $i = 0, 1, \ldots, r$ で成立することが必要十分である．

証明. A_i と B_i のジョルダン標準形が一致するためには，$\mathrm{rank} \prod_{j=1}^k (A_i - \xi_{i,j} E_n) = \mathrm{rank} \prod_{j=1}^k (B_i - \xi_{i,j} E_n)$ が全ての $k = 1, 2, \ldots, d_i$ で成り立つこと

が必要十分条件なので，この補題が従う. □

この補題 5.93 のように $\xi_{i,j}$ をとってきて，

$$\lambda_{[i,j]} := \xi_{i,j} - \xi_{i,j+1}, \ j = 1, 2, \ldots, d_i - 1, \ i = 0, 1, \ldots, r$$

と定める. また $\lambda_0 := -\sum_{i=0}^{r} \xi_{i,1}$ とおく. さらに $(A_i) \in \prod_{i=0}^{r} C_{a_i}$ に対して

$$n_{[i,j]} := \mathrm{rank} \prod_{k=1}^{j} (A_i - \xi_{i,k} E_n), \ j = 1, 2, \ldots, d_i - 1$$

とおく. また $n_0 := n$ とおく. これらによって

$$\boldsymbol{n}_C := (n_i)_{i \in (Q_C)_0}, \qquad \lambda_C := (\lambda_i)_{i \in (Q_C)_0}$$

と定める.

籠 Q_C の頂点の集合を

$$(Q_C)_0 := \{[i,j] \mid i = 0, 1, \ldots, r, \ j = 1, 2, \ldots, d_i - 1\} \cup \{0\}$$

とし，矢を下図のよう配置して $(Q_C)_1$ を定義する.

$(Q_C)_1$ の元で，$[i,0]$ を始点，0 を終点とする矢を $a_{i,1}$ と表し，$[i,j]$ を始点，$[i,j-1]$ を終点とする矢を $a_{i,j}$ と表すことにしよう.

これらから定まる籠多様体 $\mathcal{M}^s_{\lambda_C}(Q_C, \boldsymbol{n}_C)$ に対して次が成立する.

定理 5.94 (クローレー-ボーベイ[5]). 籠多様体 $\mathcal{M}^s_{\lambda_C}(Q_C, \boldsymbol{n}_C)$ とアクセサリーパラメーターの空間 $\mathfrak{M}^{\mathrm{irr}}(C)$ の間には全単射が存在する.

まず以下の補題を用意する.

補題 5.95. $X = (X_a, X_{a^*}) \in (\mu^{\mathrm{irr}}_{\boldsymbol{n}_C})^{-1}(\lambda_C)$ に対して，すべての $a \in (Q_C)_1$ で X_a は単射，X_{a^*} は全射である.

証明. まずすべての $a \in (Q_C)_1$ で X_a が単射であることを背理法で証明しよう. ある $a_{[i,l]}$ で 0 でない $v_{i,l} \in \mathrm{Ker}\, X_{a_{[i,l]}}$ が存在したとする. ここで $l+1 \leq j \leq d_i - 1$ に対して，$v_{i,j} := X_{a^*_{[i,j]}} \circ X_{a^*_{[i,j-1]}} \circ \cdots \circ X_{a^*_{[i,l+1]}}(v_{i,l})$ と

定めて，$l \leq j \leq d_i - 1$ において $V_{[i,j]}$ を $v_{i,j}$ が生成する $\mathbb{C}^{n_{[i,j]}}$ の部分ベクトル空間とする．このとき以下で見るように，X_a, X_{a^*} を $V_{[i,j]}$, $l \leq j \leq d_i - 1$ に制限することで，X の非自明な部分表現が構成できるので，これは X が既約表現であることに矛盾する．

では $V_{[i,j]}$, $l \leq j \leq d_i - 1$ において X の部分表現を実際に構成しよう．このとき $v_{i,l+1}$ の $X_{a_{[i,l+1]}}$ による像を考えよう．$X_{a_{[i,l+1]}}(v_{i,l+1}) = X_{a_{[i,l+1]}} \circ X_{a^*_{[i,l+1]}}(v_{i,l}) = X_{a_{[i,l+1]}} \circ X_{a^*_{[i,l+1]}}(v_{i,l}) - X_{a^*_{[i,l]}} \circ X_{a_{[i,l]}}(v_{i,l}) = \lambda_{[i,l]} v_{i,l} \in V_{[i,l]}$ となることから $\mathrm{Im}(X_{a_{[i,l+1]}}|_{V_{[i,l+1]}}) \subset V_{[i,l]}$ がわかる．同様に $\mathrm{Im}(X_{a_{[i,l+2]}}|_{V_{[i,l+2]}}) \subset V_{[i,l+1]}$ となることも $X_{a_{[i,l+2]}}(v_{i,l+2}) = X_{a_{[i,l+2]}} \circ X_{a^*_{[i,l+2]}}(v_{i,l+1}) = \lambda_{[i,l+1]} v_{i,l+1} + X_{a^*_{[i,l+1]}} \circ X_{a_{[i,l+1]}}(v_{i,l+1}) \in V_{[i,l+1]}$ よりわかる．ここで次のことを用いた．すなわち，上で見たことから $X_{a_{[i,l+1]}}(v_{i,l+1}) \in V_{[i,l]}$ であるので，定数 $c \in \mathbb{C}$ があって，$X_{a_{[i,l+1]}}(v_{i,l+1}) = c v_{i,l}$ とできることから，$X_{a^*_{[i,l+1]}} \circ X_{a_{[i,l+1]}}(v_{i,l+1}) = X_{a^*_{[i,l+1]}}(c v_{i,l}) = c v_{i,l+1} \in V_{[i,l+1]}$ となる．以下帰納的に $\mathrm{Im}(X_{a_{[i,j+1]}}|_{V_{[i,j+1]}}) \subset V_{[i,j]}$ が確かめることができる．以上のことから，X_a, X_{a^*} を $V_{[i,j]}$, $l \leq j \leq d_i - 1$ に制限することで X の部分表現が得られることがわかった．

次にすべての $a \in (Q_C)_1$ で X_{a^*} が全射であることを証明しよう．方針は上と全く同様だが，双対空間で考えるため一見複雑である．背理法で示す．ある $a_{[i,l]}$ で $\mathrm{Coker}\, X_{a^*_{[i,l]}} \neq \{0\}$ であると仮定しよう．商写像を $\pi\colon \mathbb{C}^{n_{[i,l]}} \to \mathrm{Coker}\, X_{a^*_{[i,l]}}$ とおく．$\mathrm{Coker}\, X_{a^*_{[i,l]}}$ の双対空間 $(\mathrm{Coker}\, X_{a^*_{[i,l]}})^*$ の 0 でない元を $f_{i,l}$ とおいて，$l + 1 \leq j \leq d_i - 1$ に対して，$f_{i,j} := f_{i,l} \circ \pi \circ X_{a_{[i,l+1]}} \circ X_{a_{[i,l+2]}} \circ \cdots \circ X_{a_{[i,j]}} \in (\mathbb{C}^{n_{[i,j]}})^*$ と定める．このとき $f_{i,j}$ の定義から $X_{a_{[i,j]}}(\mathrm{Ker}\, f_{i,j}) \subset \mathrm{Ker}\, f_{i,j-1}$ となっていることに注意しておく．補題 3.3 より図式

$$
\begin{array}{ccccc}
\mathrm{Ker}\, f_{i,l+1} & \longrightarrow & \mathbb{C}^{n_{[i,l+1]}} & \xrightarrow{\ f_{i,l+1}\ } & \mathrm{Im}\, f_{i,l+1} \\
\ \downarrow{\scriptstyle X_{a_{[i,l+1]}}} & & \ \downarrow{\scriptstyle X_{a_{[i,j+1]}}} & & \ \downarrow{\scriptstyle \widetilde{X}_{a_{[i,j+1]}}} \\
\mathrm{Ker}(f_{i,l} \circ \pi) & \longrightarrow & \mathbb{C}^{n_{[i,l]}} & \xrightarrow{\ f_{i,l} \circ \pi\ } & \mathrm{Im}\, f_{i,l}
\end{array}
$$

を可換にする線形写像 $\widetilde{X}_{a_{[i,l+1]}}\colon \mathrm{Im}\, f_{i,l+1} \to \mathrm{Im}\, f_{i,l}$ が唯一つ存在する．一方で $X_{a^*_{[i,l+1]}}(\mathrm{Ker}(f_{i,l} \circ \pi)) \subset \mathrm{Ker}\, f_{i,l+1}$ が成り立つことに注意しよう．実際，$v \in \mathrm{Ker}(f_{i,l} \circ \pi)$ に対して $f_{i,l+1} \circ X_{a^*_{[i,l+1]}}(v) = f_{i,l} \circ \pi \circ X_{a_{[i,l+1]}} \circ X_{a^*_{[i,l+1]}}(v) = f_{i,l} \circ \pi(\lambda_{[i,l]} v + X_{a^*_{[i,l]}} \circ X_{a_{[i,l]}}(v)) = 0$ である．ここで π の定義から $\pi \circ X_{a^*_{[i,l]}} = 0$ となることを用いた．従って，図式

$$
\begin{array}{ccccc}
\mathrm{Ker}\, f_{i,l+1} & \longrightarrow & \mathbb{C}^{n_{[i,l+1]}} & \xrightarrow{\ f_{i,l+1}\ } & \mathrm{Im}\, f_{i,l+1} \\
{\scriptstyle X_{a^*_{[i,l+1]}}}\uparrow\ & & {\scriptstyle X_{a^*_{[i,j+1]}}}\uparrow\ & & {\scriptstyle \widetilde{X}_{a^*_{[i,j+1]}}}\uparrow\ \\
\mathrm{Ker}(f_{i,l} \circ \pi) & \longrightarrow & \mathbb{C}^{n_{[i,l]}} & \xrightarrow{\ f_{i,l} \circ \pi\ } & \mathrm{Im}\, f_{i,l}
\end{array}
$$

を可換にする線形写像 $\widetilde{X}_{a^*_{[i,l+1]}} \colon \operatorname{Im} f_{i,l} \to \operatorname{Im} f_{i,l+1}$ が唯一つ存在する.

以下同様にして写像 $\widetilde{X}_{a_{[i,j+1]}} \colon \operatorname{Im} f_{i,j+1} \to \operatorname{Im} f_{i,j}$, $\widetilde{X}_{a^*_{[i,j+1]}} \colon \operatorname{Im} f_{i,j} \to \operatorname{Im} f_{i,j+1}$, $l+1 \le j \le d_i - 2$ を作ることができ, これによって X の非自明な商表現が得られることになる. これは X が既約表現であることに矛盾する. $\square$

では定理 5.94 の証明に入ろう.

定理 5.94 の証明. アクセサリーパラメーターの空間を $\mathrm{GL}_n(\mathbb{C})$ の作用で商をとる前の空間を

$$\overline{\mathfrak{M}}^{\mathrm{irr}}(C) := \left\{ (B_{a_i})_{0 \le i \le r} \in M_n(\mathbb{C})^{r+1} \;\middle|\; \begin{array}{l} (B_i) \text{ は既約}, \; \sum_{i=0}^r B_{a_i} = 0, \\ B_{a_i} \in C_{a_i}, \, 0 \le i \le r \end{array} \right\}$$

とおいて, 写像 $F \colon \overline{\mathfrak{M}}^{\mathrm{irr}}(C) \to \mathcal{M}^s_{\lambda_C}(Q_C, \boldsymbol{n}_C)$ を次のように定義する. $(B_i) \in \overline{\mathfrak{M}}^{\mathrm{irr}}(C)$ に対し, まずベクトル空間の族 $V = (V_i)_{i \in (Q_C)_0}$ を $V_0 := \mathbb{C}^n$, $V_{[i,j]} := \operatorname{Im}(\prod_{k=1}^j (B_i - \xi_{i,k} E_n))$ によって定める. ここで補題 5.93 より, $\underline{\dim} V = \boldsymbol{n}_C$ となることに注意しておく. そして $\overline{Q_C}$ の表現 $X = (X_a, X_{a^*})_{a \in (Q_C)_0} \in \operatorname{Rep}(\overline{Q_C}, V)$ を $X_{a_{i,j}}$ は包含写像 $V_{[i,j]} \hookrightarrow V_{[i,j-1]}$ とし, $X_{a^*_{i,j}} := (B_i - \xi_{i,j} E_n)|_{V_{[i,j-1]}}$ とおくことによって定める. ただし便宜上 $V_{[i,0]} := V_0$ とおいた.

さてこの (X_a, X_{a^*}) が $\operatorname{Rep}_{\lambda_C}(\overline{Q_C}, V)$ の元となっていることを確かめよう. まず $j < d_i - 1$ に対しては

$$X_{a_{i,j+1}} \circ X_{a^*_{i,j+1}} - X_{a^*_{i,j}} \circ X_{a_{i,j}} = (B_i - \xi_{i,j+1} E_n)|_{V_{[i,j]}} - (B_i - \xi_{i,j} E_n)|_{V_{[i,j]}}$$
$$= \lambda_{[i,j]} \operatorname{id}_{V_{[i,j]}}$$

が成り立つ. また補題 5.93 より $(B_i - \xi_{i,d_i} E_n)|_{V_{[i,d_i-1]}} = 0$ となるので,

$$-X_{a^*_{i,d_i-1}} \circ X_{a_{i,d_i-1}} = -(B_i - \xi_{i,d_i-1} E_n)|_{V_{[i,d_i-1]}}$$
$$= (B_i - \xi_{i,d_i} E_n)|_{V_{[i,d_i-1]}} - (B_i - \xi_{i,d_i-1} E_n)|_{V_{[i,d_i-1]}}$$
$$= \lambda_{[i,d_i-1]} \operatorname{id}_{V_{[i,d_i-1]}}$$

が成り立つ. さらに $\sum_{i=0}^r B_i = 0$ であったことから

$$\sum_{i=0}^r X_{a_{i,1}} \circ X_{a^*_{i,1}} = \sum_{i=0}^r (B_i - \xi_{i,1} E_n) = \lambda_0 E_n$$

が得られる. よって $(X_a, X_{a^*}) \in \operatorname{Rep}_{\lambda_C}(\overline{Q_C}, V)$ がわかる.

次に X が既約表現であることを見よう. $Y \in \operatorname{Rep}(\overline{Q}, W)$ と $\phi \colon Y \to X$ を表現の射の組 (Y, ϕ) が X の部分表現であるとしよう. このとき $\phi_0(W_0) \subset V_0 = \mathbb{C}^n$ は (B_i) の不変部分空間となるので, (B_i) の既約性から $\phi_0(W_0)$ は $\{0\}$ か V_0 となる. すなわち ϕ_0 は単射だったので同型か零写像となる. 可換図式

$$
\begin{array}{ccccccc}
V_0 & \xleftarrow{X_{a_{i,1}}} & V_{[i,1]} & \xleftarrow{X_{a_{i,2}}} & V_{[i,1]} & \xleftarrow{X_{a_{i,3}}} & \cdots \\
\phi_0 \big\uparrow & & \phi_{[i,1]} \big\uparrow & & \phi_{[i,2]} \big\uparrow & & \\
W_0 & \xleftarrow{Y_{a_{i,1}}} & W_{[i,1]} & \xleftarrow{Y_{a_{i,2}}} & W_{[i,1]} & \xleftarrow{Y_{a_{i,3}}} & \cdots
\end{array}
$$

より ϕ_0 が零写像ならば $X_{a_{i,j}}$ の単射性から $\phi_{[i,j]}$ も全て零写像となり，可換図式

$$
\begin{array}{ccccccc}
V_0 & \xrightarrow{X_{a_{i,1}^*}} & V_{[i,1]} & \xrightarrow{X_{a_{i,2}^*}} & V_{[i,1]} & \xrightarrow{X_{a_{i,3}^*}} & \cdots \\
\phi_0 \big\uparrow & & \phi_{[i,1]} \big\uparrow & & \phi_{[i,2]} \big\uparrow & & \\
W_0 & \xrightarrow{Y_{a_{i,1}^*}} & W_{[i,1]} & \xrightarrow{Y_{a_{i,2}^*}} & W_{[i,1]} & \xrightarrow{Y_{a_{i,3}^*}} & \cdots
\end{array}
$$

より ϕ_0 が同型ならば $\phi_{[i,j]}$ が単射だったことと $X_{a_{i,j}^*}$ の全射性から $\phi_{[i,j]}$ も全て同型となる．よって X が既約表現であることがわかった．

$V = (V_i)$ の基底を適当に決めて $\mathrm{Rep}(\overline{Q}, V)$ を $\mathrm{Rep}(\overline{Q}, \boldsymbol{n}_C)$ と同一視すると X は $(\mu_{\boldsymbol{n}_C}^{\mathrm{irr}})^{-1}(\lambda_C)$ の元を定めることがわかった．この X の $\mathcal{M}_{\lambda_C}^s(Q_C, \boldsymbol{n}_C)$ への像を $[X]$ とおくとこれは (V_i) の基底の選び方によらず，さらに (B_i) の $\mathrm{GL}_n(\mathbb{C})$ の作用による同型類にもよらない．以上のことから写像 $F \colon \mathfrak{M}^{\mathrm{irr}}(C) \ni [(B_i)] \mapsto [X] \in \mathcal{M}_{\lambda_C}^s(Q_C, \boldsymbol{n}_C)$ を定めることができた．

この F の逆写像を構成しよう．まず $X = (X_a, X_{a^*}) \in (\mu_{\boldsymbol{n}_C}^{\mathrm{irr}})^{-1}(\lambda_C)$ をとってくる．ここで $B_i = X_{a_{[i,1]}} X_{a_{[i,1]}^*} + \xi_{i,1} E_n$, $i = 0, 1, \dots, r$ とおこう．このとき $\sum_{i=0}^r B_i = \sum_{i=0}^r X_{a_{[i,1]}} X_{a_{[i,1]}^*} + \sum_{i=0}^r \xi_{i,1} = \lambda_0 - \lambda_0 = 0$ となる．では次に $B_i \in C_{a_i}$, $i = 0, 1, \dots, r$ となることを確かめよう．$X_{a_{[i,j+1]}} X_{a_{[i,j+1]}^*} - X_{a_{[i,j]}^*} X_{a_{[i,j]}} = \lambda_{[i,j]} E_{n_{[i,j]}}$ より，

$$
X_{a_{[i,j]}^*}(X_{a_{[i,j]}} X_{a_{[i,j]}^*} + (\xi_{i,j} + c) E_{n_{[i,j-1]}})
$$
$$
= (X_{a_{[i,j+1]}} X_{a_{[i,j+1]}^*} + (\xi_{i,j+1} + c) E_{[i,j]}) X_{a_{[i,j]}^*}
$$

が任意の複素数 $c \in \mathbb{C}$ で成立する．ただしここで形式的に $n_{[i,0]} = n_0$, $X_{a_{i,d_i}} = X_{a_{i,d_i}^*} = 0$ とおいた．この等式を繰り返し用いることで，

$$
\begin{aligned}
& X_{a_{[i,j]}^*} \cdots X_{a_{[i,2]}^*} X_{a_{[i,1]}^*} (B_i + c E_n) \\
&= X_{a_{[i,j]}^*} \cdots X_{a_{[i,2]}^*} X_{a_{[i,1]}^*} (X_{a_{[i,1]}} X_{a_{[i,1]}^*} + (\xi_{i,1} + c) E_n) \\
&= X_{a_{[i,j]}^*} \cdots X_{a_{[i,2]}^*} (X_{a_{[i,2]}} X_{a_{[i,2]}^*} + (\xi_{i,2} + c) E_{n_{[i,1]}}) X_{a_{[i,1]}^*} \\
&= \cdots \\
&= (X_{a_{[i,j+1]}} X_{a_{[i,j+1]}^*} + (\xi_{i,j+1} + c) E_{n_{[i,j]}}) X_{a_{[i,j]}^*} \cdots X_{a_{[i,1]}^*}
\end{aligned}
$$

が得られる．ここで $c = -\xi_{i,j+1}$ とすると

$$
X_{a_{[i,j]}^*} \cdots X_{a_{[i,2]}^*} X_{a_{[i,1]}^*} (B_i - \xi_{i,j+1} E_n) = X_{a_{[i,j+1]}} X_{a_{[i,j+1]}^*} X_{a_{[i,j]}^*} \cdots X_{a_{[i,1]}^*}
$$

$$\tag{5.14}$$

が得られるので，$j+1 = 1, 2, \ldots$ の場合を考えれば，

$$\prod_{l=1}^{j}(B_i - \xi_{i,l}E_n) = X_{a_{[i,1]}}X_{a_{[i,2]}}\cdots X_{a_{[i,j]}}X_{a^*_{[i,j]}}\cdots X_{a^*_{[i,2]}}X_{a^*_{[i,1]}}$$

が従う．ここで補題 5.95 より全ての $a \in (Q_C)_1$ で X_a は単射，X_{a^*} は全射だったので $\mathrm{rank}\prod_{l=1}^{j}(B_i - \xi_{i,l}E_n) = n_{[i,j]}$ が従う．よって $B_i \in C_{a_i}$ がわかった．

最後に $(B_i)_{i=0,1,\ldots,r}$ が既約であることを見よう．$W_0 \subset \mathbb{C}^n$ を (B_i) の不変部分空間とすると，$W_{[i,1]} := X_{a^*_{[i,1]}}(W_0)$, $W_{[i,j]} := X_{a_{[i,j]}}(W_{[i,j-1]})$ と帰納的に定めていくことで，X の部分表現を得ることができる．よって X の既約性から $W_0 = \{0\}$ か $W_0 = \mathbb{C}^n$ となるので (B_i) の既約性が従う．

このようにして X の同型類に (B_i) の同型類を対応させることで，写像 $G: \mathcal{M}^s_{\lambda_C}(Q_C, \boldsymbol{n}_C) \to \mathfrak{M}^{\mathrm{irr}}(C)$ を得ることができるが，これは上で構成した写像 F の逆写像であることも確かめることができる．よって F, G はともに全単射である． □

注意 5.96. この定理によってアクセサリーパラメーターの空間 $\mathfrak{M}^{\mathrm{irr}}(C)$ を箙多様体 $\mathcal{M}^s_{\lambda_C}(Q_C, \boldsymbol{n}_C)$ と同一視することで，$\mathfrak{M}^{\mathrm{irr}}(C)$ を複素多様体とみなすことができる．しかし本書では証明を与えることはできないが，実際には $\mathfrak{M}^{\mathrm{irr}}(C)$ そのものに自然に複素多様体の構造を入れることができ，定理の全単射は複素多様体としての同型となることを示すことができる．例えば，$\overline{\mathfrak{M}}^{\mathrm{irr}}(C)$ に $\mathrm{PGL}_n(\mathbb{C}) := \mathrm{GL}_n(\mathbb{C})/\mathbb{C}^\times$ が自由かつ固有に作用していることは次のように確かめられる．箙 Q を頂点が一点集合 $Q_0 = \{0\}$ であって，矢の集合 Q_1 が 0 から 0 に戻る $r+1$ 本の辺ループ $a_0, a_1, \ldots, a_r$ からなるものとしよう．このとき $\mathrm{Rep}(Q, n) = M_n(\mathbb{C})^{r+1}$ であり，また $\mathrm{Rep}(Q, n)$ の既約表現の全体と $M_n(\mathbb{C})^{r+1}$ の既約元の全体は一致する．従って定理 5.71 より $\mathrm{Rep}(Q, n)^s$ への $\mathrm{PGL}_n(\mathbb{C})$ の作用は自由かつ固有であるから，その部分空間 $\overline{\mathfrak{M}}^{\mathrm{irr}}(C)$ への作用も同様である．

5.3.3 ミドルコンボリューションと鏡映関手

定理 5.94 でアクセサリーパラメーターの空間 $\mathfrak{M}^{\mathrm{irr}}(C)$ と箙多様体 $\mathcal{M}^s_{\lambda_C}(Q_C, \boldsymbol{n}_C)$ が同一視できることを見た．本節では $(B_i) \in \mathfrak{M}^{\mathrm{irr}}(C)$ を $\mathcal{M}^s_{\lambda_C}(Q_C, \boldsymbol{n}_C)$ の元と見たとき，(B_i) に頂点 0 における鏡映関手を施すと，4.3.4 節で与えたフックス型方程式のミドルコンボリューションが得られることを説明する．

$(B_i) \in \mathfrak{M}^{\mathrm{irr}}(C)$ に対して，定理 5.94 における全単射 $F: \mathfrak{M}^{\mathrm{irr}}(C) \to \mathcal{M}^s_{\lambda_C}(Q_C, \boldsymbol{n}_C)$ による像を $X = F((B_i))$ とおこう．そして箙 $\overline{Q}_C$ の頂点 0 における鏡映関手が定義できる，すなわち $\lambda_0 \neq 0$ という仮定の元で，鏡映関

手 σ_0 による X の像を $Y = \sigma_0(X)$ とおく．以下では適宜代表元をとって (B_i) は $\overline{\mathfrak{M}}^{\mathrm{irr}}(C)$ の元，X, Y は $\overline{Q_C}$ の表現とみなして議論する．また X に対応するベクトル空間の族を $V = (V_i)$，Y に対応するものを $W = (W_i)$ と表すことにする．

まず Y がどのようなものだったか思い出しておこう．鏡映関手の定義より $a_{[i,j]} \in (Q_C)_1$, $j > 1$ に関しては

$$Y_{a_{[i,j]}} = X_{a_{[i,j]}} \colon \mathrm{Im}(\prod_{k=1}^{j}(B_i - \xi_{i,k}E_n)) \hookrightarrow \mathrm{Im}(\prod_{k=1}^{j-1}(B_i - \xi_{i,k}E_n)) \text{ (包含写像)}$$

$$Y_{a_{[i,j]}^*} = X_{a_{[i,j]}^*} = (B_i - \xi_{i,j}E_n)|_{\mathrm{Im}(\prod_{k=1}^{j-1}(B_i - \xi_{i,k}E_n))}$$

である．また矢 $a_{[i,1]}$, $a_{[i,1]}^*$ に関しては次のようになっていた．線形写像を

$$g := \bigoplus_{i=0}^{r} X_{a_{[i,1]}}, \quad g^* := \bigoplus_{i=0}^{r} X_{a_{[i,1]}^*},$$

$$f := \left(\bigoplus_{i=0}^{r} X_{a_{[i,1]}^*}\right)\left(\bigoplus_{i=0}^{r} X_{a_{[i,1]}}\right) - \lambda_0 \, \mathrm{id}_{\bigoplus_{i=0}^{r} \mathrm{Im}(B_i - \xi_{i,k}E_n)},$$

$$f^* \colon \mathrm{Ker}\, g \hookrightarrow \bigoplus_{i=0}^{r} \mathrm{Im}(B_i - \xi_{i,1}E_n) \text{ (包含写像)}$$

とおくと，命題 5.85 で見た可換図式

$$
\begin{array}{ccccccccc}
\{0\} & \longrightarrow & W_0 & \xrightarrow{f^*} & \bigoplus_{i=0}^{r} \mathrm{Im}(B_i - \xi_{i,1}E_n) & \xrightarrow{g} & V_0 & \longrightarrow & \{0\} \\
& & \downarrow{\scriptstyle -\lambda_0\, \mathrm{id}_{W_0}} & & \| & & \uparrow{\scriptstyle \lambda_0\, \mathrm{id}_{V_0}} & & \\
\{0\} & \longleftarrow & W_0 & \xleftarrow{f} & \bigoplus_{i=0}^{r} \mathrm{Im}(B_i - \xi_{i,1}E_n) & \xleftarrow{g^*} & V_0 & \longleftarrow & \{0\}
\end{array}
$$
$$\tag{5.15}$$

が得られる．ここで $V_0 = \mathbb{C}^n$, $W_0 = \mathrm{Ker}\, g$ であった．このとき $\bigoplus_{i=0}^{r} \mathrm{Im}(B_i - \xi_{i,1}E_n)$ の第 i 成分に関する包含写像と射影をそれぞれ ι_i, π_i と書くと，

$$Y_{a_{[i,1]}} = f \circ \iota_i, \quad Y_{a_{[i,1]}^*} = \pi_i \circ f^*$$

となっていた．そして定理 5.94 の写像 G によって表現 $Y = (Y_a, Y_{a^*})$ からフックス型方程式

$$\frac{d}{dz}w = \sum_{i=1}^{r} \frac{\overline{B_i}}{z - a_i}w$$

が

$$\overline{B_i} := Y_{a_{[i,1]}} \cdot Y_{a_{[i,1]}^*} + \xi_{[i,1]}E_{n'}$$

とおくことで定まった．ここで $n' := \dim_{\mathbb{C}} W_0$ とした．

このようにしてフックス型方程式 (B_i) に鏡映関手を施すことでフックス型方程式 $(\overline{B_i})$ が得られるが，この操作が 4.3.4 節で定めたミドルコンボリューションと一致することを見ていこう．以後簡単のため $B_i' := B_i - \xi_{i,1}E_n$,

$i = 0, 1, \ldots, r$ と表すことにする．ミドルコンボリューションに関しては 4.3.4 節の記号にならうこととする．まず

$$B'_{\lambda_0} := \begin{pmatrix} B'_1 - \lambda_0 E_n & B'_2 & \cdots & B'_r \\ B'_1 & B'_2 - \lambda_0 E_n & \cdots & B'_r \\ \vdots & \vdots & \ddots & \vdots \\ B'_1 & B'_2 & \cdots & B'_r - \lambda_0 E_n \end{pmatrix}$$

とおいて，その核を $\mathfrak{l} := \operatorname{Ker} B'_{\lambda_0}$ とおく．また $\mathbb{C}^{r \cdot n}$ の部分空間

$$\mathfrak{k}_i := \begin{pmatrix} 0 \\ \vdots \\ \operatorname{Ker} B'_i \\ \vdots \\ 0 \end{pmatrix}$$

を i 番目を $\operatorname{Ker} B'_i$，それ以外を 0 とすることで定める．さらに B'_{λ_0} を拡大して

$$\widehat{B}'_{\lambda_0} := \begin{pmatrix} B'_0 - \lambda_0 E_n & B'_1 & B'_2 & \cdots & B'_r \\ B'_0 & B'_1 - \lambda_0 E_n & B'_2 & \cdots & B'_r \\ B'_0 & B'_1 & B'_2 - \lambda_0 E_n & \cdots & B'_r \\ \vdots & \vdots & \vdots & \ddots & \vdots \\ B'_0 & B'_1 & B'_2 & \cdots & B'_r - \lambda_0 E_n \end{pmatrix}$$

という行列を定めておく．

まずこの $\widehat{B}'_{\lambda_0}$ と上の可換図式の f との関係を見ていこう．ブロック行列

$$\mathbf{B} := \begin{pmatrix} B'_0 & & & \\ & B'_1 & & \\ & & \ddots & \\ & & & B'_r \end{pmatrix}$$

によって定まる単完全列

$$\{0\} \to \bigoplus_{i=0}^{r} \operatorname{Ker} B'_i \hookrightarrow \bigoplus_{i=0}^{r} \mathbb{C}^n \xrightarrow{\mathbf{B}} \bigoplus_{i=0}^{i} \operatorname{Im} B'_i \to \{0\}$$

を考えよう．このとき各 $B'_i \colon \mathbb{C}^n \to \operatorname{Im} B'_i$ の切断，すなわち線形写像 $(B'_i)^* \colon \operatorname{Im} B'_i \to \mathbb{C}^n$ で $B'_i \circ (B'_i)^* = \operatorname{id}_{\operatorname{Im} B'_i}$ となるものをそれぞれ一つずつ決めて，ここから定まる直和分解を $\mathbb{C}^n = (B'_i)^*(\operatorname{Im} B'_i) \oplus \operatorname{Ker} B'_i$ と書いておく．この直和分解によって $\mathbb{C}^n / \operatorname{Ker} B'_i$ は $(B'_i)^*(\operatorname{Im} B'_i)$ と同一視できることに注意しておこう．このとき $\mathbf{B}$ によって同型 $\mathbf{B} \colon \bigoplus_{i=0}^{r} (B'_i)^*(\operatorname{Im} B'_i) \to \bigoplus_{i=0}^{r} \operatorname{Im} B'_i$

が得られ，また切断 $(B_i')^*$ によって

$$\mathbf{B}^* := \begin{pmatrix} (B_0')^* & & & \\ & (B_1')^* & & \\ & & \ddots & \\ & & & (B_r')^* \end{pmatrix}$$

と定めると $\mathbf{B}^* : \bigoplus_{i=0}^r \mathrm{Im}\, B_i' \to \bigoplus_{i=0}^r (B_i')^* (\mathrm{Im}\, B_i')$ は逆写像を与える．この同型によって可換図式 (5.15) は

$$
\begin{array}{ccccccccc}
\{0\} & \longrightarrow & \widehat{W}_0 & \xrightarrow{\widehat{f}^*} & \bigoplus_{i=0}^r (B_i')^* (\mathrm{Im}\, B_i') & \xrightarrow{\widehat{g}} & V_0 & \longrightarrow & \{0\} \\
& & \downarrow{-\lambda_0\, \mathrm{id}_{\widehat{W}_0}} & & \| & & \uparrow{\lambda_0\, \mathrm{id}_{V_0}} & & \\
\{0\} & \longleftarrow & \widehat{W}_0 & \xleftarrow{\widehat{f}} & \bigoplus_{i=0}^r (B_i')^* (\mathrm{Im}\, B_i') & \xleftarrow{\widehat{g}^*} & V_0 & \longleftarrow & \{0\}
\end{array}
\tag{5.16}
$$

と書き換えられる．ここで

$$\widehat{g} := g \circ \mathbf{B}, \qquad\qquad \widehat{g}^* := \mathbf{B}^* \circ g^*, \qquad\qquad \widehat{W}_0 := \mathrm{Ker}\, \widehat{g},$$
$$\widehat{f} := \mathbf{B}^* \circ f \circ \mathbf{B}, \qquad \widehat{f}^* := \mathbf{B}^* \circ f^* \circ \mathbf{B}$$

とおいた．

命題 5.97. 上の $\widehat{f}$ は行列 $\widehat{B}_{\lambda_0}'$ による $\bigoplus_{i=0}^r \mathbb{C}^n$ の線形変換を部分空間 $\bigoplus_{i=0}^r (B_i')^* (\mathrm{Im}\, B_i') \subset \bigoplus_{i=0}^r \mathbb{C}^n$ に制限して得られる．すなわち

$$\widehat{f} = \widehat{B}_{\lambda_0}'$$

が $\bigoplus_{i=0}^r (B_i')^* (\mathrm{Im}\, B_i')$ で成立する．

証明. g, g^* を行列で表すと，

$$g = (E_n E_n \cdots E_n), \quad g^* = \begin{pmatrix} B_0' \\ B_1' \\ \vdots \\ B_r' \end{pmatrix}$$

と書けるので，f も

$$f = g^* \circ g - \lambda_0\, \mathrm{id} = \left(\begin{pmatrix} B_0' \\ B_1' \\ \vdots \\ B_r' \end{pmatrix} (E_n E_n \cdots E_n) - \lambda_0 E_{(r+1)\cdot n} \right)$$

$$
= \left(\begin{pmatrix} B_0' & B_0' & \cdots & B_0' \\ B_1' & B_1' & \cdots & B_1' \\ \vdots & \vdots & \ddots & \vdots \\ B_r' & B_r' & \cdots & B_r' \end{pmatrix} - \lambda_0 E_{(r+1)\cdot n} \right)
$$

と書ける．ただし右辺は行列を $\bigoplus_{i=0}^{r} \operatorname{Im} B_i'$ に制限したものである．よって

$$
\mathbf{B} \cdot \widehat{B}_{\lambda_0}' = \left(\begin{pmatrix} B_0' & B_0' & \cdots & B_0' \\ B_1' & B_1' & \cdots & B_1' \\ \vdots & \vdots & \ddots & \vdots \\ B_r' & B_r' & \cdots & B_r' \end{pmatrix} - \lambda_0 E_{(r+1)\cdot n} \right) \cdot \mathbf{B}
$$

に注意すれば求める等式が得られる． $\qquad\qquad\qquad\qquad \square$

これで B_{λ_0}' の拡大 $\widehat{B}_{\lambda_0}'$ が鏡映関手を定める可換図式 (5.16) から得られることがわかったので，次に B_{λ_0}' について考えてみよう． $\bigoplus_{i=1}^{r} \mathbb{C}^n$ から $\bigoplus_{i=0}^{r} \mathbb{C}^n$ への包含写像を $\iota_{1\text{-}r}$, $\bigoplus_{i=0}^{r} \mathbb{C}^n$ から $\bigoplus_{i=1}^{r} \mathbb{C}^n$ への射影を $\pi_{1\text{-}r}$ と書くことにすると， $B_{\lambda_0}' = \pi_{1\text{-}r} \circ \widehat{B}_{\lambda_0}' \circ \iota_{1\text{-}r}$ と書ける．また $\widehat{W}_0$ の $\pi_{1\text{-}r}$ による射影の像を $\widetilde{W}_0 := \pi_{1\text{-}r}(\widehat{W}_0) \subset \bigoplus_{i=1}^{r} \mathbb{C}^n$ とおく．

命題 5.98. 1. 射影 $\pi_{1\text{-}r}$ によって $\widehat{W}_0$ と $\widetilde{W}_0$ は同型となる．

2. 線形写像 $B_{\lambda_0}' \colon \bigoplus_{i=1}^{r} (B_i')^*(\operatorname{Im} B_i') \to \widetilde{W}_0$ は全射である．

証明. 1. $\widehat{W}_0$ と $\widetilde{W}_0$ は定義より

$$
\widehat{W}_0 = \left\{ (v_i) \in \bigoplus_{i=0}^{r} (B_i')^*(\operatorname{Im} B_i') \;\middle|\; B_0'v_0 + B_1'v_1 + \cdots + B_r'v_r = 0 \right\},
$$

$$
\widetilde{W}_0 = \left\{ (v_i) \in \bigoplus_{i=1}^{r} (B_i')^*(\operatorname{Im} B_i') \;\middle|\; B_1'v_1 + \cdots + B_r'v_r \in \operatorname{Im} B_0' \right\}
$$

と書ける．従って $(v_1, \ldots, v_r) \in \widetilde{W}_0$ ならば， $B_1'v_1 + \cdots + B_r'v_r = -B_0'v_0$ を満たす $v_0 \in \mathbb{C}^n = (B_0')^*(\operatorname{Im} B_0') \oplus \operatorname{Ker} B_0'$ があるが，特にこれを $v_0 \in (B_0')^*(\operatorname{Im} B_0')$ とすれば，この v_0 は唯一つに定まる．従って $(v_1, \ldots, v_r) \in \widetilde{W}_0$ から $(v_0, v_1, \ldots, v_r) \in \widehat{W}_0$ が定まり，これが射影 $\pi_{1\text{-}r} \colon \widehat{W}_0 \to \widetilde{W}_0$ の逆写像を与える．

2. 可換図式 (5.16) を思い出すと $\hat{f}$ は全射であったので， $\pi_{1\text{-}r} \circ \hat{f} \colon \bigoplus_{i=0}^{r} (B_i')^*(\operatorname{Im} B_i') \to \widetilde{W}_0$ も全射となる．またその核 $\operatorname{Ker} \pi_{1\text{-}r} \circ \hat{f}$ は $\hat{f}$ の核

$$
\operatorname{Ker} \hat{f} = \operatorname{Im} \hat{g}^* = \{ ((B_0')^* B_0' v, (B_1')^* B_1' v, \ldots, (B_r')^* B_r' v) \mid v \in \mathbb{C}^n \}
$$

を含む．これより任意の $w \in \widetilde{W}_0$ に対して $w = \pi_{1\text{-}r} \circ \hat{f}((v_0, v_1, \ldots, v_r))$ となる $(v_0, v_1, \ldots, v_r) \in \bigoplus_{i=0}^{r} (B_i')^*(\operatorname{Im} B_i')$ があるが， $v_0 = (B_0')^* B_0' v$ なる

$v \in \mathbb{C}^n$ によって, $v_i' := (B_i')^* B_i' v$, $i = 1, 2, \ldots, r$ とおくと, $(v_0, v_1', \ldots, v_r') \in \mathrm{Ker}\, \pi_{1\text{-}r} \circ \hat{f}$ となる. 従って $(v_1 - v_1', \ldots, v_r - v_r') \in \bigoplus_{i=1}^{r} (B_i')^* (\mathrm{Im}\, B_i')$ によって,

$$
\begin{aligned}
B_{\lambda_0}'(v_1 - v_1', \ldots, v_r - v_r') &= \pi_{1\text{-}r} \circ \widehat{B}_{\lambda_0}' \circ \iota_{1\text{-}r}(v_1 - v_1', \ldots, v_r - v_r') \\
&= \pi_{1\text{-}r} \circ \widehat{B}_{\lambda_0}'(0, v_1 - v_1', \ldots, v_r - v_r') \\
&= \pi_{1\text{-}r} \circ \hat{f}(0, v_1 - v_1', \ldots, v_r - v_r') \\
&= \pi_{1\text{-}r} \circ \hat{f}(v_0, v_1, \ldots, v_r) = w
\end{aligned}
$$

とできるので, $B_{\lambda_0}' : \bigoplus_{i=1}^{r} (B_i')^* (\mathrm{Im}\, B_i') \to \widetilde{W}_0$ が全射であることがわかる. $\qquad\square$

従って $B_{\lambda_0}' : \bigoplus_{i=1}^{r} (B_i')^* (\mathrm{Im}\, B_i') \to \widetilde{W}_0$ によって $\widetilde{W}_0$ は

$$
\begin{aligned}
\left(\bigoplus_{i=1}^{r} (B_i')^* (\mathrm{Im}\, B_i') \right) / \mathrm{Ker}\, B_{\lambda_0}' &= \left(\bigoplus_{i=1}^{r} \mathbb{C}^n / \mathrm{Ker}\, B_i' \right) / \mathrm{Ker}\, B_{\lambda_0}' \\
&= \mathbb{C}^{r \cdot n} / (\mathfrak{l} \oplus \bigoplus_{i=1}^{r} \mathfrak{k}_i)
\end{aligned}
$$

と同型となる. すなわち商写像を $\pi_{B_{\lambda_0}'} : \bigoplus_{i=1}^{r} (B_i')^* (\mathrm{Im}\, B_i') \to \mathbb{C}^{r \cdot n} / (\mathfrak{l} \oplus \bigoplus_{i=1}^{r} \mathfrak{k}_i)$ と書くと, 図式

$$
\begin{array}{ccc}
\displaystyle\bigoplus_{i=1}^{r} (B_i')^* (\mathrm{Im}\, B_i') & \xrightarrow{\ B_{\lambda_0}'\ } & \widetilde{W}_0 \\
{\scriptstyle \pi_{B_{\lambda_0}'}}\Big\downarrow & \nearrow {\scriptstyle \check{B}_{\lambda_0}'} & \\
\mathbb{C}^{r \cdot n} / (\mathfrak{l} \oplus \bigoplus_{i=1}^{r} \mathfrak{k}_i) & &
\end{array}
$$

を可換にする同型 $\check{B}_{\lambda_0}' : \mathbb{C}^{r \cdot n} / (\mathfrak{l} \oplus \bigoplus_{i=1}^{r} \mathfrak{k}_i) \to \widetilde{W}_0$ が唯一つ存在する.

以上のことからベクトル空間 W_0 は写像

$$
\mathbf{B} \circ \pi_{1\text{-}r}^{-1} \circ \check{B}_{\lambda_0}' : \mathbb{C}^{r \cdot n} / (\mathfrak{l} \oplus \bigoplus_{i=1}^{r} \mathfrak{k}_i) \longrightarrow W_0
$$

によって $\mathbb{C}^{r \cdot n} / (\mathfrak{l} \oplus \bigoplus_{i=1}^{r} \mathfrak{k}_i)$ と同型であることがわかり, またこの同型によって $Y_{a_{[i,1]}} \cdot Y_{a_{[i,1]}^*}$ は

$$
\begin{aligned}
&(\mathbf{B} \circ \pi_{1\text{-}r}^{-1} \circ \check{B}_{\lambda_0}')^{-1} \circ (Y_{a_{[i,1]}} \cdot Y_{a_{[i,1]}^*}) \circ (\mathbf{B} \circ \pi_{1\text{-}r}^{-1} \circ \check{B}_{\lambda_0}') \\
&= (\check{B}_{\lambda_0}')^{-1} \circ \pi_{1\text{-}r} \circ \mathbf{B}^* \circ (f \circ \iota_i \circ \pi_i \circ f^*) \circ \mathbf{B} \circ \pi_{1\text{-}r}^{-1} \circ \check{B}_{\lambda_0}' \\
&= (\check{B}_{\lambda_0}')^{-1} \circ \pi_{1\text{-}r} \circ \hat{f} \circ \mathbf{B}^* \iota_i \circ \pi_i \circ \mathbf{B} \circ \hat{f}^* \circ \pi_{1\text{-}r}^{-1} \circ \check{B}_{\lambda_0}' \\
&= (\check{B}_{\lambda_0}')^{-1} \circ \pi_{1\text{-}r} \circ \widehat{B}_{\lambda_0}' \circ \iota_i' \circ \pi_i' \circ \pi_{1\text{-}r}^{-1} \circ \check{B}_{\lambda_0}'
\end{aligned}
$$

と変換される. ここで ι_i' と π_i' は $\bigoplus_{i=1}^{r} (B_i')^* (\mathrm{Im}\, B_i')$ の第 i 成分に関する包含写像と射影である. 特に $i = 1, 2, \ldots, r$ の場合は,

$$\pi'_i \circ \pi^{-1}_{1\text{-}r} = \pi'_i, \qquad (\check{B}'_{\lambda_0})^{-1} \circ \pi_{1\text{-}r} \circ \widehat{B}'_{\lambda_0} \circ \iota'_i = \pi_{B'_{\lambda_0}} \circ \iota'_i$$

となることから，

$$(\mathbf{B} \circ \pi^{-1}_{1\text{-}r} \circ \check{B}'_{\lambda_0})^{-1} \circ (Y_{a_{[i,1]}} \cdot Y_{a^*_{[i,1]}}) \circ (\mathbf{B} \circ \pi^{-1}_{1\text{-}r} \circ \check{B}'_{\lambda_0}) = \pi_{B'_{\lambda_0}} \circ \iota'_i \circ \pi'_i \circ \check{B}'_{\lambda_0}$$

が得られる．従ってこのとき i 行目が B'_{λ_0} と等しく，その他は 0 であるように

$$
\begin{pmatrix}
0 & \cdots & 0 & \cdots & 0 \\
\vdots & & \vdots & & \vdots \\
B'_1 & \cdots & B'_i - \lambda_0 E_n & \cdots & B_r \\
\vdots & & \vdots & & \vdots \\
0 & \cdots & 0 & \cdots & 0
\end{pmatrix}
$$

と定めた $\mathbb{C}^{r \cdot n}$ の上のブロック行列が誘導する $\mathbb{C}^{r \cdot n}/(\mathfrak{l} \oplus \bigoplus^r_{i=1} \mathfrak{k}_i)$ の自己準同型を $\widetilde{B}_i$ とおくと，$i = 1, 2, \ldots, r$ において

$$(\mathbf{B} \circ \pi^{-1}_{1\text{-}r} \circ \check{B}'_{\lambda_0})^{-1} \circ (Y_{a_{[i,1]}} \cdot Y_{a^*_{[i,1]}}) \circ (\mathbf{B} \circ \pi^{-1}_{1\text{-}r} \circ \check{B}'_{\lambda_0}) = \widetilde{B}_i$$

となることがわかる．

以上のことから次の定理が証明できたことになる．アクセサリーパラメーターの空間 $\mathfrak{M}^{\mathrm{irr}}(C)$ に対して定理 5.94 によって対応する籏多様体を $\mathcal{M}^s_{\lambda_C}(Q_C, \boldsymbol{n}_C)$ とする．このとき $\lambda_0 \neq 0$ であると仮定する．ここで鏡映関手 $\sigma_0 \colon \mathcal{M}^s_{\lambda_C}(Q_C, \boldsymbol{n}_C) \to \mathcal{M}^s_{r_0(\lambda_C)}(Q_C, s_0(\boldsymbol{n}_C))$ を考え，定理 5.94 によって $\mathcal{M}^s_{r_0(\lambda_C)}(Q_C, s_0(\boldsymbol{n}_C))$ と対応するアクセサリーパラメーターの空間を $\mathfrak{M}^{\mathrm{irr}}(C')$ とおく．また定理 5.94 で与えた全単射を $F \colon \mathfrak{M}^{\mathrm{irr}}(C) \to \mathcal{M}^s_{\lambda_C}(Q_C, \boldsymbol{n}_C)$，その逆写像を G と書くことにする．

定理 5.99. 上の仮定の元で，写像

$$G \circ \sigma_0 \circ F \colon \mathfrak{M}^{\mathrm{irr}}(C) \to \mathfrak{M}^{\mathrm{irr}}(C')$$

は全単射であり，これは 4.3.4 節で与えたミドルコンボリューションと一致する．より正確には，$(B_i) \in \mathfrak{M}^{\mathrm{irr}}(C)$ に対して，$B'_i = B_i - \xi_{i,1}, i = 1, 2, \ldots, r$，$B'_0 = B_0 - \xi_{i,0} + \lambda_0$ とおいてできるフックス型方程式

$$\frac{d}{dz} w = \sum^r_{i=1} \frac{B'_i}{z - a_i} w$$

にミドルコンボリューションを施して得られるフックス型方程式

$$\frac{d}{dz} w = \sum^r_{i=1} \frac{\widetilde{B}'_i}{z - a_i} w$$

に対して，$\widetilde{B}_i = \widetilde{B}'_i + \xi_{i,1}, i = 1, 2, \ldots, r$，$\widetilde{B}_0 = \widetilde{B}'_0 + \xi - \lambda_0$ とおいてできる

行列の組を $(\widetilde{B}_i)$ とおく. このとき

$$G \circ \sigma_0 \circ F((B_i)) = (\widetilde{B}_i)$$

が成立する.

参考文献

[1] 青本和彦，喜多通武，超幾何関数論，シュプリンガー現代数学シリーズ，丸善出版，2012.

[2] D. Birkes, Orbits of linear algebraic groups, Ann. of Math. (2) 93 (1971), 459–475.

[3] N. Bourbaki, Topologie Générale: Chapitres 1 à 4, Éléments de Mathématique, Springer, 1971.

[4] W. Crawley-Boevey, Geometry of the moment map for representations of quivers, Compositio Math. 126 (2001), no. 3, 257–293.

[5] W. Crawley-Boevey, On matrices in prescribed conjugacy classes with no common invariant subspace and sum zero, Duke Math. J. 118 (2003), 339–352.

[6] W. Crawley-Boevey, P. Holland, Noncommutative deformations of Kleinian singularities, Duke Math. J. 92 (1998), 605–635.

[7] H. Derksen, J. Weyman, An Introduction to Quiver Representations, Graduate Studies in Mathematics 184, American Mathematical Society, 2017.

[8] M. Dettweiler, S. Reiter, An algorithm of Katz and its application to the inverse Galois problem, Algorithmic methods in Galois theory, J. Symbolic Comput. 30 (2000), no. 6, 761–798.

[9] M. Dettweiler, S. Reiter, Middle convolution of Fuchsian systems and the construction of rigid differential systems, J. Algebra 318 (2007), no. 1, 1–24.

[10] O. Forster, Lectures on Riemann Surfaces, Graduate Texts in Mathematics 81, Springer, 1981.

[11] A. Grothendieck, M. Raynaud, Revêtements Étales et Groupe Fondamental, Séminaire de Géométrie Algébrique du Bois Marie 1960/61 (SGA 1), Lecture Notes in Mathematics 224, Springer, 1971.

[12] N. Katz, Rigid Local Systems, Annals of Mathematics Studies 139, Princeton University Press, 1995.

[13] A. D. King, Moduli of representations of finite-dimensional algebras, Quart. J. Math. Oxford Ser. (2) 45 (1994), no. 180, 515–530.

[14] 今野宏，微分幾何学，東京大学出版会，2013.

[15] 原岡喜重，複素領域における線形微分方程式，数学書房叢書，数学書房，2015.

[16] A. Hatcher, Algebraic Topology, Cambridge University Press, 2001.

[17] 福原満州雄，常微分方程式 第2版，岩波全書 116，岩波書店，1980.

[18] A. Kirillov Jr., Quiver representations and quiver varieties, Graduate Studies in Mathematics 174, American Mathematical Society, 2016.

[19] 松本幸夫，多様体の基礎，基礎数学 5，東京大学出版会，1988.

[20] 向井茂，モジュライ理論 I, II, 岩波講座「現代数学の展開」，岩波書店，1998, 2000.

[21] D. Mumford, J. Fogarty, F. Kirwan, Geometric Invariant theory, Ergebnisse der Mathematik und ihrer Grenzgebiete. 2. Folge, 34, Springer, 1994.

[22] H. Nakajima, Instantons on ALE spaces, quiver varieties, and Kac-Moody algebras, Duke Math. J. 76 (1994), no. 2, 365–416.

[23] H. Nakajima, Reflection functors for quiver varieties and Weyl group actions, Math. Ann. 327 (2003), 671–721.

[24] T. Oshima, Fractional calculus of Weyl algebras and Fuchsian differential equations, MSJ Memoirs Volume 28, Mathematical Society of Japan, 2012.

[25] 太田琢也，西山亨，代数群と軌道， 数学の杜 3, 数学書房，2015.

[26] W. Rump, Doubling a path algebra, or: how to extend indecomposable modules to simple modules. Representation theory of groups, algebras, and orders (Constanţa, 1995). An. Ştiinţ. Univ. Ovidius Constanţa Ser. Mat. 4 (1996), no. 2, 174–185.

[27] J-P. Serre, Lie Algebras and Lie Groups, 1964 Lectures given at Harvard University, Corrected fifth printing of the second (1992) edition, Lecture Notes in Mathematics 1500, Springer, 2006.

[28] 志甫淳，層とホモロジー代数，共立講座 数学の魅力 5, 共立出版，2016.

[29] The Stacks Project Authors, The Stacks Project, https://stacks.math.columbia.edu.

[30] 高野恭一，常微分方程式，新数学講座 6, 朝倉書店，1994.

[31] H. Völklein, The braid group and linear rigidity, Geom. Dedicata 84 (2001), no. 1–3, 135–150.

[32] T. Wedhorn, Manifolds, Sheaves, and Cohomology, Springer Studium Mathematik, Springer, 2016.

[33] G. W. Whitehead, Elements of Homotopy Theory, Graduate Texts in Mathematics 61, Springer, 1978.

[34] T. Yokoyama, Construction of systems of differential equations of Okubo normal form with rigid monodromy, Math. Nachr. 279 (2006), 327–348.

[35] 吉田正章，私説 超幾何関数—対称領域による点配置空間の一意化，共立講座 21 世紀の数学，共立出版，1997.

索　引

著者略歴

廣惠 一希
ひろえ　かずき

2009 年　東京大学大学院数理科学研究科博士課程修了
　　　　　博士（数理科学）
2009 年　東京大学大学院数理科学研究科 特任研究員
2012 年　京都大学数理解析研究所 特定研究員
2013 年　城西大学理学部 助教
2018 年　城西大学理学部 准教授
2019 年　千葉大学大学院理学研究院 准教授
　　　　　現在に至る.

専門・研究分野　特殊関数論

SGC ライブラリ-181
重点解説 微分方程式とモジュライ空間

2022 年 11 月 25 日 ©　　　　　　　初 版 第 1 刷 発 行

著　者　廣惠 一希

発行者　森 平 敏 孝
印刷者　中 澤 　 眞
製本者　小 西 惠 介

発行所　　**株式会社　サ イ エ ン ス 社**

〒151–0051　東京都渋谷区千駄ヶ谷 1 丁目 3 番 25 号
営業 ☎ (03) 5474–8500（代）　　振替 00170–7–2387
編集 ☎ (03) 5474–8600（代）
FAX ☎ (03) 5474–8900　　　　　表紙デザイン：長谷部貴志

組版 プレイン　印刷 (株) シナノ　製本 (株) ブックアート

《検印省略》

サイエンス社のホームページのご案内
https://www.saiensu.co.jp
ご意見・ご要望は
sk@saiensu.co.jp　まで.

ISBN978-4-7819-1558-6
PRINTED IN JAPAN

SGC ライブラリ- 174 : for Senior & Graduate Courses

調和解析への招待
関数の性質を深く理解するために

澤野　嘉宏　著

定価 2420 円

本書では，調和解析学とは何かを伝えていく．本来，調和解析学はルベーグ積分論を基盤としたものではあるが，ルベーグ積分論を用いないでもその本質が分かる部分もある．本書ではルベーグ積分論を用いない調和解析からスタートし，その後ルベーグ積分論を用いる調和解析へと移行し，その世界へと誘う．

サイエンス社

SGC ライブラリ-172：for Senior & Graduate Courses

曲面上のグラフ理論

中本敦浩・小関健太　共著

定価 2640 円

昨今の情報化社会の発展により，その理論的基礎を支える離散数学やグラフ理論は数学の中でしっかりとその地位を確立したといってよい．本書では，離散数学やグラフ理論の中でも，曲面上のグラフの理論，すなわち「位相幾何学的グラフ理論」を，数多の演習問題とともに解説している．

サイエンス社

SGC ライブラリ- 163 : for Senior & Graduate Courses

例題形式で探求する
集合・位相
連続写像の織りなすトポロジーの世界

丹下 基生 著

定価 2530 円

集合・位相は，微積分，線形代数とならび，現代数学の土台となっている．本書では，集合・位相について，多くの例題を交えて解説．解説に際しては，証明における論理の道筋を一つ一つ丁寧に埋めること，およびあまた存在する位相的性質の間の関係性に注意した．「数理科学」の連載「例題形式で探求する集合・位相—基礎から一般トポロジーまで」（2017 年 11 月～2020 年 7 月）の待望の一冊化．

サイエンス社

SGC ライブラリ- 159 : for Senior & Graduate Courses

例題形式で探求する複素解析と幾何構造の対話

志賀 啓成 著

定価 2310 円

本書では，複素解析の基本的な事項から現代理論の「さわり」までを多くの例題を交えて解説．また，全体を通して複素解析の幾何学的側面を前面に出している．「数理科学」の連載「例題形式で探求する複素解析の幾何学—計算と幾何構造の対話」（2017 年 12 月〜2020 年 1 月）の待望の一冊化．

サイエンス社

SGC ライブラリ- 156：for Senior & Graduate Courses

数理流体力学への招待

ミレニアム懸賞問題から乱流へ

米田　剛　著

定価 2310 円

Clay 財団が 2000 年に挙げた 7 つの数学の未解決問題の 1 つに「3 次元 Navier–Stokes 方程式の滑らかな解は時間大域的に存在するのか，または解の爆発が起こるのか」がある．この未解決問題に関わる研究は Leray（1934）から始まり，2019 年現在，最終的な解決には至っていない．本書では，非圧縮 Navier–Stokes 方程式，及び非圧縮 Euler 方程式の数学解析について解説する．

サイエンス社